中德比较视野下
工程合同的规范构造

黄 喆 著

东南大学出版社
·南京·

图书在版编目(CIP)数据

中德比较视野下工程合同的规范构造 / 黄喆著 .—南京：东南大学出版社，2020.12

ISBN 978-7-5641-9379-9

Ⅰ.①中… Ⅱ①黄… Ⅲ.①建筑工程 – 经济合同 – 规范 – 研究 – 中、德 Ⅳ.① TU723.1

中国版本图书馆 CIP 数据核字（2020）第 261727 号

中德比较视野下工程合同的规范构造

Zhongde Bijiao Shiye Xia Gongcheng Hetong De Guifan Gouzao

著　　者：黄　喆
出版发行：东南大学出版社
地　　址：南京市四牌楼 2 号　邮编：210096　电话：025-83793330
网　　址：http：//www.seupress.com
经　　销：全国各地新华书店
印　　刷：南京工大印务有限公司
开　　本：700 mm×1000 mm　1/16
印　　张：19.5
字　　数：371 千字
版　　次：2020 年 12 月第 1 版
印　　次：2020 年 12 月第 1 次印刷
书　　号：ISBN 978-7-5641-9379-9
定　　价：78.00 元（精装）

本社图书若有印装质量问题，请直接与营销部联系。电话：025-83791830
责任编辑：刘庆楚；责任印制：周荣虎；封面设计：毕真

自　序

过去20年，我国经济高速发展，随之而来的，是工程建设项目日益增多。工程建设从招投标开始，到施工准备、施工建设，再到竣工验收，最后到竣工结算的每一个阶段都会出现问题，并产生纠纷。随着建筑市场的持续繁荣和快速发展，各类建设工程纠纷呈现逐渐递增的态势。虽然我国《民法典》合同编设专章规定“建设工程合同”，最高人民法院也出台了相关司法解释，但是由于具体规范的法教义学构造不完善，导致面对错综复杂的工程案件事实时，仍然无法妥善回应法律适用上的问题。

比较法上，《德国民法典》承揽合同规则采用的解释学方法值得借鉴。虽然德国工程产业起步较早，但是由于立法的谦抑，《德国民法典》仅有一般性的承揽规范，缺乏针对工程合同的特别安排，所以长久以来，德国民法穷尽解释学之方法，将工程合同的争议案型作为特殊的承揽纠纷素材进行处理。工程实务中，由建筑参与人代表共同制定的《建筑工程发包与合同规则》（VOB）逐渐发展成熟。其中，VOB的B部分是对订立建设工程合同的补充通用条款，在性质上属于一般交易条件，其遵循了工程合同的一般特性，兼顾工程合同当事人的需求，尤其注重平衡当事人之间的风险和利益，成为通行于德国工程业界的一般规则。至2018年，随着德国法学界累积的学说见解趋于稳定，也考虑到工程合同的类型、内容和诸多异于通常承揽之特性，德国联邦议会通过承揽合同法改革法，重点增设了工程合同，从而引入定作人的指示变更权、价格调整规则、拟制验收规则，以及因重大原因终止合同的标准等。至此，德国的工程合同问题已经有了明确的法律依据和规范指引，很大程度上解决了过去司法实践中的困难。

本书以德国工程合同法的理论和学说为比较法资源，聚焦我国建设工程合同领域的私法问题。本书的主要内容来自于我任现职以来所刊发的系列论文。结构上，第一章界定建设工程合同及其辐射范围，介绍我国工程合同法的现状和问题；第二章勾勒德国工程合同法的体系与构造；在此二者的基础上，第三章和第四章分别讨论承包人和发包人义务不履行的责任；第五章以工期迟延问题为中心，区分不同的迟延原因，讨论迟延的效果以及抗辩的有无；第六章探讨了承包人的瑕疵责任问题，包括瑕疵的界定，瑕疵责任的构成，以及瑕疵权利的实施等；接下来第七章详细分析了工程验收和验收迟延的效果，第八章讨论工程变更和价款调整问题，第九章探讨情事变更原则在建设工程合同中的适用条件及法律效果，并重点将其与约定或法定的风险负担进行界定；最后，在第十章中，讨论了建设工程合同的解除问题，主要包括法定解除权的发生条件和实现机制。

本书的面世，特别需要感谢三位恩师和前辈。第一位恩师是我的博士生导师、德国哥廷根大学民法教授Jürgen Costede先生，在他的民法学讲授课和债法研讨课上，我真正领略到德国民法的优美体系和精妙思维，Costede教授带我入门、助我成长，他的谆谆教诲一直伴随着我的学术探索之路。第二位需要特别感谢的老师是教育部“长江学者奖励计划”特聘教授、“全国十大杰出青年法学家”周佑勇教授。2008年我回国任教时，周老师提出建设工程法学交叉学科的思路，建议我做工程私法的研究。历经十二载，我从当年对工程法全然无知、毫无头绪的状态，到如今走出了工程私法研究的一小步，其间离不开周老师持续大力的指导和支持。在工程法交叉学科的研究平台上，利用学术交流和学科建设的契机，2009年年末，我认识了台湾政治大学讲座教授黄立老师。黄立老师是著名的民法学前辈，更是华语世界工程法的先驱，他持续从民法视角观察工程问题的经验，为我的研究打开了思路。黄立老师一直很关注比较法上的经验以及国际上最新的工程规则的发展和动态，常常和我分享研究方法和资料，是我在工程法学研究道路上的引路人。谨以此书献给三位老师，感恩三位老师的栽培和提携。

本书的撰写过程，是我对建设工程合同问题一定程度的思考和探索。虽然本书的体系尚不丰满，笔者的理解未必透彻，但通过对个别问题的考察、经过十余年学术研究和知识积累的跨度，我期待能以本书为起点、进一步展开对我国工程私法规则的系统研究。

黄　喆

2020年9月30日

目　录

第一章

中国的工程合同法

一、工程合同的界定

（一）建设工程合同及其辐射范围

建设工程合同涉及的领域十分广泛,《中华人民共和国民法典》(下称《民法典》)第788条规定:“建设工程合同是承包人进行工程建设,发包人支付价款的合同。建设工程合同包括工程勘察、设计、施工合同。”因此,建设工程合同,是指建设工程发包人与承包人签订的,由承包人按照发包人的要求完成一定工程建设工作,并由发包人支付价款的合同。然而不难发现,我国立法上是将勘察、设计、施工合同均纳入建设工程合同之中的。但是,勘察、设计和施工是完全不同类型的工作,相应的合同关系也会面临不同的法律问题,而且,就语义逻辑而言,勘察、设计也很难说是“工程建设”,所以,立法的安排欠缺逻辑合理性,也没有实际意义。同时,从用语上可以看到,立法是以施工合同为参照对象来进行定义的,建设工程合同章的规则也是以施工合同为预设对象的。故本书的讨论将主要以施工合同为考察对象,在涉及勘察、设计的问题时,再加以特别说明。

建设工程合同从体系上看,是承揽合同的一种类型,故承揽的规则可以适用,[1]但建设工程合同作为特殊的承揽类型,涉及特殊的法律问题,立法因而

〔1〕《民法典》第808条规定:“本章没有规定的,适用承揽合同的有关规定。”

作出了特别的规定，这些特别规定当然应优先于承揽的一般规定来适用。承揽以有偿完成一定工作为契约类型特征，[1]在建设工程合同中，“一定工作”被具体化为勘察、设计、施工工作。施工中的建设工程，主要是指工用、民用建筑、公共设施、道路、桥梁等工程。这些工程通常资金投入巨大、建设周期长、技术要求高、牵涉的主体众多，为合理确定双方及第三人利益界限，避免纠纷，实践中出现了许多格式合同条款，建构了精细的交易模型，这些格式文本意义重大。

我国《民法典》界定的建设工程合同具备以下特征：

1. 为双务、有偿合同。合同双方均负有义务，具有有偿性。一方以价款支付换取对方完成工程建设工作。建设工程合同的双务性，决定了诸如不安抗辩、先履行抗辩等双务合同中的特殊法律问题，会在合同履行中发生。有偿性特征，使得其在无特别规定的情况下，可以参照适用买卖合同的相关规定。[2]

2. 为要式、诺成合同。建设工程合同具有诺成性，不以物的交付为要件，同时具有要式性，需要采取书面形式。书面形式的要求，主要是考虑到建设工程合同本身的复杂性、长期性、重大性，促使当事人慎重，避免不必要的纠纷，并考虑到相关管理的需要。不过，未采取书面形式的合同的效力以及纠纷的处理，并不简单，需要专门的讨论。

3. 主体的特殊性。建设工程合同的一方主体是发包人，一般是投资建设工程的建设单位。当建设工程实行总承包时，总承包人在法律规定的范围内进行分包，总承包人又成为分包合同的发包人。建设工程合同的另一方主体是承包人，实施建设工程的勘察、设计、施工等工作，包括建设工程的总承包人和分包合同的承包人。根据建设工程合同的类型不同，承包人又被具体称为勘察人、设计人和施工人。通常而言，建设工程合同的发包人和承包人均要求具有法人资格。如果发包人是房地产开发企业，根据相关行政法规的要求，其

---

〔1〕 陈自强：《民法讲义Ⅱ：契约之内容与消灭》，法律出版社2004年版，第174页。

〔2〕 参见《民法典》第646条的规定。

应首先取得相应的营业许可，[1]并且，根据承接房地产项目的规模大小不同，房地产开发企业还应当满足相应资质等级的要求。[2]《最高人民法院关于审理房地产管理法施行前房地产开发经营案件若干问题的解答》（已废止）第1条第2款进一步规定："不具备房地产开发经营资格的企业与他人签订的以房地产开发经营为内容的合同，一般应当认定无效，但在一审诉讼期间依法取得房地产开发经营资格的，可认定合同有效。"

根据《建筑法》的要求，承包人需要具备相应的资质，从事建设工程勘察、设计、施工的单位应当依法取得相应等级的资质证书，并在其资质等级许可的范围内承揽工程。[3]2000年施行的国务院《建设工程质量管理条例》第18条规定："从事建设工程勘察、设计的单位应当依法取得相应等级的资质证书，并在其资质等级许可的范围内承揽工程。"第25条规定："施工单位应当依法取得相应等级的资质证书，并在其资质等级许可的范围内承揽工程。禁止施工单位超越本单位资质等级许可的业务范围或者以其他施工单位的名义承揽工程。禁止施工单位允许其他单位或者个人以本单位的名义承揽工程。建设工程合同主体资质的要求，是为了保证工程的质量，保障人身、财产的安全。"

---

〔1〕《城市房地产管理法》第30条："房地产开发企业是以营利为目的，从事房地产开发和经营的企业。设立房地产开发企业，应当具备下列条件：（一）有自己的名称和组织机构；（二）有固定的经营场所；（三）有符合国务院规定的注册资本；（四）有足够的专业技术人员；（五）法律、行政法规规定的其他条件。设立房地产开发企业，应当向工商行政管理部门申请设立登记。工商行政管理部门对符合本法规定条件的，应当予以登记，发给营业执照；对不符合本法规定条件的，不予登记。设立有限责任公司、股份有限公司，从事房地产开发经营的，还应当执行公司法的有关规定。房地产开发企业在领取营业执照后的一个月内，应当到登记机关所在地的县级以上地方人民政府规定的部门备案。"《城市房地产开发经营管理条例》第5条："设立房地产开发企业，除应当符合有关法律、行政法规规定的企业设立条件外，还应当具备下列条件：（一）有100万元以上的注册资本；（二）有4名以上持有资格证书的房地产专业、建筑工程专业的专职技术人员，2名以上持有资格证书的专职会计人员。省、自治区、直辖市人民政府可以根据本地方的实际情况，对设立房地产开发企业的注册资本和专业技术人员的条件作出高于前款的规定。"

〔2〕《城市房地产开发经营管理条例》第9条规定如下："房地产开发主管部门应当根据房地产开发企业的资产、专业技术人员和开发经营业绩等，对备案的房地产开发企业核定资质等级。房地产开发企业应当按照核定的资质等级，承担相应的房地产开发项目。具体办法由国务院建设行政主管部门制定。"

〔3〕《建筑法》第26条："承包建筑工程的单位应当持有依法取得的资质证书，并在其资质等级许可的业务范围内承揽工程。禁止建筑施工企业超越本企业资质等级许可的业务范围或者以任何形式用其他建筑施工企业的名义承揽工程。禁止建筑施工企业以任何形式允许其他单位或者个人使用本企业的资质证书、营业执照，以本企业的名义承揽工程。"

对于不具备相应主体要求而订立的合同的效力,有学者认为,发包人未依法取得从事房地产开发经营营业执照、缺乏相关的行政许可和民事权利的,应认定为无效合同。房地产开发企业缺乏资质或超越资质等级进行房地产项目开发经营未必导致建设工程合同必然无效,未申领施工许可证与建设工程合同的效力不存在必然的联系;承包人不具备法人资格或者超出核准登记的经营范围从事建设活动是导致建设工程合同无效的原因。[1]该观点基本可以支持,但其中关于"民事权利"的论述,有商榷余地。

接下来,关于建设工程合同的辐射范围,有以下几个问题需要澄清:

1. 建设工程和建筑活动的厘清

建设工程并非是一个法律术语,在我国立法和理论中均没有明确的界定,实践中"建设工程""建筑工程""建筑活动"等用语被交叉使用。《建筑法》以"建筑活动"为其规范对象,是指各类房屋建筑及其附属设施的建造和与其配套的线路、管道、设备的安装活动。[2]从法律规定上看,《建筑法》的规制对象是房屋建筑类工程,同时,该法第81条又规定,"本法关于施工许可、建筑施工企业资质审查和建筑工程发包、承包、禁止转包,以及建筑工程监理、建筑工程安全和质量管理的规定,适用于其他专业建筑工程的建筑活动,具体办法由国务院规定。"为《建筑法》适用于其他专业建筑工程提供了法律依据。此后,国务院颁布的《建设工程质量管理条例》直接使用了"建设工程"这一概念,指出:"本条例所称建设工程,是指土木工程、建筑工程、线路管道和设备安装工程及装修工程。"[3]明确突破了《建筑法》所规定的房屋建筑类工程。此外,《政府采购法》所定义的"工程","是指建设工程,包括建筑物和构筑物的新建、改建、扩建、装修、拆除、修缮等"。[4]因此,本书认为"建设工程"的内涵应大于《建筑法》所涵盖的建筑活动,而综合《建设工程质量管理条例》和《政府采购法》对工程的界定,建设工程应包括土木工程、建筑工程、线路管道和设备安装工程及装修工程,涵盖建筑物和构筑物的新建、改建、扩建、装修、拆除、修缮

---

〔1〕 王建东、毛亚敏:《建设建设工程合同的主体资格》,《政法论坛》2007年第4期。

〔2〕《建筑法》第2条第2款规定:"本法所称建筑活动,是指各类房屋建筑及其附属设施的建造和与其配套的线路、管道、设备的安装活动。"

〔3〕《建设工程质量管理条例》第2条第2款规定:"本条例所称建设工程,是指土木工程、建筑工程、线路管道和设备安装工程及装修工程。"

〔4〕《政府采购法》第2条第6款规定:"本法所称工程,是指建设工程,包括建筑物和构筑物的新建、改建、扩建、装修、拆除、修缮等。"

等活动。

2. 建设工程监理合同的排除

根据最高人民法院《关于修改〈民事案件案由规定〉的决定》(法〔2020〕346号),修订后"第四部分"中的"十、合同纠纷"项下"100.建设工程合同纠纷"包含:(1)建设工程勘察合同纠纷;(2)建设工程设计合同纠纷;(3)建设工程施工合同纠纷;(4)建设工程价款优先受偿权纠纷;(5)建设工程分包合同纠纷;(6)建设工程监理合同纠纷;(7)装饰装修合同纠纷;(8)铁路修建合同纠纷;(9)农村建房施工合同纠纷。由此可见,最高人民法院界定的建设工程合同纠纷除了包括《民法典》规定的工程勘察、设计和施工合同纠纷外,还包含了一些特殊情形,如建设工程监理合同纠纷、装饰装修合同纠纷和农村建房施工合同纠纷等。据此,在《民法典》编纂过程中,存在主张将监理合同纳入建设工程合同的观点。但是以《民事案件案由规定》作为确定建设工程合同的依据并不合理,该规定仅仅是最高人民法院结合法院民事审判工作实际情况作出的审判范围上的划分,并不触及实体法的适用问题。

建设工程监理是指由具有法定资质条件的工程监理单位,根据发包人的委托,依照法律、行政法规及有关的建设工程技术标准、设计文件和建设工程合同,对承包人在施工质量、建设工期和建设资金使用等方面,代表发包人对工程建设过程实施监督的专门活动。建设工程监理合同是指工程建设单位聘请具有相应资质监理单位代其对工程项目进行管理,明确双方权利义务的协议。虽然监理合同与建设工程合同具有直接关联性,但是,法律属性上,监理合同属于委托合同而不是承揽合同。监理合同中,建设单位称委托人,监理单位称受托人,监理人接受建设单位的委托,按照法律、法规、相关技术标准以及合同约定,代表建设单位对承包人的施工过程进行专门性监督管理,负担的是行为之债;而建设工程合同属于承揽合同,承包人负担结果之债,需要完成工程建设,才能请求对待给付。《民法典》第796条坚持了监理合同适用委托合同的规则,是完全正确的。

3. 装修装饰工程的有限涵摄

《建筑法》第49条规定:"涉及建筑主体和承重结构变动的装修工程,建设单位应当在施工前委托原设计单位或者具有相应资质条件的设计单位提出设计方案;没有设计方案的,不得施工。"2002年颁布的《住宅室内装饰装修管理办法》(建设部令第110号)第9条规定:"装修人经原设计单位或者具有相应资质等级的设计单位提出设计方案变动建筑主体和承重结构的,或者装修活动涉及本办法第六条、第七条、第八条内容的，必须委托具有相应资质的装饰装修企业承担。”2006年9月建设部颁发《建筑装饰装修工程设计与施工资质标准》，对从事建筑装饰装修工程设计与施工活动的企业，设一级、二级、三级三个级别的企业资质。由此可见，从法律和规章层面看，我国仅仅将部分的装饰装修工程纳入建筑工程中，而且，如上文所述，《建筑法》中建筑工程的内涵小于《民法典》的建设工程，因此也仅有部分装饰装修工程是本书所讨论的建设工程合同。

值得注意的是，《建筑工程施工许可管理办法》（住房和城乡建设部令第18号）第2条规定：“在中华人民共和国境内从事各类房屋建筑及其附属设施的建造、装修装饰和与其配套的线路、管道、设备的安装，以及城镇市政基础设施工程的施工，建设单位在开工前应当依照本办法的规定，向工程所在地的县级以上地方人民政府住房城乡建设主管部门（以下简称发证机关）申请领取施工许可证。工程投资额在30万元以下或者建筑面积在300平方米以下的建筑工程，可以不申请办理施工许可证。省、自治区、直辖市人民政府住房城乡建设主管部门可以根据当地的实际情况，对限额进行调整，并报国务院住房城乡建设主管部门备案。按照国务院规定的权限和程序批准开工报告的建筑工程，不再领取施工许可证。”《住宅室内装饰装修管理办法》（建设部令第110号）第23条规定：“装修人委托企业承接其装饰装修工程的，应当选择具有相应资质等级的装饰装修企业。”第44条规定：“工程投资额在30万元以下或者建筑面积在300平方米以下，可以不申请办理施工许可证的非住宅装饰装修活动参照本办法执行。”按照上述两类规章的规定来看，“工程投资额在30万元以下或者建筑面积在300平方米以下的建筑工程”可以参照《住宅室内装饰装修管理办法》，而住宅室内装饰装修工程除了涉及建筑主体和承重结构变动的之外，并非是《建筑法》所规定的建筑工程，也即不是本书所讨论的建设工程合同，应视作承揽合同为宜。

司法实践中，多数法院认为家庭住宅装饰装修工程不属于建设工程。福建省高级人民法院认为，只有专业承包的建筑装饰装修工程才是建设工程（《福建省高级人民法院关于审理建设工程施工合同纠纷案件疑难问题的解答》第20条）；山东省高级人民法院（《山东省高级人民法院民二庭审判疑难问题会议纪要》，2008）和江苏省高级人民法院（《江苏省高级人民法院关于审理建设工程施工合同纠纷案件若干问题的意见》，2008）均认为家庭装饰装修合同不属于建设工程合同，应当适用承揽合同的规则。

4. 与农村建房活动的区分

《建筑法》第83条第3款规定："抢险救灾及其他临时性房屋建筑和农民自建低层住宅的建筑活动，不适用本法。"何为农民自建低层住宅，是该条理解适用上的关键问题。

从法规和规章的层面看，建设部于2004年废止的《村镇建筑工匠从业资格管理办法》第12条规定：建筑工匠承揽村镇建筑工程的范围限于二层及二层以下房屋及设施的建设。农民自建的二层以下低层住宅，由已经领取工匠资格证的人员承建可以认定具有资质。现行有效的《建设部关于加强村镇建设工程质量安全管理的若干意见》（建质〔2004〕216号）第3部分（3）规定"对于村庄建设规划范围内的农民自建两层（含两层）以下住宅的建设活动，县级建设行政主管部门的管理以为农民提供技术服务和指导作为主要工作方式"。可见，上称两项规范性文件对于农民自建低层住宅的界定是一致的，即二层和二层以下。同时，从效果上观察，对农民自建低层住宅的承揽人的资质要求显然不同于建设工程的承揽人，并且建设行政主管部门的管理强度也不同于对建筑活动的监管。[1]

此外，最高人民法院民一庭在《中国民事审判前沿》中的倾向性意见指出：《建筑法》第83条规定的农民自建是从建设主体即权利主体而言的，不论是农民自己施工，还是将工程承包给个体工匠或建筑企业建设，都属于农民自建。区别在于，农民将工程承包给个体工匠施工，其建设行为受《村庄和集镇规划建设管理条例》调整，而农民将自建住宅承包给建筑施工企业施工，建筑施工企业的建筑活动应当受到《建筑法》调整。

（二）工程合同和承揽合同

基于建设工程区别于一般承揽工作的特殊性，以及国家的强制干预性，我国立法上将建设工程合同从传统的承揽合同中剥离出来。实践中，在对建设工程进行界定的时候，需要与一般承揽标的区分开来。对于投资小、技术简单、不需要立项审批的建设活动，像上文提及的家庭装饰装修活动、农村自建低层住宅、机电设备的简单修缮等工作应排除在本书涉及的范围之外。同时，为达到深化工程合同与承揽合同关系理论并完善相关制度建设的目的，有必要讨

〔1〕 参见江苏省扬州市中级人民法院（2020）苏10民终389号民事判决书；新疆维吾尔自治区乌鲁木齐市中级人民法院（2021）新01民终1123号民事判决书；贵州省安顺市（地区）中级人民法院（2021）黔04民终176号民事判决书。

论工程合同之于承揽合同的特殊性及其区别。

1. 承揽合同的界定

所谓承揽合同，是指承揽人按照定作人的要求完成一定工作，并交付工作成果，定作人接受承揽人的工作成果并给付报酬的合同。承揽合同是一种历史悠久的合同种类，在手工业较为发达的中世纪就已存在，但罗马法将承揽关系纳入了租赁合同，以工作物租赁形态而与物的租赁、劳务租赁并列。[1]随后，《法国民法典》承继了罗马法的这一立法体例，仍将承揽合同视为租赁合同之一种，未加区分。直至《德国民法典》制定并生效后，承揽合同才得以脱离租赁合同，演化为一种典型合同。目前，多数国家均将承揽合同视为独立的合同类型加以规制。

与其他合同类型相比，承揽合同主要具有以下特征：首先，承揽合同是以承揽人完成并交付一定工作成果的行为为合同标的，而非完成过程本身，因而区别于劳务合同或劳动力雇佣合同；其次，承揽合同是为了满足定作人特殊要求而订立，其工作成果是由定作人确定或按照定作人的要求来完成的，应为特定物而非种类物，因而区别于一般的买卖合同；再次，承揽合同还具有一定程度的人身属性，通常正是定作人基于对承揽人的信任而将工作物制作工作交付给承揽人，因而，未经定作人同意，承揽人不得擅自将承揽的主要工作交付给第三人完成，即使在定作人同意的前提下，承揽人也须就第三人完成的工作成果向定作人负责。

2. 工程合同的典型化

由于承揽合同以满足定作人需要为目的，随着经济和社会生活的日新月异，承揽合同的范围也在不断扩大，从而无论是有形物还是无形物，无论是动产还是不动产，均可成为承揽关系之标的物。但考虑到建设工程的特殊性，自《经济合同法》以来，我国民事立法将工程合同从传统的承揽合同中剥离出来，《民法典》第三编"合同"在第十七章、第十八章分别对承揽合同和建设工程合同加以规定，以强化建设工程合同中当事人的社会责任，提高对社会公共利益的保护力度。

法律在合同类型自由主义下创设典型合同的主要机能有二：一是以任意性规定来补充当事人约定中的不完善之处。合同法中的预设规则不仅可以使合同内容趋于完善，减轻当事人订立合同时的负担，还可将其中的一般的、合

〔1〕 郭洁:《承揽合同若干法律问题研究》,《政法论坛》2000年第6期。

理的内容作为解释该类合同的基准。[1]二是可以在典型合同规范中设定强制性规范，以防止合同内容有损于社会公共利益、国家利益，矫正当事人之间利益失衡的状态。[2]

从建设工程合同典型化的历史考察来看，建设工程合同之所以能够从承揽合同中脱离出来而成为独立的典型合同，主要是基于建设工程合同缔结、履行及工作成果的特殊性，需要对其作出有别于一般承揽合同的安排，以合理界定建设工程合同中的特殊问题，平衡各利害关系人的权益。

首先，相比较于一般的承揽标的物，建设工程明显具有固定性、综合性和社会性的特点。[3]一方面，建设工程的投资一般是关涉百年大计的重大投资行为，所形成的是固定资产，在通常情况下其运行或被使用的时期较长，建设工程质量的好坏非但对业主的收益产生持续而重大影响，而且对于社会和自然资源配置的合理性及其利用效率也产生长期而深远的影响。另一方面，建设工程的内容是多方面的，不仅包括工程建设本身，还可能包括设备、配件的租赁、原材料的购买以及劳动力的雇佣等。最后，建设工程的承揽所可能引发的法律关系不应仅局限于发包人和承揽人之间，相反，建设工程的选址、规划、设计、选用的技术规范、施工质量无不关系到社会和公众利益乃至相邻关系。

其次，国家对于建设工程合同的行政管制大大加强。建设工程合同在缔结和履行时的合同自由受到了非常严格的限制，包括对订约当事人的选择、合同内容的确立、合同履行乃至合同终止在内的诸多方面均较多地受到国家计划和法律法规的干预，其中不仅包括《民法典》《建筑法》等法律，还存在着大量的行政法规、行政规章、地方性法规以及地方性规章。上述法规中以行政法规和部门规章为主，对工程建设的各个环节都进行严格管制，其间充斥着大量强制性规定和禁止性规定，违反其中任何一项都能导致建设工程合同效力的丧失。在德国，建筑法被称为“建筑警察法”，建筑主管机关被称为“建筑警察”，[4]可见，行政管制的密度也是非常高的，丝毫不逊于我国。可以说，不存

〔1〕［德］梅迪库斯：《德国民法总论》，邵建东，译，法律出版社2001年版，第327页。

〔2〕王泽鉴：《债法原理》（第2版），北京大学出版社2013年版，第119页。

〔3〕沈显之：《对建设工程总承包合同文件组成的完整性和设定合同生效前置条件的正确性的研究（上）——兼论菲迪克合同的组成要件和设置合同生效前置条件的原则》，《中国工程咨询》2006年第5期。

〔4〕林明锵：《建筑管理法制基本问题之研究——中德比较法制研究》，《台大法学论丛》第30卷第2期。

在任何一种比建设工程合同更多地受到限制的合同种类了。[1]

再次，建设工程合同的履行过程也具有自身的特点。一般而言，承揽合同强调的是工作物的完成，承揽人负有先履行的义务，双方的给付交换发生在验收之时。验收之前，定作人并不享有任何的瑕疵权利，也不能干涉承揽人的工作进展。但是，由于建设工程合同具有投资大、周期长、质量要求高、技术力量全面等特点，因而在履行过程中也体现出检验环节多、验收社会化和交付方式多样化的特点。建设工程从正式开工到竣工验收也是一个递进的过程，一般如没有通过前道工序的验收，不能进入下一阶段的施工，而所有的分步验收，又不能取代最后的竣工验收。再者，由于建设工程的质量关系到社会不特定主体的利益，因此，建设工程的验收受到行政部门干涉的成分也比较大。根据《房屋建筑和市政基础设施工程竣工验收备案管理办法》第8条的规定，备案机关发现建设单位在竣工验收过程中有违反国家有关建设工程质量管理规定行为的，应当在收讫竣工验收备案文件15日内，责令停止使用，重新组织竣工验收。

因此，以完成建筑物为标的的建设工程合同历来因与公共利益和公共秩序密切相关而为各国公法所直接干预，将建设工程合同单独规定，可以有效强化和细化建筑市场的管理，遏制建筑市场秩序混乱、工程质量低劣的现象，具有立法和适用上的合理性和必要性。

3. *作为承揽合同特殊类型的工程合同*

尽管我国《民法典》已明确将建设工程合同作为一种独立的典型合同加以对待，确立了承揽合同与建设工程合同并存的立法格局，但在理论上，仍应承认工程合同是承揽合同的特殊类型。

一方面，将工程合同从传统承揽合同中剥离出来，可以强化合同当事人的社会责任，实现对合同中甚至合同外相关利益的保护，确保建筑物的质量和安全，是对契约正义的拓展。但是，契约正义仅仅是为了适应新的社会发展需要而对契约自由加以修正，以使契约自由理论更为完善，而非是对契约自由的颠覆。[2]因此，在考察和适用建设工程合同时，仍需要以契约自由为基本原则，除非存在违反法律、行政法规强制性规范中的效力性规范，否则不应随意否认建设工程合同的效力，以防止行政权力过度管制所可能带来的大量建设工程

---

〔1〕 宋宗宇等:《建设工程合同溯源及其特点研究》,《重庆建筑大学学报》2003年第5期。
〔2〕 汪莉:《契约法中的契约自由与契约正义》,《学术界》2005年第6期。

合同无效,避免社会成本的增加,提高社会效率和有限自然资源的合理利用。

另一方面,建设工程合同与其他承揽合同在合同特征及合同标的上均具有一致性。就合同特征而言,建设工程合同与承揽合同一样,均表现为诺成合同、双务合同、有偿合同。并且,两者的本质均在于承揽人完成工作成果,定作人支付相应的报酬。因此,建设工程合同和承揽合同的基本属性是一致的,以建设工程为承揽标的有其特殊性,因此立法予以特别规定;没有规定的情况下,仍应适用承揽合同的规定。我国《民法典》第808条规定:"本章没有规定的,适用承揽合同的有关规定",即为例证。

二、工程合同的订立和效力

(一)工程合同合意的形成

合同的订立,是指当事人之间进行磋商谈判,为意思表示达成合意而成立合同的过程,它所描述的是缔约各方自接触、洽谈直到达成合意的过程,是动态过程与静态协议的统一。[1]《民法典》第471条规定,当事人之间订立合同,可以采取要约、承诺的方式。建设工程合同的订立过程,也可以分解为要约和承诺阶段,只是中间会穿插有大量的反要约,经历长期的磋商过程,最终达成合意。标准示范文本具有格式合同条款性质,为双方提供了一个基本的交易框架,当事人可以在此基础上进行调整、磨合,从而节省交易成本,便利合意的达成。

工程合同订立时,需要遵循相关法律的规定,例如,根据《民法典》第792条规定,国家重大建设工程合同,应当按照国家规定的程序和国家批准的投资计划、可行性研究报告等文件订立。此外,依法应当采取招标方式确定合同关系的,还应当进行招投标,而对于不适用于招标发包的可以直接发包。[2]采招标投标方式订立合同的,要经过招标、投标、决标等过程,其中招标公告的法律性质为要约邀请,制定标书投标的法律性质为要约,而经审查标书而作出定标的行为属承诺。不同于一般要约、承诺的是,招标程序中,为维护各投标人的正当利益,奉行公开、公平、公正程序原则,招标、投标人的行为也受到许多限制。例如,虽然投标人在招标文件要求提交投标文件的截止时间前,可以补充、修改或者撤回已提交的投标文件,并书面通知招标人,但过了截止时间就不得

〔1〕 韩世远:《合同法总论》(第2版),法律出版社2008年版,第60页。

〔2〕 参见《建筑法》第19条的规定。

更改，这不同于普通的要约程序。又如，在确定中标人前，招标人不得与投标人就投标价格、投标方案等实质性内容进行谈判。[1]

采招投标方式订立合同的，中标通知书送达投标人时，合同成立。对此，有学者持不同意见，认为，在现行立法的框架之下，中标通知书不能导致建设工程合同的成立，理由是招标法规定发出中标通知书之后30日内要签订书面合同，合同可以经共同签订合同书的方式成立。[2]实践中也有裁判观点认为中标通知书并非符合法律要求的书面形式，当事人需要另行订立书面合同，否则合同不成立。[3]也有反对观点指出，书面形式并非仅指合同书，招投标文件及中标通知书具备合同的实质性内容，对当事人具有法律约束力，符合"有形地表现所载内容"的构成要件，本身就属于书面形式。[4]笔者认为，投标书已经提出了详尽的交易条件，为要约，招标人经过评标确定接受投标人的投标的，当然是承诺，作为承诺的中标通知书在送达投标人时发生效力，此时，合同即已成立，至于后面要求的签订书面合同的程序，仅具有形式意义，并不影响合同权利义务关系的确立。若招标人在送达中标通知书之后，拒绝签订合同以及履行合同的，投标人可以请求履行，因此引起的招标人的责任，为违约责任。[5]

此外，从缔约接触开始，当事人便进入了一种特殊信赖关系之中，由契约外的消极义务范畴进入了契约上的积极义务范畴，[6]根据诚实信用原则，发生通知、协助、保护、保密等义务。《民法典》第500条规定："当事人在订立合同过程中有下列情形之一，给对方造成损失的，应当承担损害赔偿责任：（一）假借订立合同，恶意进行磋商；（二）故意隐瞒与订立合同有关的重要事实或者提供虚假情况；（三）有其他违背诚信原则的行为。"第501条规定："当事人在订立合同过程中知悉的商业秘密或者其他应当保密的信息，无论合同是否成立，不得泄露或者不正当地使用。泄露或者不正当地使用该商业秘密或者信

---

〔1〕 参见《招标投标法》第29条、43条的规定。

〔2〕 王建东：《论建设工程合同的成立》，《政法论坛》2004年第3期。

〔3〕 参见海南省高级人民法院（2014）琼环民终字第11号民事判决书。

〔4〕 参见重庆市第三中级人民法院（2018）渝03民终1100号民事判决书；重庆市奉节县人民法院（2018）渝0236民初67号。

〔5〕《招标投标法》第45条规定：中标通知书对招标人和中标人具有法律效力。中标通知书发出后，招标人改变中标结果的，或者中标人放弃中标项目的，应当依法承担法律责任。这里的法律责任是指违约责任。

〔6〕 王泽鉴：《债法原理（第一册）》，中国政法大学出版社2001年版，第230页。

息，造成对方损失的，应当承担损害赔偿责任。”这些规定，对工程合同意义重大，对于像建设工程合同这样的需要于签约前花费大量时间、费用的合同类型，缔约过失责任提供的保护尤为重要。

工程合同磋商之中，当一方当事人引发对方当事人对签订合同的合理信赖时，此时如果行为人不当中断磋商，就会发生赔偿责任。赔偿的范围包括订约费用、准备履行的费用及丧失订约机会的损害。[1]具体可表现为诸如要约费用、交通费、膳食费、办理产品认证或许可费、专案企划费、变更业务项目费、拆除地上物费、试验买卖之标的检查费、整地费等项目。[2]不过，如果缔约人具有正当理由，则可以随时中断磋商而不承担责任，这样，缔约方的缔约自由受到尊重，正当利益也会得到维护，此时，对方为缔约而支出的费用，就作为一般的商业风险由其自行消化了。此外，工程合同磋商之中，当事人的商业秘密会暴露于对方，此时，对方负有保密义务。这里的商业秘密的保护强度，要大于《反不正当竞争法》提供的一般保护，构成上也会有所不同，因为当事人之间存在特殊的信赖关系。

（二）工程合同的效力状态

工程合同的效力状态可以是有效、无效、可撤销或效力待定。当已订立的建设工程合同具备全部生效要件、没有任何效力瑕疵时，即可发生当事人追求的法律效果，是一个有效的合同。在当事人因重大误解而订立合同，以及订立时显失公平，一方以欺诈、胁迫手段或乘人之危而订立合同时，合同效力状态为可撤销。在代理人没有代理权、超越代理权或者代理权终止后以被代理人名义订立合同，合同效力状态为效力待定，若未经被代理人追认，对被代理人不发生效力，由行为人承担责任，但相对人可以催告被代理人在一个月内予以追认，被代理人未作表示的，视为拒绝追认。而在合同被追认之前，善意相对人有撤销的权利。不过，代理人虽然没有代理权，但却具有代理权外观的，相对人因此产生合理的信赖时，可构成表见代理，此时合同效力并非待定，而是直接确定地生效。工程合同无效的问题，较为复杂，下文将作详细的讨论。

无效合同是指因欠缺合同生效要件而不能根据当事人的意思发生相应效力的合同。无效合同也可以发生一定的效力，但并非当事人追求的效力，无效合同的效力主要是返还财产、赔偿损失等，赔偿损失的性质通说认为是缔约过

---

〔1〕 王泽鉴:《债法原理（第一册）》，中国政法大学出版社2001年版，第247页。

〔2〕 黄茂荣:《债法总论（第二册）》，中国政法大学出版社2003年版，第194页注释[50]。

失责任，根据过错的有无及大小来确定。无效的原因主要有两个方面，一是促成私法自治的考虑，一是限制私法自治的考虑。前者涉及意思表示的品质，后者涉及公共利益、他人正当利益的维护。合同无效的原因由《民法典》第146条第1款、第153条以及第154条进行了规定，具体到建设工程合同，争议较大的是合同的合法性、妥当性问题，即是否违反了法律、行政法规强制性规定以及是否损害了社会公共利益。

违反法律、行政法规的强制性规定问题，前《民法典》时代，最高人民法院在其关于《合同法》适用问题的司法解释中进一步作出了规定，《最高人民法院关于适用〈中华人民共和国合同法〉若干问题的解释（一）》（下称《合同法解释（一）》）第4条规定：人民法院确认合同无效，应当以全国人大及其常委会制定的法律和国务院制定的行政法规为依据，不得以地方性法规、行政规章为依据。《最高人民法院关于适用〈中华人民共和国合同法〉若干问题的解释（二）》（下称《合同法解释（二）》）第14条规定：《合同法》第52条第5项规定的"强制性规定"，是指效力性强制性规定。对于《合同法解释（二）》的此项规定，最高人民法院的法官指出，系对因违反法律行政法规强制性规定而无效作了限缩性解释。[1]该解释系我国法上首次认可违反强制性规定的合同也可能是有效合同，具有重大意义。但是，什么样的强制性规定是效力性规定，司法解释并没有提供任何线索，仍然需要法官在实践中进行摸索，具体可能需要考虑规范目的、是双方还是单方违反强制性规定等因素。[2]《民法典》第153条第1款规定，法律行为违反法律、行政法规的强制性规定时无效，但该强制性规定不导致法律行为无效的除外。需要判断相关强制性规定的规范目的和规范重心，如果其规范目的在于规制当事人的行为，维护社会秩序和公共利益，则法律行为是否无效，取决于该法律行为有效是否不利于规范目的的实现。[3]

违背公序良俗的合同应当无效，这涉及合同内容是否具有妥当性的问题，合同若违反公共秩序或善良风俗，则法律不应提供支持。就建设工程合同而言，一般不会发生与社会通行性道德相冲突的情形，违背公序良俗在这里通常

---

〔1〕 曹守晔：《历时八年的主要司法解释——〈合同法〉解释（二）》，《法律资讯》2009年第5期。

〔2〕［德］迪特尔·施瓦布：《民法导论》，郑冲，译，法律出版社2006年版，第470页。日本法上的状况可详见解亘：《论违反强制性规定签约之效力——来自日本法的启示》，《中外法学》2003年第1期。

〔3〕 杨代雄：《〈民法典〉第153条第1款评注》，《法治研究》2020年第5期。

表现为违反了公共秩序，尤其是经济公序。这里，由于现行法将强制性规定限制于法律、行政法规之内，部门规章和地方性法规中的规定则不能经《民法典》第153条第1款来影响合同的效力，但是，却可以经《民法典》第153条第2款来影响合同的效力，也就是说，当合同违反部门规章或地方性法规之规定时，如果这样的违反可被评价为损害了社会公共利益，则法院虽然不可以根据《民法典》第153条第1款的规定来否定合同的效力，但却可以根据《民法典》第153条第2款的规定来判定合同无效。

以上是对工程合同无效原因的一般性探讨，接下来具体讨论工程合同中常见的无效事由。首先，施工人不具备相应资质条件的，合同应该无效。最高人民法院《关于审理建设工程施工合同纠纷案件适用法律问题的解释（一）》（法释〔2020〕25号）第1条第1款规定，承包人未取得建筑施工企业资质或者超越资质等级的、没有资质的实际施工人借用有资质的建筑施工企业名义的，应认定合同无效。同时，该款还规定，建设工程必须进行招标而未招标或者中标无效的，合同也为无效。前者，是为了保障建设工程的质量，维护公共安全；后者，则是为了维护公平竞争秩序。该条第2款规定承包人非法转包、违法分包建设工程与他人签订建设工程施工合同的行为无效。对于非法转包、分包的禁止，《民法典》第791条已有规定，明确禁止承包人将工程分包给不具备相应资质条件的单位，并禁止分包单位将其承包的工程再分包。

前文已述及，对于施工人不具备相应资质等级而签订的建设工程合同，应为无效。但是，法释〔2020〕25号第4条规定：承包人超越资质等级许可的业务范围签订建设工程施工合同，在建设工程竣工前取得相应资质等级，当事人请求按照无效合同处理的，不予支持。该规定旨在减少合同无效的情形，同时可能也考虑了此时无效的后果与有效会十分接近，但该规定却可能诱导超资质承包工程的行为，并且“竣工前取得”的要求，甚至可能完全架空资质条件控制之目标，导致工程质量隐患。

黑白合同问题是工程合同中常被提及的问题。实践中，工程领域大量存在黑白合同现象，法律应如何评价，一直是司法实践中争议的焦点。根据《招标投标法》第46条的规定：“招标人和中标人应当自中标通知书发出之日起30日内，按照招标文件和中标人的投标文件订立书面合同。招标人和中标人不得再行订立背离合同实质性内容的其他协议。”那么，“不得再行订立”是否意味着再行订立的均为无效？该规定的强度可以达到什么样的程度呢？法释〔2020〕25号第22条规定，当事人签订的建设工程施工合同与招标文件、投标文件、中标通知书载明的工程范围、建设工期、工程质量、工程价款不一致，一方当事人请求将招标文件、投标文件、中标通知书作为结算工程价款的依据的，人民法院应予支持。文件第23条规定："发包人将依法不属于必须招标的建设工程进行招标后，与承包人另行订立的建设工程施工合同背离中标合同的实质性内容，当事人请求以中标合同作为结算建设工程价款依据的，人民法院应予支持，但发包人与承包人因客观情况发生了在招标投标时难以预见的变化而另行订立建设工程施工合同的除外。"对于这些规定，有学者认为，《招标投标法》的规定过于僵硬、刻板，而司法解释只涉及工程款结算问题。[1]另有学者对司法解释的规定进行了深入的批判，认为备案登记的合同效力与未登记备案的合同效力并无高低之分，因而也无何者优先适用之理；当事人明确备案合同不作实际履行的情况下，法院判决以备案合同作为结算工程款的依据，是对背信弃义行为的支持和纵容，也是对当事人缔约自由的干涉；司法解释是在错误理解法律、调查研究不足、建筑施工企业与建设单位利益博弈过程中建设单位缺位的情况下制定的。[2]

笔者认为，黑白合同中的根本问题是自由的限制问题，在当事人完全自由的领域中，就应尊重当事人的选择，由当事人做主；在有正当理由对当事人进行限制时，才限制当事人自由、否定合同的效力。黑白合同在体系上是由隐藏行为和虚伪行为组成，前者是隐藏于虚伪行为之后，但却是当事人真实意思的行为，后者是当事人通谋作出的并非其真实意思的行为。虚伪行为因并非当事人真实意思而无效，隐藏行为的效力则应根据其自身情况来加以判断。建设工程中的黑合同为隐藏行为，白合同为虚伪行为，这样，黑合同的效力取决于其是否具备合同的生效要件，以及其意图规避的规则的属性。如果规避的规则为效力性强制规则或者涉及公序良俗保护的规则，黑合同就应为无效，反之，则应为有效。招投标工程尤其是其中的强制招标工程中，私下订立不同内容的黑合同，效力就极容易被否定。实践中的复杂性还表现在，白合同如果是通过招投标在程序中完成的，当事人否定为其真实意思的自由应会受到一定的限制。再就是，两个合同形成的时间先后会有不同，合同中是否包含有否定另一个合同的内容等，也是重要的事实。在两个合同形成有一定时间间隔，并

---

〔1〕 张卫、刘洪坤：《建设工程"黑合同"效力认定探析》，《黑龙江省政法干部管理学院学报》2008年第5期。

〔2〕 周泽：《建设工程"黑白合同"法律问题研究》，《中国青年政治学院学报》2006年第1期。

且均无全面取代另一合同的意思时，可能会被解释为合同的变更，此时变更自由是否应当受到限制，也需要根据变更合同会与什么样的规则发生冲突来确定。《招标投标法》第46条规定的"招标人和中标人不得再行订立背离合同实质性内容的其他协议"的规定，应不能阻断当事人必要的合同调整。

最后，无效工程合同在处理上也有其特殊性，根据《民法典》第793条的规定，建设工程施工合同无效，但建设工程经竣工验收合格，可以参照合同关于工程价款的约定折价补偿承包人；建设工程施工合同无效，且建设工程经竣工验收不合格的，如果修复后建设工程经竣工验收合格，发包人可以请求承包人承担修复费用，修复后的建设工程经竣工验收不合格，承包人不可以请求支付工程价款。发包人对因建设工程不合格造成的损失有过错的，应当承担相应的责任。此外，合同无效，工程已经进行到一定阶段但尚未竣工时，应如何处理，是一个十分棘手的问题，如何在体现对合同效力的评价和尽可能减少经济上的损失之间获得平衡，需要发挥法官的智慧。

三、工程合同的拘束力

（一）发包人的权利义务

1. 支付工程价款的义务

建设工程合同的发包人有义务根据约定给付价款，该义务是发包人的主义务，获得价款是承包人订立合同的目的所在，所以，该义务的不履行，是对方履行抗辩权、合同解除权发生的基础。根据《民法典》第563条的规定，发包人未按照约定支付工程价款，且在催告的合理期限内仍未履行支付义务，建设工程合同尚未履行完毕的，承包人可以请求解除建设工程施工合同。

工程合同中常有垫资的约定，垫资是指承包方在合同签订后，不要求发包方先支付工程款或者支付部分工程款，而是利用自有资金先进场进行施工，待工程施工到一定阶段或者工程全部完成后，由发包方再支付垫付的工程款。早期为了维护承包人的利益，缓解工程款拖欠问题，司法实践中往往认定垫资条款为企业法人间违规拆借资金行为，应属无效。[1]但是这与国际建筑市场惯例和我国的建筑市场实际情况不符，法释〔2020〕25号第25条认可了垫资的效力，确立了垫资既不同于拆借资金，又不同于一般工程欠款的处理原则。

---

〔1〕 黄松有主编：《最高人民法院建设工程施工合同司法解释的理解和适用》，人民法院出版社2004年版，第44-46页。

当事人对垫资和垫资利息有约定的，承包人可以请求按照约定返还垫资及其利息，但是约定的利息计算标准高于垫资时的同类贷款利率或者同期贷款市场报价利率的部分除外；当事人对垫资没有约定的，按照工程欠款处理；当事人对垫资利息没有约定的，承包人请求支付利息，人民法院不予支持。垫资返还义务不同于工程价款支付义务，后者的不履行会发生法定抵押权，当然，因均为金钱债务，故需要根据清偿冲抵规则来确定消灭的是哪一项债务。

2. 协力义务

建设工程的进行需要发包人协力的，发包人应当予以协助。根据《民法典》第778条规定："承揽工作需要定作人协助的，定作人有协助的义务。定作人不履行协助义务致使承揽工作不能完成的，承揽人可以催告定作人在合理期限内履行义务，并可以顺延履行期限；定作人逾期不履行的，承揽人可以解除合同。"第806条第2款同样规定："发包人提供的主要建筑材料、建筑构配件和设备不符合强制性标准或者不履行协助义务，致使承包人无法施工，经催告后在合理期限内仍未履行相应义务的，承包人可以解除合同。"发包人协力义务的有无，根据合同约定来判断，合同没有约定的，可根据交易习惯和诚实信用原则来确定。协力义务一般为不真正义务，但承揽关系中，协力义务的违反会导致对方合同解除权的发生，故其是否还属于不真正义务，学说上已有争论。[1]

3. 依约提供原材料等义务

工程合同中若约定由发包人提供原材料、设备等，则发包人应当根据约定的时间履行相应的义务。对此，《民法典》第803条规定："发包人未按照约定的时间和要求提供原材料、设备、场地、资金、技术资料的，承包人可以顺延工程日期，并有权请求赔偿停工、窝工等损失。"

4. 验收并接收工程的义务

承包人完成工程建设之后，发包人应当及时进行验收，并接收工程。《民法典》第799条规定："建设工程竣工后，发包人应当根据施工图纸及说明书、国家颁发的施工验收规范和质量检验标准及时进行验收。验收合格的，发包人应当按照约定支付价款，并接收该建设工程。"发包人拖延或拒绝验收的，如果承包人已经提交竣工验收报告，就以承包人提交验收报告之日为竣工日

---

〔1〕 黄立主编:《民法债编各论(上)》,中国政法大学出版社2003年版,第446页;陈自强:《民法讲义Ⅱ:契约之内容与消灭》,法律出版社2004年版,第192页。

期；发包人拒绝接收工程的，不影响承包人价款请求权的实现。

5. 任意终止权

建设工程是应发包人的需要而进行，如果发包人因客观情况变化需要终止工程建设的，是否可以单方终止工程合同，《民法典》建设工程合同章中没有规定，但承揽合同章中有规定。《民法典》第787条规定："定作人在承揽人完成工作前可以随时解除合同，造成承揽人损失的，应当赔偿损失。"据此，发包人也应当享有任意终止权，可随时终止建设工程合同，但需要赔偿承包人的全部经济损失。〔1〕

任意终止权的合理性在于，工程是为发包人而建，如果工程完工对发包人已失去意义，或者发包人因资金、个人规划的调整，而以终止工程建设为最有利的选择时，完全没有必要强行推进工程进程，因为承包人的利益在于报酬，完成工程是为了获得报酬，所以，合理数额的金钱赔偿也已足以维护其正当利益。

《民法典》第787条规定的损失的赔偿，对合同终止之前完成的工程部分而言，实际上是报酬支付的问题，而合同向将来失效的部分，则属于损失的赔偿，赔偿数额的确定，以若无终止合同之行为，承包人的财产状况为参照，主要是未完成工作部分的报酬，但需要扣除未进行施工而节省的费用，同时，承包人另为他人工作而有所得时，也应适当扣除。〔2〕此外，还可以包括建筑材料等运回的费用，以及其他于合同正常履行时不会发生的费用。

（二）承包人的权利义务

1. 按期完成工作、交付工程的义务

承包人应当按期完成工作，并交付质量合格的建筑，这是承包人的主义务，该义务的履行直接关系到发包人订立合同目的之实现。承包人首先应当按期开工，以保障可以按期完工。如果开工日期稍迟，还可以通过努力按期完工的，应不发生合同解除权，但如果延期开工达到已不可能按期完工的程度时，则会发生合同解除权。〔3〕承包人虽按期开工，但却于中途停工的，发包人可以请求继续施工，停工影响到合同目的实现时，也会发生解约权等救济方

---

〔1〕 此乃比较法上的通行做法，例如，《德国民法典》第649条规定，在工作完成之前，定作人可以随时终止合同。定作人终止合同的，承揽人有权请求支付约定的报酬，但应考虑因合同取消而节省的费用，以及将劳力用于他处而取得的利益或恶意怠于取得的利益。

〔2〕 黄立主编：《民法债编各论（上）》，中国政法大学出版社2003年版，第439页。

〔3〕［日］我妻荣：《债法各论（中卷二）》，周江洪，译，中国法制出版社2008年版，第84页。

式。承包人不能按期完工的，发包人可以请求继续施工并承担迟延责任，承包人在发包人催告的合理期限内仍未完工的，发包人可以解除合同。承包人完工之后，应提请发包人进行竣工验收，建设工程经竣工验收合格的，以竣工验收合格之日为竣工日期，承包人已经提交竣工验收报告，发包人拖延验收的，以承包人提交验收报告之日为竣工日期。验收之后，承包人应向发包人移交建设工程。

承包人应当交付质量合格的建筑，就所建设工程承担瑕疵担保责任。《民法典》第801条规定："因施工人的原因致使建设工程质量不符合约定的，发包人有权请求施工人在合理期限内无偿修理或者返工、改建。经过修理或者返工、改建后，造成逾期交付的，施工人应当承担违约责任。"法释〔2020〕25号第12条、14条规定，因承包人的原因造成建设工程质量不符合约定，承包人拒绝修理、返工或者改建的，发包人可以请求减少支付工程价款；但是，建设工程未经竣工验收，发包人擅自使用后，又以使用部分质量不符合约定为由主张权利的，不予支持。上述规定，应是针对物的瑕疵而言的，瑕疵有无的判断，应根据合同约定的质量标准，一般是在竣工验收中确定，双方有争议时，可由鉴定机构进行鉴定。

瑕疵担保责任的内容是首先由承包人进行修补，未能修补或拒绝修补的，发包人可以解除合同或请求减少价款。这里的问题是，《民法典》第801条规定的效果是以"因施工人的原因致使"为前提的，这不同于传统的瑕疵担保责任，通说认为该责任不以可归责于承揽人的事由而生为必要。〔1〕那么，在我国法上，如果建筑的瑕疵非因施工人也非因发包人的原因导致时，应如何处理？值得注意的是，《民法典》第781条就承揽合同规定："承揽人交付的工作成果不符合质量要求的，定作人可以合理选择请求承揽人承担修理、重作、减少报酬、赔偿损失等违约责任。"该条之中并没有提出承揽人归责性的要求，但该条规定与第801条的关系，会被解释为一般规定与特别规定的关系，所以，退回到承揽合同需求解决的途经并不顺畅。为此，对上述问题可以考虑如下的方案：首先，当建筑物存在质量问题时，施工人不能证明非因其原因导致的，直接推定系由施工人原因导致；施工人能够证明发生的原因时，则根据发生的不同原因，按照风险安排的解释，来确定施工人是否应当承担责任，风险安排通过合同的解释来得出结论。

---

〔1〕［日］我妻荣：《债法各论（中卷二）》，周江洪，译，中国法制出版社2008年版，第101页。

现行法之中并没有规定权利瑕疵的问题，原因是建设工程合同之中一般不会出现此类问题。但当施工人将他人动产附合进建设工程之中时，动产所有人将会依添附的规则而丧失所有权，建设工程所有人所有权客体得到扩张，同时，建设工程所有人负有返还不当得利的义务。发包人若因此项负担而遭受损失，应可以请求承包人赔偿。[1]

2. 通知义务

《民法典》第798条规定："隐蔽工程在隐蔽以前，承包人应当通知发包人检查。发包人没有及时检查的，承包人可以顺延工程日期，并有权请求赔偿停工、窝工等损失。"该条仅规定了发包人没有及时检查的责任，但对承包人通知义务不履行的责任，未作出规定。对此，如果合同有约定的，承包人应依约定承担责任，没有约定的，可以推定隐蔽工程存在质量瑕疵，根据工程进展程度、隐蔽工程的性质、功能等具体情况，让承包人承担适当的赔偿责任。

3. 容忍义务

《民法典》第797条规定："发包人在不妨碍承包人正常作业的情况下，可以随时对作业进度、质量进行检查。"根据该条规定，承包人有义务容忍发包人正常的检查行为。作业进度、质量的检查权利，是维护发包人利益所必须的，以便于发包人及时发现工程质量问题，及时要求承包人修补，也可以对工程进度进行监督，预先督促承包人，使工程可以按期完工。当然，发包人的检查行为，不得妨碍承包人的施工，如果不当妨碍了承包人施工，就应当承担相应的不利益。

4. 法定抵押权

《民法典》第807条规定："发包人未按照约定支付价款的，承包人可以催告发包人在合理期限内支付价款。发包人逾期不支付的，除根据建设工程的性质不宜折价、拍卖的以外，承包人可以与发包人协议将该工程折价，也可以请求人民法院将该工程依法拍卖。建设工程的价款就该工程折价或者拍卖的价款优先受偿。"对于该条规定，有认为性质上属于留置权，[2]有认为是优先权，[3]有认为是抵押权。留置权之说不能成立，"留置"从词义上应有扣下并

---

〔1〕 对该问题详细的讨论可参见黄茂荣：《债法总论（第二册）》，中国政法大学出版社2003年版，第287页及以下。

〔2〕 江平主编：《中华人民共和国合同法精解》，中国政法大学出版社1999年版，第223页。

〔3〕 赵许明：《建设工程款优先受偿权与抵押权冲突研究》，《华侨大学学报（人文社科版）》2001年第4期。

不让拿走的意思,是针对动产而言的,留置动产、维持实际的控制,可以形成心理上的压力,保有强大的控制力,促使债务人履行债务。建设工程属于不动产,而不动产不存在留置的问题,处分也不以占有为必要,并且,第807条规定中并没有扣下、然后再为进一步处分的内容,直接就是请求变价。优先权之说的问题在于,我国《民法典》物权编中没有优先权这样的类型,所有的担保权利均具有优先的权能,称之为优先权,没有什么意义。所以,承包人的此项权利定性为抵押权,较为合理,并且权利的发生不以当事人意思为基础,属于法定抵押权。此项法定抵押权的正当基础在于,承包人价款债权的对价已凝结于建设工程之上,建设工程的价值中包含了承包人债权价值在内,此外,我国对建筑企业工人工资的政策考虑,也是推动立法的一个因素。此项法定抵押权的发生,不以当事人合意为必要,也不需要登记。

承包人的法定抵押权,为比较法上的通行制度。《德国民法典》第648条、《瑞士民法典》第837条,均有相应规定。我国台湾"民法"第513条也有规定:"承揽之工作为建筑物或其他土地上之工作物,或为此等工作物之重大修缮者,承揽人得就承揽关系报酬额,对于其工作所附之定作人之不动产,请求定作人为抵押权之登记;或对于将来完成之定作人之不动产,请求预为抵押权之登记。"

承包人的法定抵押权在实践中会发生与其他权利的冲突,例如银行的抵押权、预售商品房的所有权等。对此,法释〔2020〕25号第36条规定,承包人根据本条规定享有的建设工程价款优先受偿权优于抵押权和其他债权。据此,只要在建设工程上同时存在承包人法定抵押权和其他抵押权,承包人恒优先于其他抵押权人受偿债权,并且,不受法定抵押权成立时间先后的影响,也没有登记的要求。对此,笔者持支持的态度,法定抵押权因法律规定而发生,对于该抵押权的存在虽无登记公示,第三人也应可以从法律规定中预想到抵押权的存在,另外,成立时间的先后也不是法定抵押权优先的关键因素,抵押权的基础在于债权对价已融入建设工程之中,该基础不受抵押权发生时间先后的影响。

商品房预售中购买人的所有权是否受法定抵押权的影响,关系到购买人的根本利益,对此,《最高人民法院关于建设工程价款优先受偿权问题的批复》(法释〔2002〕16号,已废止)第2条规定:"消费者交付购买商品房的全部或者大部分款项后,承包人就该商品房享有的工程价款优先受偿权不得对抗买受人。"该项规定意味着在消费者支付了50%的房款之后,承包人的法定抵押权对购房人不发生效力。首先为避免该条规则的滥用，需要对消费者与开发商之间是否存在真实的商品房买卖关系进行认定，以免损害承包人对工程价款的正当权益。[1]另外有法院认为未交付50%以上房款的消费者的权利也应得到优先保护，因为这部分消费者所交的购房款同样物化于建设工程之中，且消费者购房主要涉及生存权利，而建设工程的承包人的权利主要是经营权，生存权应得到优先保护，否则开发商将自身债务转移给消费者，有违消费者特殊保护的法律规定，因此未交付过半购房款的消费者即使不能享有商品房物权优先请求权，也应享有对已付购房款优先于建设工程价款返还的请求权。[2]但是上述规定是针对实践中存在的商品房预售不规范现象，为保护消费者生存居住权利而作出的例外规定，已经体现了对消费者权利保护的倾斜，因此对于该规定的适用条件应当严格把握，避免扩大范围，动摇抵押权具有优先性的基本原则。还应当注意该规定对于房屋买受人的范围进行了限定，必须符合法律规定的商品房消费者，即购房人购买商品房必须是用于满足生活居住的需要，而不是用于经营或投资。[3]随着《民法典》的颁行，法释〔2002〕16号文失效，法释〔2020〕25号中未见相同或相似的规则。商品房消费者的权利和法定抵押权的关系如何，值得思考。根据《最高人民法院关于人民法院办理执行异议和复议案件若干问题的规定》第29条，商品房买受人的权利在满足以下三个条件的前提下可以排除执行：第一，在法院查封之前已签订合法有效的书面买卖合同；第二，所购商品房系用于居住且买受人名下无其他用于居住的房屋；第三，已支付的价款超过合同约定总价款的百分之五十。换言之，满足该三项条件时，商品房买受人可以在优先受偿权的实现程序中提出执行异议，同时消灭优先受偿权，请求交付无负担的商品房。因此，在该路径上，同样可以得出法释〔2002〕16号文第2条的结论，对于法释〔2002〕25号第36条中的“其他债权”应作限缩解释，认为工程价款优先受偿权不能优先于满足特定条件的商品房买受人的债权。同时，依据法释〔2002〕25号第36条“建设工程价款优先受偿权优于抵押权”的规定，以及前述法定抵押权不能对抗符合一定条件的商品房买受人的规定，商品房买受人的权利应优先于建设工程之上的一般抵押权。《2015年全国民事审判工作会议纪要》第39条对此作了明

〔1〕 参见最高人民法院（2011）民提字第331号民事判决书。

〔2〕 参见江苏省南通市中级人民法院（2018）苏06民终2624号民事判决书。

〔3〕 参见江苏省徐州市中级人民法院（2020）苏03民终3715号民事判决书。

确的规定。[1]

依据《民法典》第389条规定，担保物权的担保范围包括主债权及其利息、违约金、损害赔偿金、保管担保财产和实现担保物权的费用。而建设工程价款优先受偿权的范围不同于一般抵押权，特定范围应当结合特殊公共利益以及利益平衡原则进行考量。此项法定抵押权担保的债权为“价款”债权，应包括承包人劳务的对价以及材料及其他费用的对价。[2]法释〔2020〕25号第40条规定，承包人建设工程价款优先受偿的范围依照国务院有关行政主管部门关于建设工程价款范围的规定确定。承包人就逾期支付建设工程价款的利息、违约金、损害赔偿金等主张优先受偿的，人民法院不予支持。目前，国务院有关行政主管部门关于建设工程价款范围主要可以参考住建部、财政部印发的《建筑安装工程费用项目组成》第1条第1款和建设部印发的《建设工程施工发包与承包价格管理暂行规定》第5条的规定，前者指出建筑安装工程费用划分为人工费、材料费、施工机具使用费、企业管理费、利润、规费和税金；后者明确工程价格由成本（直接成本、间接成本）、利润（酬金）和税金构成。关于垫资是否属于建设工程价款优先受偿权的范围，存在争议。有的观点认为垫资如果已经物化为工程的一部分，即属于工程对价，应该属于工程价款优先受偿权的范围；[3]有的观点认为垫资仅在发包人和承包人之间产生一般借贷债权债务关系，和工程价款并无关系，无优先受偿的合理理由。[4]《江苏省高级人民法院关于审理建设工程施工合同纠纷案件若干问题的意见》第21条认为建设工程价款优先受偿权的范围包括用于建设工程的垫资款，在司法实践中得以普遍适用。进一步的观点认为，如果承包人的垫资已经实际物化到建设工程的价值中，该部分资金应当属于优先受偿权的范围；如果承包人的垫资并未用于工程建设，仅用于缴纳土地出让金或者挪作他用，垫资属于借贷关系，不属于优先受偿权的范围；另外合同约定垫资用于工程建设，但是承包人可以分享建成后建筑物的一部分，则垫资实际属于投资关系，也不属于优先受

---

〔1〕《2015年全国民事审判工作会议纪要》第39条：“取得了房屋预售许可或者销售许可的房地产开发商以在建工程抵押取得银行贷款后，又同买受人签订了房屋买卖合同，买受人依约支付了全部或大部分购房款，房地产开发商不能偿还银行贷款，抵押权人向人民法院请求行使抵押权的请求，不予支持；对于买受人向人民法院请求确认其购买房屋的权利优先于银行抵押权的，人民法院应予支持。”

〔2〕 史尚宽：《债法各论》，中国政法大学出版社2000年版，第355页。

〔3〕 王治平：《建设工程价款优先受偿权的若干问题》，《人民司法》2002年第8期。

〔4〕 周剑浩、张李锋：《“建设工程欠款优先受偿”的理解与适用》，《中国审计》2003年第21期。

偿权的范围。[1]同时，在实现优先受偿权时，还应注意区分建设工程价款和建设用地使用权价款，两者虽然一并处置，但是承包人优先受偿权的范围不包括建设用地使用权处置的价款部分，否则有损发包人的其他债权人的利益。[2]工程价款优先受偿权的目的在于保护承包人工人工资等附加在建设工程的部分，承包人对于建设工程用地并无投入也无增值贡献，与土地本身的价值没有直接联系。[3]

最后，承包人行使优先受偿权，应当在合理的期限内进行。法释〔2002〕16号第4条曾规定："建设工程承包人行使优先权的期限为六个月，自建设工程竣工之日或者建设工程合同约定的竣工之日起计算。"该条在司法实践中引发巨大争议：在实际竣工之日或者合同约定的竣工之日，工程款债权可能尚未届期，如果从此时就开始计算承包人行使优先权的期限，等到工程款债权到期时，承包人可能都已经丧失了优先受偿权。另外，如果合同由于发包人的原因解除或者终止履行的，由于工程尚未竣工，又该如何计算优先权的行使期限呢？基于对以上问题的回应，同时也充分总结司法审判经验，[4]法释〔2020〕25号第41条规定，承包人应当在合理期限内行使建设工程价款优先受偿权，但最长不得超过十八个月，自发包人应当给付建设工程价款之日起算。那么优先受偿权行使期限的起算点应当如何确定？如果施工合同对于建设工程价款的支付时间、方式有约定的，以合同约定的工程价款支付时间作为起算点；施工合同未约定或者约定不明，建设工程已交付或者竣工结算文件依约视为发包人认可的，以交付之日或者提交竣工结算文件之日作为起算点；工程未交付，且工程价款未结算的，以起诉之日作为起算点。施工合同解除或者终止履行，且工程价款未结算，当事人就工程价款支付事宜达成合意的，以双方约定的工程价款支付时间作为起算点。当事人未就工程价款支付事宜达成合意，但工程已交付的，以交付之日作为起算点；工程未交付的，以起诉之日作为起算点。

〔1〕侯进荣：《建设工程价款优先受偿权制度的司法适用》，《人民司法》2005年第4期。

〔2〕黄薇主编：《中华人民共和国民法典合同编解读（下册）》，中国法制出版社2020年版，第1046页。

〔3〕参见广东省惠州市中级人民法院（2020）粤13民终3946号民事判决书。

〔4〕参见最高人民法院（2017）民终字第918号民事判决书；江苏省高级人民法院（2014）苏民终字第0289号民事判决书。

（三）权利归属和风险负担

1. 权利归属

承揽合同中工作物权利归属，在日本法上，有原材料提供人归属说、发包人归属说等不同主张，前者认为发包人提供全部或主要部分材料的，所有权归发包人所有，承包人提供全部或主要部分材料的，所有权则归承包人所有；后者认为承包人将所有权归属于自己只是为了工程价金的回收，而不存在对其所有的意思，因此所有权应该原始归属于发包人。对于发包人归属说的批判是，在承包人提供全部材料的情况下，承认发包人的原始取得，意味着在不支付价金和不接受交付的状态下，即取得所有权的各种权能，并承担风险负担；对原材料提供人归属说的批判是，即便承认承包人取得建筑物所有权，但因为没有对该建筑物用地的利用权，因此这种承认没有意义。〔1〕对于该问题，我国台湾学者认为，一般应区分动产、不动产而作不同的安排，不动产原则上采不动产吸附动产规则，即使承揽人提供材料的，也因附合规则而由定作人取得所有权。〔2〕

笔者认为，这里的所有权归属问题，真正的意义在于，承包人价款债权的担保，以及发包人或承包人破产时相关当事人利益的保障。就相关当事人利益的影响而言，不同的选择会发生不同的辐射效果，但是，可能这些相关当事人利益维护问题并非这里需要考虑的因素。例如，发包人破产时，如果工程所有权归承包人所有，则承包人的债权人在其债权不能按期实现时，可诉请法院强制执行工程，发包人的破产管理人不能提出异议。但是，规则的制定更多地还是要考虑直接当事人之间的利益权衡问题，而不是这些稍显遥远的辐射效果。而就当事人之间的利益状况来看，承包人从契约属性上确定地并非以取得标的物所有权为目的，所有权的归属仅具有担保的功能，称为其价款请求权实现的保障，而在已经规定有承包人法定抵押权的情况下，所有权担保的必要性大幅度降低了。虽然，前文所述的最高人民法院设定的法定抵押权的期限限制，会增加所有权担保的必要性，但是，同时也应该看到，所有权担保的情况

〔1〕［日］近江幸治：《建设工程合同承包契约中的实践问题》，渠涛，译，载渠涛主编：《中日民商法研究》（第六卷），北京大学出版社2007年版。

〔2〕 史尚宽：《债法各论》，中国政法大学出版社2000年版，第330页。

下，其他抵押权人的优先受偿权就很难合乎逻辑地予以排除了。[1]所以，可能还是采发包人归属说更好一些。

2. 风险负担

风险负担是指在承包人工程施工完成之前或已完成工程交付之前，因不可归责于双方的事由导致已完成工程毁损、灭失时，损失应由谁承担的问题。日本法上，有完成基准说、交付基准说、风险领域判定说三种观点。完成基准说主张工程完成之前由承包人承担，完成之后由发包人承担；交付基准说主张工程交付之前由承包人承担，交付之后由发包人承担；风险领域判定说主张全面考虑发包人风险领域乃至支配领域中的事由，仅在发包人无归责事由，也非其支配领域内的原因时，承包人才负担风险。[2]关于风险负担，我国《民法典》承揽合同章、建设工程合同章均没有规定；而我国台湾"民法"第508条规定："工作毁损、灭失之危险，于定作人受领前，由承揽人负担，如定作人受领迟延者，其危险由定作人负担。定作人所供给之材料，因不可抗力而毁损、灭失者，承揽人不负其责。"条文中明确了工作之危险负担的规则，但对报酬之危险负担并未言及，学者认为报酬危险由承揽人承担，故定作人受领工作之前，工作毁损、灭失时，承揽人就其已为之劳动、施加之零件以及其他费用等，无从请求定作人支付，而应自行承担。[3]

笔者认为，建设工程合同中的风险负担，涉及物的损失的承担以及报酬请求权是否消灭的问题，对于非因任何一方的事由而导致已完成的部分工程的毁损、灭失的，物的损失原则上应由发包人承担，不问是否完成工程或交付工程，但如果已完成工程中包含有承包人提供的材料、配件等时，承包人应承担相应部分的损失，而不能向发包人请求补偿。承包人报酬请求权问题，可以采交付基准，即在交付之前，标的物发生毁损、灭失的，承包人报酬请求权也消灭，但在交付之后，即使标的物发生毁损、灭失的，也不影响承包人请求支付报

〔1〕例如，承包人完成工程价值1000万元，发包人欠工程款900万元，发包人在土地使用权上为银行设有500万元的抵押权负担，而《物权法》第182条规定，建设用地使用权抵押的，其土地上建筑物一并抵押。这样，根据发包人归属说，工程所有权归发包人所有，但承包人就工程享有法定抵押权，该抵押权优先于银行的抵押权而受清偿，所以，承包人价款债权可以完全实现；而根据承包人归属说，工程所有权归承包人所有，此时，银行抵押权负担无法排除，则承包人最终最多只能获得500万元的清偿。

〔2〕[日]近江幸治：《建设工程合同承包契约中的实践问题》，渠涛，译，载渠涛主编：《中日民商法研究》（第六卷），北京大学出版社2007年版。

〔3〕黄立主编：《民法债编各论（上）》，中国政法大学出版社2003年版，第445页。

酬的权利。发包人受领迟延的,迟延中发生风险承包人报酬请求权也不受影响。在承包人垫资的案型中,垫资与风险负担无关,承包人因垫资而取得的权利不受风险发生的影响。这样,可能会发生如下的疑问:承包人提供材料的就得分担部分的风险,提供资金的就不分担风险,基础何在?笔者认为,基础在于承包人给付的价值的形态不同,一为有形的物,一为金钱,风险是与物相关的危险的实现,在提供物的情况下,与所提供物相关的风险就由承包人承担,垫资的情况实际上类似于借款,与具体物的风险没有关联。

风险发生后,如果构成履行不能,则应发生履行不能的效果,但是,由于建设工程合同中风险的发生一般并不妨碍继续或重新开始工程施工,所以,此时是否应继续履行合同,不无疑问。日本学者认为,承揽合同中在物交付前发生毁损、灭失的,原则上认为其构成履行不能,承揽人不负再次制作的债务,才是合理的,因为,如此理解不仅符合承揽的性质及当事人的意思,而且使得当事人之间的关系得以公平处理。[1]德国法上,承揽合同中原则上承揽人仍然有依契约重新或继续完成工作之义务,但该义务应受诚信原则的限制。[2]笔者认为,风险发生之后按照风险分担的规则确定损失分配之后,继续履行合同并不当然对某一方当事人不利,甚至可以说在多数情况下,对双方当事人均为有利,但是,此时是否应当给予当事人重新选择的机会,值得考虑。

---

〔1〕[日]我妻荣:《债法各论》(中卷二),周江洪,译,中国法制出版社2008年版,第94页。

〔2〕黄立主编:《民法债编各论(上)》,中国政法大学出版社2003年版,第444页。

第二章

德国工程合同法的体系与构造

长期以来，德国工程合同法律问题由《德国民法典》（下亦简称“德民”）承揽合同节进行调整。由于欠缺针对建设工程的个性规则设计，面对动态多变的工程施工过程，民法典往往束手无策，具体问题只能交由司法审判和合同实践去解决。在德国联邦政府的动议和支持下，联邦司法部于2015年提交了一份有关工程合同的法案草案（BGBRefE），该草案继而以政府议案（BGB-E）的形式被提出，经联邦议会通过后于2018年1月1日起施行。着眼于建设工程的特殊性，在《德国民法典》中植入动态规范，无疑加强了德国承揽合同法的法律思维，极大地活跃了理论与实务的互动。笔者将以工程合同法在德国的发展为起点，以联邦议会本次修法为核心，描绘德国工程合同法的大致轮廓。

一、工程合同法在德国的发展

（一）以承揽规则为规范框架

1900年颁行的《德国民法典》在编纂体系上基本遵照了罗马法的制度。[1]观察德民第二编的结构，可以发现各种债务关系的排列完全保留了罗马法双务合同的印记，包括第535条及以下的租赁合同，第611条及以下的雇佣合同

〔1〕 Grundlegendv. Savigny, System des heutigen römischen Rechts, 1840. Vgl. zur Kodifikation Schwab/Löhnig, Einführung in das Zivilrecht, 19. Aufl., 2012, Rn. 24.

以及第631条及以下的承揽合同。[1]承揽合同和雇佣合同的显著区别在于前者的结果相关性特征（Erfolgsbezogenheit），[2]并由此产生类似于买卖法瑕疵担保的无过错责任，保障了定作人请求消除瑕疵并获得费用补偿、减少报酬或解除合同的权利。

当时的立法者认为，有关承揽合同的规则（德民第631条及以下）应当同样适用于建设工程合同，没有必要将后者作为独立的形态单独予以规范。就承揽合同法的构造而言，以修理皮鞋或者定制西装为内容的合同在类型上应当无异于有关工程施工的合同。因此，关于建设工程合同的特别规定仅在两个条款中得到体现：债法改革前的德民第638条将建筑物瑕疵请求权的时效期间延长至5年；第648条又规定，建筑手工业者可基于其报酬请求权而请求给予保全抵押权。

魏尔斯（Weyers）在其1981年的债法评论中提出，承揽合同是一种在最大数量上体现现实生活多样形态的合同类型：魏尔斯提出了100多种不同类型的承揽合同，范围涵盖建筑拆除到饮用水净化合同等不同类型。[3]特尔希曼（Teichmann）在1984年的第55界德国法学家大会（Juristentag）上提出承揽合同法是否有改革必要的议题，并同时着眼于规则的技术层面，提出"特别是在工程法的领域，民法典以外的规则是否应该法典化"的问题。[4]然而，当年经法律家大会讨论，认为没有必要重新设计承揽合同法。[5]

2002年开展的立足于买卖法和给付障碍法基础之上的债法改革[6]也依然

---

〔1〕 德民第一次草案仍强调租赁合同和雇佣合同的近亲缘性。Mot. II, S. 455.

〔2〕 Honsell, Römisches Recht, 7. Aufl., 2010, § 51. Mot. II, S. 507.

〔3〕 Weyers, Gutachten und Vorschläge zur Überarbeitung des Schuldrechts, Bundesminister der Justiz (Hrsg.), Bd. II, 1981, S. 1115 ff., 1196.

〔4〕 Teichmann, Empfiehlt sich eine Neukonzeption des Werkvertragsrechts? , Gutachten, in: Verhandlungen des fünfundfünfzigsten Deutschen Juristentages, Bd. I (Gutachten), 1984, A 1, 9. Vgl. dazu auch das Referat von Soergel, in: Verhandlungen des fünfundfünfzigsten Deutschen Juristentages, Bd. II (Sitzungsberichte), 1984, I 27 ff.

〔5〕 Verhandlungen des fünfundfünfzigsten Deutschen Juristentages, 1984, Bd. II (Sitzungsberichte), I 193; gleichwohl wird erkannt, dass mit einer Reform des Werkvertragsrechtes nicht so lange gewartet werden solle, bis "eine nicht mehr erträgliche Diskrepanz zwischen Gesetz und Rechtswirklichkeit eintritt". Empfohlen wird daher eine "vorsichtige und kontinuierliche Anpassung, die aufgetretene Schwächen bereinigt, Verständnisschwierigkeiten beseitigt und strukturelle wirtschaftliche Änderungen berücksichtigt".

〔6〕 Gesetz zur Modernisierung des Schuldrechts v. 26.11.2001, BGBl. I, S. 3138.

没有涉及承揽合同法。[1]弗莱堡建筑法研究所(Institut für Baurecht Freiburg)曾提出一份有关工程法的补充草案,[2]但是债法改革委员会并未予以考虑,估计是因为这一提案已超出了既定的立法项目的范围。因此,债法改革后,承揽合同法未有实质的变动,其变化仅在于契合新的给付障碍法以及新的时效规则。不过,在债法改革"大转化"("große Umsetzung",即欧盟消费者买卖指令计划[3]由欧盟各成员国转化为国内立法)的背景下,买卖法却吸收了一项典型的承揽合同规则:瑕疵情况下,债权人(定作人或买受人)虽然有广泛的瑕疵担保请求权,但同时,债务人(承揽人或出卖人)亦有权首先采取措施消除瑕疵。可以说,这一变化也直接影响了德国给付障碍法的体系,并在德民中加强了典型的承揽合同的法律意识。[4]

无论如何,立法上的节制使得德民保留了适用于建设工程领域特别规定的空白。但在德民颁布施行后,立法者又逐点回应了一些显而易见的弊端,令这一空白不断通过各种方式得以填补。早在1909年,立法者即颁行保障工程价款请求权的法令,以保障分包人的工程报酬,使其在总承包人滥用工程款而陷入经济困境的情况下免受损失。1975年,通过颁行《房地产代理及开发商条例》("Makler-und Bauträgerverordnung"),极大地降低了承包人可能由开发商破产带来的损害风险。为解决申请保全抵押权欠缺执行力的问题,德民于1993年增设保障建筑手工业者的保全抵押权的规范。此外,为了及时实现建筑手工业者的报酬请求权,通过2000年的《促进支付法》("Zahlungsbeschleunigungsgesetz")引入了拟制验收、完工证明、建筑手工业者的担保和部分支付等制度。[5]

(二)作为一般交易条件的 VOB/B 规则

1921年,德意志帝国议会(der Deutsche Reichstag)要求政府设立专门委

---

[1] Bereits Begr. Regierungsentwurf, BT-Drs. 14/6040, S. 95, 260. Ähnliche Bewertung durch Staudinger/Peters/Jacoby, vor §§ 631 ff. Rn. 10; Hertel, Werkvertrag und Bauträgervertrag nach der Schuldrechtsreform, DNotZ 2002, 6; Schudnagies, Das Werkvertragsrecht nach der Schuldrechtsreform, NJW 2002, 396, 400.

[2] Abrufbar unter <http://www.ifbf.de/downloads/arbeitskreis.pdf>, site zul. besucht am 13.11.2014.

[3] Richtlinie 1999/44/EG des Europäischen Parlaments und des Rates vom 25. Mai 1999 zu bestimmten Aspekten des Verbrauchsgüterkaufs und der Garantien für Verbrauchsgüter, ABl. 1999 Nr. L 171/12.

[4] Vgl. dazu BGH v. 23.07.2009, VII ZR 151/08, BGHZ 182, 140; v. 09.02.2010, X ZR 82/07, BB 2010, 1561.

[5] Gesetz zur Beschleunigung fälliger Zahlungen v. 30.3.2000, BGBl. I, S. 330.

员会制定统一的建筑发包规则。该委员会命名为德国工程建设发包委员会（下称“DVA”）（其间亦有多次易名），其成员包括不同的建筑参与人代表、[1]不同职权范围的联邦部委代表、联邦州的机构代表、地区联合会代表、业主联合会代表、经济职业联合会代表以及来自诸如德国工商大会等其他一些社团的代表。DVA制定了一份全面的通行规则，叫做《建筑工程发包与合同规则》（Vergabe-und Vertragsordnung für Bauleistung，以下简称“VOB”）。[2]该规则包括三个部分的内容，其中A部分关于工程发包，特别涉及公共工程发包的情况；B部分是对订立建设工程合同的补充通用条款；C部分是工程施工通用技术条件。

通说认为，VOB规则B部分在性质上是一般交易条款，用以补充建设工程合同的专有条款部分。[3]因此，VOB/B在具体建设工程合同关系中的适用始终需要遵照一般法律行为理论以及德民中一般交易条件法的特别要求。对此，立法者首先限制了对于VOB/B的内容审查，明确排除某些禁止条款规则在VOB/B中的适用。[4]司法上更进一步支持了VOB/B的优先地位，在当事人将VOB/B作为一个整体约定为合同内容时，鉴于该优先性而全部排除德民的一般交易条件法对于VOB/B的内容审查。立法和司法上优待VOB/B的理由在于，该规则并非仅倾向于一方当事人的利益，而是充分考虑并立足于工程合同法的特别之处，在整体上实现了各方当事人利益的妥当平衡。[5]

在这一基础上，VOB/B规则在德国的工程实践中得到了长足的发展和繁荣，期间并经过多次的修改和调整。2009年的修订版长达14页之多，包括18项条款，细致地规范了工程合同当事人的权利和义务。大量的法律注释评论又对于VOB/B规则进行了数以千页计的法条释义。[6]德国几代的工程法律

---

[1] Die aktuelle Mitgliederliste ist abrufbar unter < http://www.bmvbs.de/cae/servlet/contentblob/32298/publicationFile/53417/dva-mitgliederliste.pdf >, site zul. besucht am 24.5.2012.

[2] Ursprünglich „Verdingungsordnung für Bauleistungen“, deren erste Fassung auf das Jahr 1926 zurückgeht, vgl. ausf. Staudinger/Peters/Jacobi, vor §§ 631 ff. Rn. 89 ff.

[3] Jauernig/Stadler, vor §§ 307-309 Rn. 3; Ganten/Jagenburg/Motzke/Jansen, VOB/B, vor § 2 Rn. 221 ff.; Geck, Die Transparenz der VOB/B für den Verbraucher, ZfBR 2008, 436.

[4] Zunächst in § 23 Nr. 5 AGBG, ab 2002 in §§ 308 Nr. 5, 309 Nr. 8 lit. b ff BGB.

[5] BGH v. 16.12.1982, VII ZR 92/82, BGHZ 86, 135, 141; v. 17.11.1994, VII ZR 245/93, NJW 1995, 526.

[6] z.B. Ingenstau/Korbion/Vygen/Kratzenberg (Hrsg.), 17. Aufl., 2010; Kapellmann/Messerschmidt (Hrsg.), 3. Aufl. 2010; Ganten/Jagenburg/Motzke (Hrsg.), 2. Aufl., 2008.

人都深受VOB/B规则的影响。

然而进入本世纪以来，由于VOB/B没有和债法现代化法同步更新，因此其重要性显著降低。债法改革的基础在于区分与履行相关的义务和与履行无关的义务（德民第241条），[1]并在此基础之上构建了给付障碍的法律效果（德民第275条及以下），VOB/B虽然分别于2002年，2006年，2009年，2012年和2016年进行过五次修订，但是都没有接受和转化债法改革的核心内容。这种情况下，VOB/B与新的债法模式渐行渐远。

一直以来，根据德国联邦普通高等法院的判决，如果VOB/B在不做任何限制和任何改变的情况下被当事人约定使用时，那么相对于一般交易条款的内容审查，VOB/B具有优先性；[2] 但是到了2008年，联邦法院做出了决定性的调整，认为如果使用VOB/B规则的相对人是消费者的话，[3]则不认可VOB/B的一般优先性，因为在DVA中没有消费者代表。[4]这一认识在联邦法院的判决中维持至今。[5]

立法者在2008年的《债权保障法》（Forderungssicherungsgesetz）中同样完全舍弃了VOB/B之于德民第308条、309条的优先权，取而代之的是在相对人为企业时对于VOB/B有限的内容审查（德民第310条第1款第3句）。换言之，如果使用VOB/B规则订立工程合同的一方当事人为企业，而另一方是消费者的话，那么所有的VOB/B条款都需要接受德民第307条及以下的内容审查。VOB/B中的某些条款因为背离了德民既定模式的选择，将会面临无效的

---

〔1〕《德国民法典》第241条第1款规定，根据债务关系，债权人有向债务人请求给付的权利；第2款规定，债务关系可以在内容上使任何一方负有顾及另一方的权利、法益和利益的义务。广义的债务关系的内容即包括以上给付的义务和顾及的义务。

〔2〕 BGH v. 15.04.2004, VII ZR 129/02, BauR 2004, 1142; v. 10.05.2007, VII ZR 226/05, NJW-RR 2007, 1317, 1318.

〔3〕 根据《德国民法典》第13条，消费者是指既非以其营利活动为目的，也非以其独立的职业活动为目的而缔结法律行为的任何自然人。

〔4〕 BGH v. 24.07.2008, VII ZR 55/07, BGHZ 178, 1.

〔5〕 Als Vertreter der Verbraucher ließe sich allenfalls die Eigentümerschutz-Gemeinschaft als außerordentliches Mitglied identifizieren. Bezeichnenderweise ist mit Stand Januar 2012 kein einziges Verbraucherschutzministerium im DVA vertreten.

风险，其确定性大受损害。[1]几乎可以断言，VOB/B规则在消费者建设工程合同（“B2C”）中将确定的不可用。此外，即使在合同当事人都是企业的情况下（“B2B”），VOB/B的基础性地位也会动摇，因为在具体诉讼中，一旦牵扯到交易链条上的消费者的赔偿请求权，为避免责任漏洞，还是应否定VOB/B的优先权为宜。

二、德国工程合同的立法化

外部关系上，VOB/B规则相对于民法规范丧失了传统优先地位，规则自身在处理工程采购、变更指示和价款调整等方面也未尽人意。2006年，德国业界成立建筑审判协会（Der Deutsche Baugerichtstag），自当年起，每两年召开一次会议，致力于提出改革工程合同法的方案。[2]

和民间的积极态度相辅相成的是德国官方的重视。自2009年联邦政府各党派之间签订联合协议以来，立法会审议的议题之一即为是否应当制定独立的工程合同法，其范围如何？[3]为此，德国联邦司法部在2010年1月成立了工作组，成员包括所有最重要的研究工程问题和工程合同法律问题的组织的代表。具体来说，除了参加会议的各联邦部委（德国联邦司法部“BMJ”，德国联邦粮食、农业和消费者保护部“BMELV”，以及德国联邦运输、建筑与城市事务部“BMVBS”）和各联邦州的代表外，还有来自建筑企业、手工业界、建筑师、工程师和其他建筑专家、发包人、主管的建筑工会、金融管理企业、学术界以及法官、公证员和律师的代表。除此之外，还有一些相关的民间社团组织也加入其中，主要有德国建筑审判协会、建筑法协会以及弗莱堡建筑私法研究所等。

2017年3月9日，德国联邦议院以绝大多数赞成票通过了工程合同改革法的政府修正议案（BT-Drs.18/11437，下称“改革法”），3月31日德国联邦参

---

〔1〕 BGH v. 20.08.2009, VII ZR 212/07, BauR 2009, 1736, zu § 16 Nr. 5 VOB/B; OLG Dresden v. 13.12.2007, 12 U 1498/07, IBR 2008, 94, zu § 17 Nr. 8 S. 2 VOB/B; OLG Dresden v. 12.01.2012, 9 U 165/11, BauR 2012, 840, zu § 16 Nr. 3 VOB/B; LG Potsdam v. 02.10.2009, 1 O 118/09; BauR 2010, 664, zu § 13 Nr. 4, 5 VOB/B.

〔2〕 Vgl. insoweit Kniffka, Reformbedarf im Bauvertragsrecht, BauR 2010, 1306.

〔3〕 Wachstum, Bildung, Zusammenhalt. Der Koalitionsvertrag zwischen CDU, CSU und FDP, abrufbar unter <http: //www.cdu.de/doc/pdfc/091026-koalitionsvertrag-cducsu-fdp.pdf>, site zul. besucht am 6.6.2012, S. 43（工程合同法：我们将要审议，是否以及在多大范围内建立独立的工程合同法，以利于解决目前工程和承揽合同领域的问题）。

议院也通过了该法案。改革法自2018年1月1日起生效，根据《德国民法典施行法》（Einführungsgesetz zum Bürgerlichen Gesetzbuch，EGBGB，下称“施行法”）第229条第39项规定，适用于自2017年12月31日之后缔结的所有合同。[1]

改革法的重点是承揽合同法。经过改革，工程合同（Bauvertrag）、消费者工程合同（Verbraucherbauvertrag）和建筑开发商合同（Bauträgervertrag）的特别规则被写入德民，立法者希望借此集中回应建筑实践中因欠缺明文规定而产生的法律确定性的质疑，并提高对工程合同中消费者保护的力度。但是，立法语言上，仍有很多不确定的法律概念，如第650b条第1款第2句后段的“可以期待”（zumutbar），以及如第648a条第1款中的“重要原因”（wichtiger Grund）等，尚需要司法实践和法律学说的进一步补充和完善。

具体的立法变化如下：

（一）承揽合同法的体系变化

对第二编（债务关系法）第八章（各种债务关系）第九节（承揽合同和类似的合同）进行了重新编排。该节包括4目，其中第一目是“承揽合同”（第631条至650o条），第二目是“建筑师合同和工程师合同”（第650p条至650t条），第三目规定了“建筑开发商合同”（第650u条至650v条）。新体系下，原第二目“旅游合同”移至第四目。

第一目“承揽合同”包括3个分目：第一分目是“一般规定”，包括原则上适用于所有承揽合同的规则（第631条至650条）；第二分目是“工程合同”，总结了以前分散在承揽合同中的工程合同规则并增加了一些新的规定（第650a条至650h条）；第三分目是“消费者工程合同”，包含保护消费者的具体规定（第650i至650n条）。

（二）承揽合同一般规则的变化

1. 根据第632a条的规定，如果承揽人提供了合于合同的给付，则其得请求相当于其给付价值的部分支付（Abschlagszahlung），如果承揽人所提供的给付不满足合同的要求，那么定作人有权拒绝相应部分的支付。修法之前，原第632a条在解释上认为，定作人需得因承揽人提供的给付而有财产价值的增加。

2. 第640条第2款重新安排了原第640条第1款第3句的“拟制验收”规

[1] Zander BWNotZ 2017，115.

则。如果承揽人在工作完成后请求定作人在合理期限内进行验收，期限届满后，在未能说明至少一项瑕疵的情况下，即使定作人拒绝验收，法律拟制认为验收已完成。

3. 通过对迄今为止司法判决的具体化和类型化，第648a规定了适用于所有承揽合同的、由于重大原因通知终止合同的规则。同时规定了各方有权请求共同确认合同的履行状况，以避免将来对合同终止时的工作状态产生争议。

4. 原承揽合同法第648条（建筑承揽人的保全抵押权）和第648a条（建筑手工业者的担保）被移至"工程合同"分目，成为新法第650e条和650f条。由于这两条并未重订，因此过往的判决和文献资料仍然适用。

（三）新的立法规范的引入

德民新增条款是第650a到650v条，包括第一目承揽合同的第二分目到第四分目关于工程合同和消费者工程合同规则、第二目关于建筑师合同和工程师合同的规则以及第三目开发商建筑合同的规则。施行法第249条还新规定了德民第650j条关于工程规格的要求。

鉴于德国工程合同改革法条文的广泛性和我国本土工程法律实践的需求，本章将对特定的、特别是与制度构建相关的问题进行总结，暂不涉及工程师合同和有关建筑开发商合同的特别规定。

三、德国工程合同法的现行规则

为回应工程合同的具体问题，进一步落实消费者保护措施，在总结司法审判和工程实践的基础上，改革法对承揽合同一般规则作了重大调整，并在承揽合同下增加工程合同和消费者工程合同的特别规定。

（一）承揽合同法一般规则的重要变化

1. 部分支付（第632a条）

改革法第632a条有关部分支付（Abschlagszahlung）的规则发生了变化。改革前，承揽人得在定作人因其给付获得资产增值（Wertzuwachs）的范围内请求部分支付。改革后，根据该条文义，只要承揽人已提供合于合同约定的给付，即可向定作人请求该部分的价款；如果提供的给付与合同不符，定作人可拒绝支付相应的金额。[1]根据新规，部分支付的计算基础是合同中承揽人的报价，由此承揽人可通过其在签订合同时"巧妙的估价"获取与定作人收益相

---

〔1〕 Vgl. § 16 I Nr. 1 VOB/B.

比过高的给付，这一方式或将给定作人带来潜在的风险。[1]基于此考虑，在消费者工程合同中，立法者设定了一个上限，即部分支付的总金额不得超过约定的工程总价的90%（参见第650m条第1款）；同时，为消费者利益计，第650m条第2款要求承揽人提供一项金额为约定工程总价5%的履行担保，用来担保其及时且无瑕疵地完成工作。[2]

此外，在承揽人的给付有瑕疵的情况下，改革法实施前，区分瑕疵是否为重大而区分效果。非重大瑕疵时，根据原第632a条第1款第2句以及第641条第3款，定作人通常得拒绝支付除去瑕疵所需费用的两倍金额；而在工作物有重大瑕疵时，承揽人不得主张部分支付。经过修法，上述区分被取消。不管瑕疵是否重大，定作人均得根据新法第632a条第1款第2句、第4句以及第641条第3款拒绝支付与瑕疵给付相应的金额。

最后，第632a条第1款第3句明确指出，工程验收之前，承揽人应证明其实施了符合合同约定的给付。

2. 拟制验收（第640条）

“验收”一词通常是指所接收的工作基本上与合同约定一致。[3]改革法实施后，定作人仍然有必要确认工作已经完成，且没有重大缺陷。[4]工作没有重大缺陷是验收的先决条件。在承认拟制验收的情况下，改革法立法者对这一原则作了例外规定。改革法第640条第2款增加了拟制验收的条款：工作完成后，如果承揽人为定作人指定了验收的合理期间，期限经过，定作人未能指明至少一项缺陷，但却拒绝验收，则推定已验收。此时，根据立法者本意，即便此时工作有重大瑕疵，该规则仍然适用。[5]可以看出，在拟制验收的场合，

---

〔1〕 Orlowski ZfBR 2016，419（420）.

〔2〕 Palandt/Sprau，BGB，77. Aufl. 2018，BGB § 650m Rn. 2 f.

〔3〕 Vgl. BGH v. 24.11.1969-VII ZR 177/67，NJW 1970，421（422）；v. 27.2.1996-X ZR 3/94，BauR 1996，386（388），NJW 1996，1749.

〔4〕 Vgl. Breitling NZBau 2017，393；根据《德国民法典》第640条第1款第2句的立法文义，“非为重要瑕疵，不得拒绝验收”。

〔5〕 Vgl. BT-Drs. 18/8486，48.

重大瑕疵和非重大瑕疵的区分被废止，学界认为这是一个重大的范式转变。[1]相对的，为了防止定作人过早地受到验收请求的期限拘束，立法者在第640条第2款中又特别提出了“工作完成”（Fertigstellung des Werks）的要件。但何谓“工作完成”？具体应完成到什么程度、才可以请求验收、继而发生拟制验收的效果？在这些问题上是有疑异的。[2]根据条文的措词，定作人仅需指明存在缺陷，即能阻却拟制验收的效果发生，而无需证明缺陷的实际存在。[3]立法的目的在于对定作人（拒绝验收）权利滥用的限制，为其设定一项义务。[4]定作人欲拒绝验收，需得明确指出一项具体的瑕疵（或瑕疵微兆），这种安排同时也防止期限到来后自动发生验收的效果。换言之，立法者不再纵容定作人不作为的“鸵鸟战术”。[5]第640条第2款第2句指出，如果定作人是消费者，则只有在承揽人请求验收的同时指明定作人不明原因拒绝验收的后果时，拟制验收的效果才发生，该指明应以文本形式（Textform）提出。值得肯定的是，立法者引入承揽人的说明义务以加强消费者保护。但是，承包人告知的程度和范围尚不明确，如果承包人今后甚至不得不告知消费者关于瑕疵概念（Mängelbegriff）在司法实践中的具体表现时，那将会大大超出一个合理的说明义务范围。由此可见，改革立法委员会将验收条款修正后的具体化任务进行了转移，以后还需要通过法院实践加以完善。

当定作人以并不存在的瑕疵为由拒绝验收时，第640条拟制验收的效果是否被阻却，需要区别定作人是否善意而定，在其非善意时，则应根据德民第

---

〔1〕 对此有学者提出，第640条第1项和第2项之间存在价值冲突，需要进一步澄清。根据第640条第1项第1句，定作人有义务对符合合同的工作进行验收，仅在工作有重大瑕疵时始得拒绝（第640条第1项第2句）。然而，根据第640条第2项第1句的文义，定作人得以提出非重要瑕疵的方式避免拟制验收的发生。此时，考虑到第640条第1项第2句，应将第640条第2项第1句解释为，定作人需得提出一项重要瑕疵始得阻却拟制验收的发生。Vgl. Reiter JA 2018，163.

〔2〕 Vgl. BT-Drs. 18/8486，49. 据此，决定工作是否“完成”的标准在于合同约定，也就是说，如果合同中提到的给付已经得到处理，则无论是否存在缺陷，也认为工作“完成”。参见BT-Drs. 18/8486，48. 与旧法相比，在定作人收到验收请求后不作为的情况下，承揽人改革后的法律地位明显提高。因为即便存在重大缺陷，拟制验收的法律效果依然发生。

〔3〕 在定作人仅指出一项非重要瑕疵的情况下，根据改革法，第640条第2款的拟制验收不发生。此时，承揽人的法律地位甚至劣于改革前第640条第1款第3句，彼时有“不合理的拒绝验收”一说。

〔4〕 Vgl. Kimpel NZBau 2016，734. 该文指出，定作人可通过提出任何一项瑕疵（微兆）的方式阻却拟制验收的效果发生。Vgl. BT-Drs. 18/8486，48. 但同时，如果定作人提出的是明显不存在的瑕疵或极其不重要的缺陷时，应仍可构成权力滥用。

〔5〕 Ehrl DStR 2017，2396.

242条诚实信用原则和第162条的精神，[1]认为不能阻止拟制验收。当然，证明定作人非为善意的举证责任应由承揽人承担。[2]

新法第640条第3款即是原第640条第2款，规定定作人明知有瑕疵而验收时，其需特别保留追究瑕疵责任的权利，以避免自身的瑕疵请求权受限。

3. 由于重大原因通知终止（第648a条）

通过改革，承揽合同法第648a条第一次明确规定了由于重大原因通知终止合同的情形。[3]据此，合同当事人由于重大原因可以不遵守通知终止期限而通知终止合同；该重大原因需满足德民第314条第1款所设定的条件。根据本条文意，在考虑到单个案件的全部情事和衡量双方利益的情况下，将合同关系延续到工作完成对于通知终止的一方来说是不能合理期待的，即为有重大原因。改革立法委员会没有采用VOB/B第8条、第9条具体列举终止事由的方式，而是回归德民第314条的原则性条款。[4]解释上认为，通知终止时需得存在一项客观的重要原因，例如一方不合理地、认真地和最终地拒绝履行，经催告后仍持续地违反合同义务，或有严重背信的行为，严重违反双方的合作义务，不合理的停工，不遵守重要合同期限以及严重违反技术规范等。[5]此外，就VOB/B第8条第2款列举事由之定作人得因承揽人破产而终止合同，在德民第648a条第1款第2句的整体权衡下也可以得到相当的解释：虽然承揽人破产后，其破产管理人得即刻宣布愿意继续履行合同，且通过提供适当的文件（如重组报告等）以证明其履行能力，但由于承揽人已经停止商业经营，不再能够确保工地现场的施工人员，因此维持合同关系对于定作人而言通常是不可期待的。[6]

根据第648a条第2款，一方可以通知部分终止（Teilkündigung），只需要

[1] 根据《德国民法典》第162条的规定，因条件的成就会遭受损害的当事人违背诚实信用原则，阻止条件成就的，条件视为已成就。因条件的成就会受利益的当事人违背诚实信用原则，促成条件成就的，条件视为不成就。

[2] BeckOGK/Kögl，2018，BGB § 640 Rn. 147；Orlowski ZfBR 2016，419（421）.

[3] 在此之前，基于承揽合同的持续性特征，虽然《德国民法典》没有明确规定，但判例和学说均肯定由于重大原因通知终止权在承揽合同中的适用。例如Hebel BauR 2011，330。

[4] 基本重复了《德国民法典》第314条第1款第2句的文义。

[5] Reiter JA 2018，163. BGH NJW 2016，1945 Rn. 40f.，53；BeckOGK/Reiter，2018，BGB § 648 a Rn. 10 ff.；MükoBGB/Busche，7. Aufl. 2017，§ 648 a Rn. 3；auch OLG Brandenburg BeckRS 2017，107814.

[6] 参见BT-Drs. 18/8486，51；Dammert/Lenkeit/Oberhauser/Pause/Stretz/Oberhauser Neues BauvertragsR，2017，§ 3 Rn. 25.

该部分是“所负担工作的可界定部分”（abgrenzbarer Teil），这一规定不同于VOB/B第8条第3款第1项第2句要求的“合同约定的特定独立给付部分（in sich abgeschlossener Teil）”，显然，德民对于通知部分终止设置的障碍明显低于VOB/B。但是，在第648条定作人任意通知终止权（Kündigungsrecht des Bestellers）的规定中，立法者并未提及部分终止的可能性，司法实践会否参考适用第648a条第2款的部分终止，目前尚未可知。[1]

如果重大原因在于违反基于合同而发生的义务（与履行相关的主义务和从义务以及第241条第2款规定的保护义务），则第648a条第3款指向第314条第2款的准用。定作人需催告（Abmahnung）义务违反的承揽人，并为其采取补救措施指定合理期限（Abhilfefrist）（第314条第2款第1句）。在第323条第2款第2句规定的情况下，以及因出现特别情事[2]，需要例外地立即终止合同的，定作人无需催告和指定期间。

第648a条第4款规定了合同双方应在合同终止时共同对施工进度进行确认，不协力的一方当事人应负担证明施工进度的举证责任。[3]在由于重大原因通知终止的情况下，承包人仅得请求至通知终止时与其所提供的给付相当的报酬。对于因通知终止而未能提供的给付，在定作人义务违反时，承揽人得根据德民第280条第1款的规定请求损害赔偿。

（二）增加工程合同的特别规定

改革法立法委员会将工程合同作为一个独立子目写入德民。根据立法安排，为区别其他的承揽合同，制定了工程合同特别规则（第650a条至第650h条），但没有特别规定时，仍适用第631条至650条的承揽合同一般规定。

立法者通过第650a条对工程合同作出了定义，认为建筑工程合同是关于建造、重建、拆除或改建建筑物、外部设施或其部分的合同（第1款）。此外，如果建筑物的一项维护工作关乎建筑物的结构、存续或在实现其既定用途上有

---

〔1〕 这部分有争议。有些人认为任意解除也可以包含部分解除（如参见Lang BauR 2006，1956［1957］），但也有学者提出，在个别情况下，因承揽人缺乏合理期待可能时，应限制定作人的部分解除权（如Kirberger BauR 2011，343［345］）。

〔2〕 参见《德国民法典》第281条第2款以及第636条。比较BeckOGK/Reiter，2018，BGB § 648 a Rn. 27.

〔3〕 比较Tschäpe/ Werner ZfBR 2017，419；Breitling NZBau 2017，393。简而言之，确定界面只是在技术层面上对工程的履行状态进行记载，当事人通常会作出相应的工作记录。对履行状态的确认不应同法律行为意义上的（部分）验收相混淆。

特定意义，那么该维保合同也被作为工程合同看待（第2款）。但是，如果维护工作仅涉及外部设施，那么根据第650a条，不成立工程合同，因为该条第2款仅适用于建筑物的维护。[1]

1. 合同变更，定作人的变更权（第650b条，第650c条）

定作人变更权（Anordnungsrecht des Bestellers）的设定是本次承揽合同法修法的核心，讨论时即引发激烈争议。概括而言，第650b条确立的定作人变更权包含两项内容，一项是第650b条第1款第1句第1项规定的定作人任意变更权，另一项是第650b条第1款第1句第2项定义的为实现约定工作的必要变更。定作人行使任意变更权，需以给付变更对承揽人来说可以合理期待（zumutbar）为限（第650b条第1款第2句），但承揽人有责任证明给付变更是不可期待的（德民第650b条第1款第3句）。工程合同中，根据合同本旨，承揽人有义务提供具备功能要求的工作（funktionierende Leistung）。此时，即便建筑规划或图纸有缺漏，仍不能免除承揽人完成达到功能要求的工作的义务。为获得满足合同约定和具备相应功能的建筑成果，定作人主张变更或增加给付，是为650b条第1款第1句第2项规定的必要变更（notwendige Änderung）。[2]但承揽人可根据第275条第2款、第3款的规定排除己方的给付义务。

笔者观察到改革法在变更权的规则设计上有如下要点：

（1）磋商义务（第650b条）

由于改革法极大扩充了定作人单方变更的权利，承揽人仅在定作人任意变更时得主张"不可期待"而免除变更给付的义务，而"不可期待"一语却充满了解释空间。可以想象，在定作人行使变更权时，承建双方必然会发生冲突和矛盾。为缓解这一局面，立法者以工程合同当事人的合作面对为前提设定了变更的规则。首先由定作人提出变更请求（第650b条第1款第1句），而承揽人有义务对变更提出报价（第650b条第1款第2句），但在承揽人收到定作人的变更请求30天后，双方仍未达成一致意见的，定作人有权以文本形式单方指示变更（第650b条第2款第1句）。[3]有学者质疑立法上30天的时间安排，认为考虑到工地上的不确定状态，承揽人完全可以战术性地利用该最长期限，

〔1〕 Orlowski ZfBR 2016, 419（424）.

〔2〕 Langen NZBau 2015, 658（662 f.）.

〔3〕 Orlowski ZfBR 2016, 419（425）.

压迫定作人进行价格谈判；又由于工程变更在整个施工过程中较为常见，若干个30天期限的累积效果将会非常可观，对定作人而言有失公允。[1]此外，如果原建筑规划由定作人委托的设计单位提供，那么其在要求变更时应同时提供具体的规划变更方案，否则，承揽人有权拒绝给付（提出报价）（第650b条第1款第4句）。

（2）价格调整（第650c条）

改革法第650c条规定的价格调整规则在工程实践中也同样令人瞩目。毫无疑问，如果由于定作人变更工作而令费用变化，承揽人有权请求相应的价格调整。但是根据第650c条第1款第1句，因工程变更产生的费用应根据承揽人实际发生的必要费用加上适当的附加费用（如企业管理费、风险以及利润）来计算，而不以原合同价格为准；同时根据立法文义，即便承包人主张参考原约定标准计价，也仍需要检视，建立在原合同计价标准基础上的价格能否反映实际发生的费用（第650c条第2款）。透过这一条，立法者意图实现对承包人投机性报价的遏制，[2]但这一目的能否实现，有待于对司法实践的进一步观察。第650c条第3款第1句进一步规定，如果合同当事人无法另外达成协议，亦无任何法院裁决可供执行，则承揽人可以要求定作人支付其根据第650b条第1款第2句提出的增加价款要约金额的80%作为预付款。通过该项规定，立法者意图在定作人单方变更的情况下，确保承揽人有充足的现金流。但同时，如果承揽人采用主张80%预付款的方式，则其对定作人因工程变更而发生的增加给付请求权在工程验收后始为到期（第650c条第3款第2句），80%预付款若有超付，则超付部分及超付期间相应的利息应由承揽人予以返还（第650c条第3款第3句）。

（3）假处分命令（第650d条）

根据第650d条的规定，有关第650b条定作人变更权和第650c条价格调整的争议，可以申请法院发布假处分命令（einstweilige Verfügung），且在施工

〔1〕 Ehrl DStR 2017，2397.

〔2〕 对于有经验的承包商而言，投标报价时往往即能发现建筑规划或施工图的不完备之处，并能对其中特定子目的单价进行投机性报价；根据原定的施工计划，由于该部分工作量显著微小、对合同总价影响不大，定作人未能关注。工程变更后，如果该部分工作大幅增加，再根据原定单价进行计算，则承揽人收获暴利而对定作人显失公允。

开始后，无需申请人对假处分请求进行疏明（glaubhaft machen）。[1]该项规定放弃了《德国民事诉讼法》（ZPO）第935条、第940条对于假处分申请人证明责任的要求，直接推定申请符合发布假处分命令的要求。[2]

如前所述，无论是定作人行使单方变更权（第650b条），还是承揽人请求支付80%要约价款（第650c条），在实际操作中都会充满争议和不确定，极易导致工地停工和承揽人现金流风险。对承揽人而言，拒绝提供任意变更给付的抗辩在于"不可期待"，但满足该项证明责任却非常困难，通过请求法院发布假处分命令，或可帮助承揽人尽快澄清其在该等法律关系中的"不可期待"。相应地，对于第650c条项下的价款调整问题，一方面，承揽人得通过申请假处分命令，尽早获取变更价款的执行令状；另一方面，定作人也可以通过该项制度，请求调整承揽人过分高额的价款要求，避免己方的超付风险。[3]

不过，考虑到工程合同的复杂性，处理该类假处分申请，需要法官具备相当的工程专业素养和裁判能力。根据《德国法院组织法》（GVG）第71条第2款第5项规定，州法院（Landgericht）负责处理德民第650b条项下定作人变更权争议以及第650c条因变更而产生的价款调整争议。又根据同法第72a条第1句第2项，州法院设置专门法庭审理建筑工程类诉讼。但问题是，州法院的建筑审判庭是否有这样的负载能力，在面对众多工程纠纷的同时，还能够处理大量的假处分申请？对此，需要法院和州司法行政管理局对人员配备进行系统安排，既要保证人数，又要确保业务水准。[4]

总的来说，假处分裁决是由工程专家主导的快捷审判，不仅能够暂时澄清施工过程中的一些争议问题，长远来看，更能够缓解法庭的压力。争议的快速解决不仅能够维护当事人当时的合法权益，更能避免日后发生代价高昂且旷日持久的工程诉讼。[5]

2. 担保（第650e条，第650f条）

德民第650e条规定了建筑承揽人的保全抵押权（原第648条

[1] "疏明"是一种降低的证明标准，通常尺度为"优越盖然性"，特别情况下尺度更高，直至完全证明（高度盖然性）。参见周翠：《行为保全问题研究》，《法律科学》2015年第4期。

[2] 《德国民法典》第885条第1款第2句和第899条第2款第2句，以及《德国反不正当竞争法》（UWG）第12条第2款均设定有发布假处分命令的"紧急推定"规范。

[3] MükoBGB/Busche，7. Aufl. 2018，§ 650d Rn. 2.

[4] Reiter JA 2018，167.

[5] Kniffka BauR 2016，1533（1537）.

Sicherungshypothek des Bauunternehmers），认为建筑工作的承揽人可以请求给予定作人建筑地上的保全抵押权。由于该项规定被调整到“工程合同”分目中，因此根据新法第650a条的规定，其适用范围扩展至外部设施（Außenanlage）。

原第648a条建筑手工业者担保（Bauhandwerkersicherung）现规定在第650f条中，新法同时在该条第6款第2项增加了负面清单的例外情况。根据新法，在定作人是自然人的情况下，需要判断是否涉及消费者工程合同（第650i条）或建筑开发商合同（第650u条），这两种情况不得适用建筑手工业者担保制度。[1]

3. 拒绝验收情况下的工程状态确认（第650g条第1至3款）

如果定作人因工程瑕疵而拒绝验收（第640条第2款），则承揽人得根据改革法第650g条第1款请求定作人予以协力，以确认工程状态（Zustandsfeststellung），确认报告上应载明具体的完工日期并由双方签字确认。如果定作人不予协力（不遵守约定时间或不在承揽人确定的合理期间内的特定时间出现），则承揽人得单方面进行确认（第650g条第2款第1句），但是定作人因合理事由不能协力且及时通知承揽人的除外（第650g条第2款第2句）；承揽人单方制作确认报告后，应将署有其签名的该报告的副本提供给定作人（第650g条第2款第3句），[2]解释上，如果定作人依约出现在工程现场，但双方对于施工状态未达成一致的确认意见，定作人拒绝在确认书上签字，则承揽人不得单方面进行确认。[3]

第650g条第3款是一项风险负担规则的设定。[4]在定作人因工程瑕疵而拒绝验收后，如果工程已完成，且根据本条第1款、第2款的规定产生了（双方或单方的）工程状态确认书，除有相反证据可以推翻外，在确认书中没有列举的情况下，认为工程没有明显瑕疵（offenkundige Mängel）。也就是说，确认书颁发后，因为工作物占有转移，明显瑕疵的风险转由定作人承担，但根据瑕疵性质不可能由定作人造成的除外（例如材料缺陷、工序错误、偏离图纸的施工以及违反技术规范等）。[5]需要注意的是，根据第650g条的措词，该条仅适用

---

〔1〕 Orlowski ZfBR 2016, 419（428）.

〔2〕 BeckOGK/Kögl, 2018, BGB § 650 g Rn. 66 ff.

〔3〕 Orlowski ZfBR 2016, 419（429）.

〔4〕 BeckOGK/Kögl, 2018, BGB § 650 g Rn. 132 ff.; Orlowski ZfBR 2016, 419（429）.

〔5〕 BeckOGK/Kögl, 2018, BGB § 650 g Rn. 158.

于拒绝验收，而不适用于工作完成但尚未验收的情况。

4. 结算（第650g条第4款）

根据第650g条第4款的规定，工程价款到期的前提是承揽人提供一份可审计的结算报告（Schlussrechnung），换言之，结算报告中应呈现可供定作人审查的工作细目。但是，为了尽量减少相关争议，定作人必须在收到结算报告之日起30日内提出对其可审计性的合理质疑，否则即为认可报告的合理性。

5. 通知终止的书面形式（第650h条）

根据VOB/B规则，工程合同中，无论何种情况的通知终止，均有书面形式（Schriftform）的要求，但此前的德民中通知终止承揽合同（包括工程合同）原则上是没有形式要求的。修法后，第650h条为工程合同的通知终止设定了书面形式的要求，其中包括因为重大原因通知终止（第648a条）和任意通知终止（第648条）。〔1〕不采用书面形式，根据德民第125条第1句的规定，通知终止行为无效。并且，鉴于严格的书面形式的要求，亦不得通过行为默示通知终止。〔2〕通过该项规定，一方面，合同各方可避免作出仓促的决定，另一方面，书面通知的方式可以在事后提供充分的证据。〔3〕

根据第650i条第3款，第650q第1款以及第650u第2款的规定，第650h条书面形式的要求得适用于消费者工程合同、建筑师合同和工程师合同以及建筑开发商合同。

此外，第650h条规定的书面形式是德民第126条意义上的法定形式，仅可以电子形式（第126a条）或公证证书的形式（第128条）予以替代（第126条第3款，第4款）。这意味着，仅采用文本形式（Textform）发出解除通知并不足够，举例来说，仅通过发送普通的电子邮件的方式不能解除合同。

（三）增加消费者工程合同的特别规定

第650i条定义了新引入的消费者工程合同。根据条文文义，消费者工程合同是消费者委托承揽人为其新建建筑物或对现有建筑物进行重大改建的合同。对于消费者工程合同，除了第650i至第650n条外，承揽合同和建设工程合同的一般规定也适用。

〔1〕 BT-Drs. 18/8486, 62; MükoBGB/Busche, 7. Aufl. 2017, § 648 a Rn. 2.

〔2〕 BeckOGK/Reiter, 2018, BGB § 650 h Rn. 14.

〔3〕 BT-Drs. 18/8486, 62; MükoBGB/Busche, 7. Aufl. 2017, § 648 a Rn. 2.

1. 适用范围和强制性（第650i条第1款、第3款）

消费者工程合同在建筑工程实践中仅指定作人是自然人的情况下所签订的工程合同，内容包括委托承揽人新建建筑或对现有建筑进行与新建相当的重大改建。一旦被认为是消费者工程合同，则根据第650o条，当事人不得作出不利于消费者的偏离第650i至第650n条规定的约定。

2. 合同的形式和内容（第650i条第2款，第650j条，施行法第249条）

为避免有关合同内容的证明困难，消费者工程合同必须以文本形式（Textform）签订（第650i条第2款）。根据新法规定，除非主要的建筑规划是由定作人本人自行或委托建筑师及专业设计人员制定的之外，承揽人应在消费者签订合同前及时提供包含工作主要特性的建筑说明（德民第650j条以及施行法第249条）。除非当事人明确另有约定，签订合同前提交的建筑说明将作为合同内容对待（第650k条第1款）。如有疑问，应对建筑说明进行解释。合同解释有疑异的，以不利于承揽人的解释为准（第650k条第2款）。工程合同应载明有拘束力的完工日期或总工期，否则应以签订合同时提交的建筑说明中载明的完工日期或总工期为准（第650k条第3款）。[1]

3. 法定撤回权（第650i条）

根据第650i条，除非消费者工程合同已经过公证，否则消费者有德民第355条规定的法定撤回权（第650i条第1句）。根据第355条第1款，消费者行使撤回权的期限是两个星期，自承揽人对其履行了符合要求的告知义务时开始起算，告知所需要包含的必要信息以施行法第249条第3款的规定为准（第650i条第2句）。承揽人可通过使用标准化的撤回权告知说明书来完成该项告知义务。

4. 部分支付的限制（第650m条）

为限制承包人过度支付的请求，防止引发超付，在消费者工程合同中，部分支付的限额为约定总价（包括第650c条的补充价款）的90%（第650m条第1款）。在消费者开始第一笔部分支付时，承揽人得提供约定合同总价5%的金额作为完成无重大瑕疵工作的担保（第650m条第2款第1句）。如果合同价款因工程变更而增加超过10%，在消费者进行下一笔部分支付时，承揽人应提供增加价款的5%作为进一步担保（第650m条第2款第2句）。如果当事人

---

〔1〕这一规定间接说明，民法典第650j条所要求的建筑说明中应包含关于完工日期或工程期限的内容。

约定消费者提供付款担保，该担保超过了下一笔部分支付金额或超过约定合同价款的20%，则该约定无效（第650m条第4款）。

5. 制定和移交施工资料（第650n条）

根据第650n条第1款的规定，在建筑规划非由定作人提出时，承揽人有义务在施工开始前及时制作并提供相关建筑规划资料，该类资料应由消费者呈交给行政主管机关或相关第三方（如信贷机构），以满足合法开工的公法规范要求或第三方条件。同时根据该条第2款，工作完成后，承揽人亦应及时整理完成施工资料并移交给定作人，以利定作人向相关主管机关证明其合法施工。

四、德国买卖法瑕疵责任的扩张

欧盟法院在其关于消费品买卖指令计划（Verbrauchergüterkauf-RL）的判决中多次明确，为贯彻指令计划中的消费者保护，动产出卖人的事后补充履行范围应包括偿付已经安装的瑕疵物品的拆除费用和替换物品的重置费用。[1]德国立法者通过本次修法，转换了欧盟法院的审判思路，在工程合同法改革之际，重新规定了与之相关的买卖法瑕疵责任的几个重要问题，新法自2018年1月1日起生效。

新法第439条第3款扩展了出卖人承担无过错瑕疵责任的范围，规定根据瑕疵物的性质和使用目的（gemäß ihrer Art und ihrem Verwendungszweck），买受人将其安装或装配于他物（建造于他物之内或与他物相连），出卖人在事后补充履行的范围内应承担买受人移除瑕疵材料和重新安装或装配返修或重新提供无瑕疵材料时所需的必要费用。但是，如果承揽人在订立买卖合同时或者加工使用时知道有瑕疵的，则因瑕疵而发生的权利消灭（第439条第3款第2句）。这意味着，如果买受人从经销商手中采购了有瑕疵的建筑材料，并在不知道瑕疵存在的情况下将其用于为第三人建造的工程，基于承揽人与第三人之间成立的建筑合同关系，承揽人有义务拆除瑕疵建材并替换上无瑕疵的材料，由此产生的费用由出卖人承担。这一规定确保了建筑工程承揽人向出卖人追索的权利，对承揽人的利益影响甚巨。瑕疵建材的经销商在赔偿了置换瑕疵建材所需要的费用后，可根据第445a条的规定，在满足特定前提条件的基础上，向其供应商追索。

修法之前，承揽人作为建材买卖关系中的买受人，根据德民原第439条的

〔1〕 EuGH, ECLI: EU: C: 2011: 396=NJW 2011, 2269=EuZW 2011, 631-Weber und Putz.

规定，只能要求出卖人补充履行交付无瑕疵的标的物，而与建筑工作有关的瑕疵材料拆除和新材料安装的费用往往得不到补偿。[1]而实践中，置换瑕疵材料的费用却有可能远远高于承揽人依约定可获取的报酬，对承揽人权利救济的欠缺已然构成了法律漏洞。新增的第439条第3款的规定将有利于对建筑承揽人合法利益的保护。不过该款请求权的构成要件，诸如"如何界定买卖物合于其性质和使用目的"等疑问，[2]尚需要进一步补充和明确。

五、小结

总的来说，德国工程合同改革法对迄今为止的德民承揽合同做出了全面调整和重新构建，迈出了创建独立的工程合同法律规范的重要一步，极大回应了工程实务的期待和要求。为转换欧盟消费者买卖指令计划，体现消费者保护精神，立法者就消费者工程合同制定了特别的规范，并对买卖法的瑕疵责任规则进行了扩张。

从细节处可以看出，德国工程实务中的很多重要见解通过修法得以转化，并继而适用于2018年起缔结的各类工程合同中。虽然在具体规范处理上有诸多不同，但新法的规则思维却越来越接近VOB/B，更加贴合工程实务要求。改革法强调各方工程参与人应保有协力合作的态度（参见第648a条第4项，650b第1项第1句、第2句，第2项第1句以及第650g条第1项和第2项），因此，新法中大量的规则设计互为掣肘。例如，定作人将不再能够简单地指示变更，而是要在30天的时间内寻求与承揽人的合意；而承揽人则需要谨慎地对待变更报价，因为该报价将成为其日后在发生纠纷情况下请求支付80%部分付款的依据。修法之前，因为对假处分申请人疏明责任的要求，使得这一制度几乎无法起作用，但新法规定，施工开始后，申请人无需疏明，即可就工程变更和价款调整申请假处分命令，这对变更价款的确定和支付请求的执行无疑有重大意义。

无论如何，在承认解释空间的前提下，立法化对建设工程实践的确定性指引毋庸置疑；假处分程序的引入，能够快速澄清典型的工程争议问题，避免日后发生大型诉讼纠纷；同时，鉴于重大工程项目日渐倚重仲裁的现状，假处分程序将给法院提供一次重新赢得当事人信任和彰显国家司法权的机会。

---

〔1〕 BGH, BeckRS 2013, 09184.

〔2〕 Nietsch/Osmanovic NJW 2018, 3.

第三章

承包人违反瑕疵告知义务

一、问题的提出

传统工程承揽关系中，承揽人之工作义务系以“按图施工”为基础。换言之，定作人原则上提供承揽人工作内容之所有依据，并以设计图或相关书面指示之形式进入契约文件，而承揽人则依据设计图与相关指示进行施工。在此意义上，图纸的缺陷是设计方的责任、是发包人的风险，如果因此引发工程质量瑕疵，承包人无须承担责任；并且，承包人得因消除瑕疵，而向发包人请求增加费用和延展工期。但事实并非如此，虽然设计图本身并非是承包人应承担的责任和风险，但是，当设计图上的缺陷是一个“有经验的”承包人应当发现而未能发现、未向发包方及时反映的话，若仍然让承包人免责并保有增加费用、延展工期的请求权，则显然有失公允。

在一个地下停车场建设合同纠纷案中，由于设计师的疏忽，停车场出口大门的净高被设计为2米，而设计规范规定车库大门净高应不小于汽车总高加0.3米。承包人按照错误的设计图进行施工，等到监理工程师发现时，大门上方的大梁的钢筋已经绑扎好，梁板的模板也支设完毕。监理工程师指示施工单位对模板和钢筋进行拆除，并通过发包人联系设计人员进行了设计修改。施工完毕后，承包人对返工拆除增加的工作量提出工期和费用索赔要求。监理作出的决定是承包人发现存在问题，但不申报，拒绝承包人提出的索赔要求。[1]该案中，按图修建的车库大门的净高只有2米，根据我国客车型谱国际规定，轻型客车总高为2.3米以上，微型客车车高2米左右。按照车库门净高应不小于汽车总高加0.3米的规定，原设计图纸的错误是明显的，一个有经验的承包商更是不难发现。这里，当承包人发现设计图纸有缺陷、有错误的时候，其不应当继续按照错误的图纸实际施工，而是应将这一情况毫不迟延地通知发包方，以避免损失的发生。如果承包人未能及时提出意见和建议，反而错误地"按图施工"，以致造成工期和费用损失，监理方对其索赔要求不予受理、应予驳回。[2]由此，承包人的告知义务进入了人们的视野。

《民法典》第776条规定："承揽人发现定作人提供的图纸或者技术要求不合理的，应当及时通知定作人。"第808条又规定，建设工程合同章未规定的，适用承揽合同的规定。因此可以说，我国法上在建设工程施工合同中已部分确立了承包人的法定告知义务。[3]问题是，根据第776条，承揽人发现定作人提供的图纸或者技术要求不合理的，负有及时通知定作人的义务，但没有规定义务违反的后果，系不完全规范，需要通过解释进一步明确通知义务的内涵、通知义务的性质以及违反通知义务的法律后果。接下来需要讨论的是，告知义务在解释论上应如何展开。这涉及：承包人告知义务的价值内核、告知义务的限度与范围、是否妥当履行的判断标准、以及其在法律体系中的定位等问题。鉴于我国民法在该问题上的规范缺失，笔者拟详尽考察德国承揽合同法相关规则，结合我国现状，尝试在理论上对上述问题予以阐明。

---

〔1〕 刘纪明、吴雷雷：《工程合同管理中普遍而特殊的不可索赔案例的研讨》，《中外建筑》2007年第10期。

〔2〕 英美的工程惯例上将这一义务称为"应警告义务"。认为工程建设中，如果设计图纸或建筑材料由业主来提供，则业主通常应确保工程设计准确充分、建筑材料没有质量缺陷，而一个理性的、称职的承包商（a reasonably competent contractor）则负有应予警告的义务。（邱闯：《国际工程合同原理与实务》，中国建筑工业出版社2002年版，第55-57页。）对于由业主提供的设计图纸、建筑材料所造成的工程质量瑕疵，承包商原则上不承担责任；但如果后者应当发现或已经发现工程设计或建筑材料的瑕疵却未能及时警告业主，则需要承担由此而造成的工程质量责任。目前，有些国家在建设工程标准合同文本中已明确规定承包商的"应警告义务"（例如美国AIA合同A201-1997第3.2.3款）。而国际上常用的一些合同示范文本，如FIDIC施工合同条件、ICE合同条件中却未见明文，但通说认为，承包商的"应警告义务"是合同的默示条款，即使未为言明，在工程实践中也是实际存在的。（杨宇、谢琳琳：《略论建设工程施工合同之承包商合同默示义务条款》，《建筑经济》2007年第11期；I.N. Duncan Wallace, Hudson′s Building and Engineering Contract , London, 1995.）

〔3〕 但该规定未涉及图纸、技术要求之外的材料等瑕疵的告知义务，故涉及材料瑕疵的告知义务仍然需要通过契约解释、一般条款等途径来确立。

二、承包人瑕疵告知义务的德国模式

（一）德国承揽合同法以及VOB/B发包规则

2018年之前，《德国民法典》债务关系法中未单列建设工程合同一章，建设工程合同适用承揽合同的一般规则。至2017年，德国联邦议院和联邦参议院通过了工程合同改革法的政府修正议案（BT-Drs.18/11437），改革法自2018年1月1日起生效。根据《德国民法典施行法》（EGBGB）第229条第39项规定，该法适用于自2017年12月31日之后缔结的所有合同。[1]这次改革法的重点是承揽合同法。经过改革，工程合同（Bauvertrag）、消费者工程合同（Verbraucherbauvertrag）和建筑开发商合同（Bauträgervertrag）的特别规则被写入《德国民法典》，立法者希望借此集中回应建筑实践中因欠缺明文规定而产生的法律确定性的质疑。

改革法修订之前，为应对建设工程施工合同的特殊性，德国工程建设发包委员会（DVA）制订了《建筑施工发包与合同规则》（Vergabe-und Vertragsordnung für Bauleistung，下称"VOB"），由A部分建筑施工发包规则、B部分建筑施工合同通用条款（下称"VOB/B"）和C部分建筑施工通用技术条件三个部分组成，是广泛应用于德国工程实务的通行规则。其中B部分通过施工合同通用条款的设置，构建了施工合同当事人之间的交易模型，可以通过当事人的选择而进入双方的法律关系，因而VOB/B在德国的工程实践中具有重要的理论和实务价值，该规则最新的修订版是2016年版本。

根据德民第633条，承揽人必须使定作人取得无物的瑕疵和权利瑕疵的工作。该条款同时明确了"瑕疵"的概念：或是未达到约定之性质；或是在没有约定的情况下，未有适于合同预定之使用、适于通常之使用以及具有同种工作通常所有的、定作人能够依工作的种类而期待之性质。简而言之，即是承揽人应当根据所确定的履行标的完成约定的工作，工作物出现上述任一瑕疵，则认为其违反了履行义务，应承担无过错的瑕疵担保责任。在这个前提下，如果承揽人使用的建筑材料有瑕疵，则也认为其违反了履行义务。除非承揽人能够确认并证明，工作物的功能性瑕疵是因为存在于定作人风险范围内的情事所引起。上述属于定作人风险范围内的事由包括工程图纸的瑕疵、定作人指示错误、定作人提供或指定购买的建筑材料或建筑构配件的缺陷以及定作人

---

〔1〕 Zander BWNotZ 2017, 115.

安排的由其他承揽人完成的前期工程的瑕疵等。[1]

但是，根据VOB/B第13条（瑕疵请求权）第3款，即使瑕疵是由发包人提供的工程图纸或作出的指示、提供或指定购买的建筑材料或建筑构配件，以及由其他承包人完成的前期工程所引发，承包人仍应承担瑕疵责任，除非其已履行第4条第3款所要求的告知义务。而按照VOB/B第4条（履行）第3款的要求，如果承包人对于发包人指示的施工方式、发包人提供的建筑材料或建筑构配件，以及对于前期施工人的履行有任何异议，则应当尽可能在施工之前毫不迟疑地以书面形式通知发包人；此时，发包人仍需要对其提供的资料、指示和供给负责。德国联邦法院认为VOB/B第13条第3款和第4条第3款是诚实信用原则的具体化，因此应在工程合同中得到适用。

从以上规则可以看出，承包人免于承担瑕疵担保责任的前提有二：一是建筑物瑕疵产生于发包人的责任范围，二是承包人已按照规定履行了告知义务。德国法上将告知义务描述为检查与告知义务（Prüfungs-und Hinweispflicht），承包人首先应当对发包人所提供的材料等进行检查。同时，义务的外延并非无限宽广，应考虑到个案的全部情况，在可期待的限度范围内加以考察。

（二）瑕疵告知义务的发生基础

承包人需要承担无过错的结果责任，即使履行的障碍存在于发包人的风险范围也即障碍的发生不能归责于承包人，在约定的给付目的不能实现时，承包人仍然可能无法免责。即使瑕疵出现在发包人的责任领域，根据诚信原则，认为承包人应承担一种法律义务，当他意识到存在一个问题，可能会影响合同目的达成，则应当及时将这一状况告知发包人；怠于履行这一义务，导致完成的工作物因此而出现瑕疵，则承包人应当承担瑕疵责任。[2]由此可见，告知义务系基于诚信原则而发生，是一般法律意识的一部分。

德国VOB/B规则第4条第3款为承包人设置了所谓的检查和告知义务。根据这一规定，虽然发包人对于由其提供的资料、指示或材料负责，但承包人仍负有检查义务，经过检查有任何疑虑，应当毫不迟延地书面通知发包人。VOB/B第10条第2款第1项第2句指出："原则上承包人和发包人对于工程施工造成的第三人的损害应当共同承担责任，但如果损害是由特定的施工措施造成，而该施工措施是由发包人指定的、并且承包人以第4条第3款的方式将

〔1〕 BGH，NZBau 2008，109（II 2）.
〔2〕 BGH，NJW 1983，875；1987，643.

其考虑到的风险书面告知了发包人，那么承包人免责，由发包人独自承担对第三人的责任。”这一条款对于承包人免责的法律后果作出了明确规定。

从法教义学的角度，承包人的检查义务并非由VOB/B规则第4条第3款所创设，继而通过德民第242条诚信原则扩展适用于一般承揽合同法；确切的理解是，虽然告知义务没有规定在《德国民法典》中，但因为该义务产生于对承包人谨慎注意义务的一般要求，因此认为VOB/B第4条第3款仅是以明文将其规定在工程合同中，体现出的法律意识是符合普通民事合同或建设工程合同一般原则的。依据德民第241条第2款，根据债务关系的内容，一方负有顾及另一方权利、法益和利益的义务。这体现了诚信原则的基本要求。[1]《德国民法典》中，为确保承揽合同法第631条第1款和第633条第1款规定的建设施工义务的顺利完成，承揽人需要履行为数众多的从义务，比如解释说明义务、照料管理义务或保障救济义务等。承揽人因可归责于自身的原因违反了从义务，应当根据德民第280条第1款的规定，因积极侵害债权而承担损害赔偿责任。个案中，如果义务违反对于定作人而言意义重大，则其可要求基于重大原因而解除合同。此外，检查告知义务的一般有效性也是合同补充解释的必然结果。对于假设当事人意思的规则而言，诚信原则是非常重要的，而对于任意一条建设工程合同规则来说，为作出合乎事实的解释，则需要换位思考双方当事人在完成建筑工作时应尽的告知、解释和保护义务。[2]合同履行过程中会出现很多不可预知的状况，合作共事是顺利履行的关键，所以，即使没有明确的约定，双方之间也应该有协作的意识，一旦发现可能出现影响工程质量的问题，不管是由于定作人提供的设计图纸缺陷还是材料瑕疵，又或是在先工程的质量问题，任何一方当事人都有义务提示告知对方。[3]

（三）瑕疵告知义务的属性

对于检查告知义务的属性，学说上存在争议。一部分文献观点认为，承

〔1〕 BGH, NJW 1987, 643, 644; Dähne, BauR 1976, 225; Ingenstau/Korbion/Oppler, VOB/B § 4 Nr. 3 Rn. 2; Riedl, in: Heiermann/Riedl/Rusam, VOB/B, § 4, Rn. 46.

〔2〕 MüKo-BGB/Mayer-Maly/Busche, §157 Rn. 41.

〔3〕 Staudinger/Peters, BGB § 633 Rn. 63.

揽人的检查告知义务为其主给付义务；[1]而部分高等法院的判决[2]和另一部分资料中则或是将其作为附随义务、[3]或是作为从给付义务看待。[4]联邦高等法院的判决对其定性同样语焉不详、不甚明了：1971年和1996年的裁判文书认定其为附随义务，[5]而1974年和1975年的两份判决中则明确使用了主给付义务的字眼。[6]不过，1974年的判决中仅仅指明了承揽人的义务范围，而1975年的裁判文书上也只是记载，如果承揽人因为未履行告知义务而导致建筑物的瑕疵，则认为其未能履行完成无瑕疵工作物之主给付义务。至于告知义务本身是否具有主给付义务之性质，则未为明言。之后，因为德民第633条及以下以及VOB/B规则第13条第3项规定了明确的法律后果，致使以上争论因缺乏实际之意义而停息。

附随义务说认为，承揽人的检查告知义务并非是由承揽合同本身所规定的、基本的给付义务。根据德民第631条第1款和第633条第1款，承揽人所应承担的典型的承揽合同给付义务仅为完成没有物的瑕疵和权利瑕疵的工作物。就履行该义务而言，并非要求承揽人检查并告知所有潜在的危险，更何况，在由承揽人提供材料和设计方案，并且独立完成工程建设的情况下，根本不存在所谓的检查义务。个案当中，检查义务的强度要求也取决于不同的工程营建状况。如前文所述，检查义务的理论根源在于双务合同关系中当事人之间的顾及、照管义务，认为双方在合同进行过程中，均应尽量避免对方损害的发生。这一认识虽然重要，但并非是承揽债务关系本质的、固有的要求，更多的是辅助、确保合同主给付义务的实现。[7]检查义务在本质上是包含保护意义的附随义务，不得单独诉请履行。

---

〔1〕 Dähne, BauR 1976, 225, 226; Jagenburg, NJW 1988, 2494, 2499; Ingenstau/Korbion/Oppler, VOB/B § 4 Rn. 4; Kaiser, Mängelhaftung in Baupraxis und -prozess, Rn. 48e; Riedl, in: Heiermann/Riedl/Rusam, VOB/B, § 4, Rn. 46; Werner/Pastor, 13. A., Rn. 2039.

〔2〕 OLG Düsseldorf, Schäfer/Finnern, Z. 2.401; Bl. 21 und zuletzt in BauR 2008, 1005, 1006 f.; OLG Frankfurt, BauR 1979, 326, 328; OLG Karlsruhe, BauR 1972, 380.

〔3〕 Donner, in: Franke/Kemper/Zanner/Grünhagen, VOB/B, § 13 Rn. 47; Nicklisch/Weick: VOB/B, § 4 Rn. 68; Schmalz, die Haftung des Architekten und des Bauunternehmers, Rn. 169; Schmidt, MDR 1967, 713, 715.

〔4〕 Fischer, Die Regeln der Technik im Bauvertragsrecht, Baurechtliche Schriften, Bd. 2, 1985, S. 113.

〔5〕 BauR 1971, 341, 342; NJW-RR 1996, 791, 799.

〔6〕 BauR 1974, 202; BauR 1975, 341, 342.

〔7〕 Vgl. Bau-und Architektenrecht/Glöckner. v. Berg/Rehbein, §633 Rn. 120; Palandt/Heinrichs, BGB§241 Rn.5.

主给付义务说认为，检查告知义务具有主给付义务的特征。根据VOB/B规则第13条第3款，如果承包人没有满足第4条第3款的检查告知义务的要求，则其需要承担建筑物瑕疵担保责任。[1]换言之，如果承包人充分履行了检查告知的义务，即可免除相关的瑕疵责任。不过，仔细推敲即可发现，上述论证有明显的逻辑错误。承包人瑕疵担保责任的产生，是由于工作物出现瑕疵，而不是没有充分履行检查告知义务，[2]根据德民第633条第1款以及VOB/B第13条第1款，承揽人应当对于交付无瑕疵的工作物承担保证责任。同时，VOB/B第13条第3款和德民第645条又规定，当瑕疵产生于定作人的风险领域时，可例外的免除承揽人的瑕疵担保责任。不过VOB/B第13条第3款后段又释明，如果承揽人未能充分履行其检查告知义务，则不能免责。由此笔者认为，承揽人检查告知义务的违反并非是其承担瑕疵责任的前提，而只是阻却了VOB/B第13条第3款中的免责事由的成立。[3]如果承揽人虽然违反了检查告知义务，但却完成了无瑕疵的工作物，则并无瑕疵责任发生的余地。

三、瑕疵告知义务的范围及行使规则

（一）瑕疵告知义务的限度

在工程合同示范文本中，通常将承包人的告知义务分为两大类：一类是正常情况下的告知义务，一类是遇到特殊情况的告知义务。根据我国《标准施工招标文件》（2007年版）（下称《2007版招标文件》）和《施工合同条件》（1999版）（下称《1999版FIDIC红皮书》），前一类告知义务主要是指进度报告的提交、隐蔽工程覆盖前要求检验的通知等，显然，这是承包人有效履行的基本前提；而后一类瑕疵告知义务的要求则是基于“有经验的承包商”而提出的。通常认为，遇到特殊情况的告知义务，包括承包人发现发包人提供的图纸存在明显错误或疏漏应及时通知工程师，测量放线时发现发包人提供的基准资料存在明显错误或疏漏应及时通知工程师等。我国《建设工程质量管理条例》第28条规定，施工单位在施工过程中发现设计文件和图纸有差错的，应当及时提出意见和建议；《2007版招标文件》第1.6.4条也规定，承包人发现发包人提供的图纸存在明显错误或疏漏，应及时通知监理人。不过上述两条规定

〔1〕 Locher, Das private Baurecht, Rn. 191.

〔2〕 Clemm, BauR 1987, 609, 611; Nicklisch/Weick/Niecklisch, VOB/B, §4 Rn. 68.

〔3〕 Clemm, BauR 1987, 609, 611; Nicklisch/Weick/Niecklisch, VOB/B, §4 Rn. 68.

中,均未明确义务违反的法律后果。2007年版《标准施工招标文件使用指南》做出的解释是:“第1.6.4项约定当承包人发现发包人提供的图纸存在明显错误或疏忽,应及时通知监理人,但没有规定承包人需承担信息不反馈带来的损失赔偿责任。这是因为在操作层面上,很难判断承包人是否应发现明显错误;从合同风险分配来看,这种风险责任应属发包人。但如果事后承包人就发包人提供的图纸存在错误或疏忽提出索赔时,必须证明损失是由于图纸的错误或疏忽造成的,并且这种错误或疏忽不易识别。”由此引发的问题是,“有经验的承包商”该如何界定,检查义务在操作层面上的独立意义又为何。

德国法上,绝大多数观点认为,承包人的告知义务并非仅要求其将工程中已经出现的问题告知发包人,更多的是需要在施工开始之前即主动检查施工计划以及其他一些影响到自身履行的前提条件。[1]因为承包人的检查告知义务来源于一般照管义务,即合同的双方当事人应在自身可能的范围内尽量避免对方损害的发生。[2]双方所承担的照管、合作义务要求的不仅是将已经确定发生的事实相互告知,更多的是要求一方对另一方的行为给以必要的关注。在承包人一方,当建筑材料、建筑构配件由发包人提供、或者作为其施工前提的先期工程由发包人承担时,承包人应当独立、主动地履行检查义务。对此,杜塞尔多夫的高等法院指出,如果个案中承包人只是一个简单的履行辅助人员的话,那么其义务范围仅限于遵照发包人的指示机械地劳作,而无需考虑VOB/B规则第4条第3款的安排。[3]

承包人应当承担检查义务的范围始终是需要根据个案的具体情况来确定。如果双方当事人通过有效的合意排除了承包人的检查义务,或者是发包人明确承担了特定的建造风险时,该义务消灭。[4]与后一种情形等同处理的是,如果发包人在收到承包人书面告知后,承诺放弃特定的建设工程质量要求,那么承包人的检查义务也相应终止。[5]相应地,在不违反一般交易条件法

---

〔1〕 BGH, NJW 1987, 643, 644; MüKo-BGB/Busche, §643, Rn.80; Dähne, BauR 1976, 225, 226; Hochstein, in: FS Korbion, S. 165, 167; Kaiser, NJW 1974, 445; Nicklisch/Weick, VOB/B, § 4 Rn. 51; Ingenstau/Korbion/Oppler, VOB/B § 4 Nr. 3 Rn. 6.

〔2〕 Ingenstau/Korbion/Oppler, VOB/B § 4 Nr. 3 Rn. 2.

〔3〕 Schäfer/Finnern/Hochstein, Z. 2.0 Bl. 11 ff.

〔4〕 Kaiser, BauR 1981, 311, 313; Werner/Pastor, 13. A., Rn. 2042.

〔5〕 Riedl, in: Heiermann/Riedl/Rusam, B § 13 Rn. 57.

的前提下，当事人也可以通过个别约定的方式加强承包人的检查告知义务。[1]

总体而言，确定建筑承包人的检查和告知义务范围应注意以下几点要求：

第一，承包人检查义务的范围不应超过其根据合同确定的履行义务的范围。[2]因为建立在当事人合意基础之上的施工合同是双方履行的基础，确立了双方的原给付义务，任何基于合同而产生的义务都不应超过这一原初的义务范畴。第二，义务的范围要合乎承包人的专业知识，也即以通常情况下对于工程建设专业人士的要求为限。这里重要的评价指标并非个别承包人的能力，而是一种客观标准。[3]不过，如果承包人是专业公司的话，那么检查义务的标准也会相应地提高。[4]如果承包人自己指定分包人，那么该分包人的检查义务标准应定位于承包人的专业知识水平上。[5]第三，还需要考虑的一点是，承包人是否能够、或是在多大程度上能够信任发包人的专业知识。[6]如果发包人完全是个门外汉，那么承包人的检查义务就会特别高，但如果发包人使用了专业人士作为其代理人，例如聘请了建筑师或者监理工程师等，那么承包人的检查义务就会相应降低。[7]但即使在这种情况下，承包人虽然不需要审查上述专业人士的资质许可，但至少要确认其设计的建筑方案能够符合当时普遍确认的技术标准。[8]第四，承包人必须具备顺利完成建筑工作的技能，这一技能是其履行合同的基础，同时也限制了其所要承担的检查义务的范围。[9]第五，如果涉及更高的风险，比如采用新的设计、采取新的做法等，则需要承包人在施工时更加谨慎、投入更多的注意。[10]第六，检查义务的范围受“可苛求性”条件的限制，需要在个案中分析权衡。[11]

告知义务的限定因素主要包括：第一，承包人在其应具备的专业知识范

---

〔1〕 Ingenstau/Korbion/Oppler, VOB/B § 4 Nr. 3 Rn. 5.

〔2〕 BGH, BauR 1975, 420; BauR 1987, 79, 80; NJW-RR 1996, 789, 791; Ingenstau/Korbion/Oppler, VOB/B § 4 Nr. 3 Rn. 10.

〔3〕 BGH NJW 1987, 643; Riedl, in: Heiermann/Riedl/Rusam, VOB/B, § 13, Rn. 56.

〔4〕 OLG Köln, BauR 2007, 887, 889.

〔5〕 Werner/Pastor, 13. A., Rn. 2043.

〔6〕 Ingenstau/Korbion/Wirth, VOB/B § 13 Nr. 3 Rn. 21.

〔7〕 Leinemann/Sterner, VOB/B, § 4 Rn. 77.

〔8〕 Ingenstau/Korbion/Wirth, VOB/B § 13 Nr. 3 Rn. 21.

〔9〕 Ingenstau/Korbion/Oppler, VOB/B § 4 Nr. 3 Rn. 11.

〔10〕 Staudinger/Peters, BGB § 633 Rn. 68.

〔11〕 Ingenstau/Korbion/Oppler, VOB/B § 4 Nr. 3 Rn. 40.

畴内是否能够发现瑕疵；第二，考虑关系承包人认知的一切重要情事；第三，承包人是否已检查过发包人提供的设计资料和其他承包人完成的在先工程；第四，承包人是否已详尽调查建筑计划和考察在先工程能否为顺利完成自身工作提供适当基础；第五，承包人是否掌握顺利完成工作所必要的技能；第六，若承包人为完成自身之工作需借助前期履行之特定前提，则需要考察，该必要之前提是否已实现；第七，对于由其他人员完成的前期工程，承包人应进行独立的、实质性的检查，并非仅是简单的交接。〔1〕

（二）检查的客体及告知的方式与期限

根据VOB/B规则第4条第3款的文义，检查义务的客体可作如下的区分：第一，对预定的营建方式的检查，通常由承包人对发包人提供的设计图纸和其他一些建造文件进行审查。〔2〕如果是由设计师提出方案，则承包人仅需检查设计方案是否有表面缺陷。〔3〕如果工程计划发生变更，则承包人仍应当对变更后的计划重新进行检查。〔4〕第二，对于发包人提供的建筑原料和建筑构配件的检查，〔5〕以及对于由发包人指定购买的上述材料的检查。〔6〕第三，对于建筑用地〔7〕或旧建筑残留〔8〕的检查。第四，对于由其他承包人完成的在先工程的检查，检查范围限于一个工程专业人员应当知道的程度，〔9〕但不包括需要借助技术手段或通过技术上的尝试始能发现的问题。〔10〕第五，如果承包人因为违反检查义务而承担瑕疵责任，则承包人消除瑕疵义务的范围仅限于其自身的营建工作，而不包括先前施工人的建造。〔11〕第六，一般来说，先施工人没有

〔1〕 NZBau 2010, 91 ff.

〔2〕 BGH, BauR 1991, 79, 80; OLG Frankfurt, NJW-RR 1999, 461, 462; OLG Köln, BauR 2007, 887, 889.

〔3〕 OLG Köln, BauR 2007, 887, 889; OLG Brandenburg, BauR 2002, 1709, 1710; OLG Celle, BauR 2002, 812, 813.

〔4〕 BGH, BauR 1974, 128, 129.

〔5〕 BGH, BauR 2002, 262; OLG Brandenburg, BauR 2002, 1709, 1710; OLG Düsseldorf, BauR 1995, 244.

〔6〕 BGH NJW 1973, 754, 755.

〔7〕 OLG München, NZBau 2004, 274, 277; OLG Köln, BauR 1995, 122. 123.

〔8〕 OLG Hamm, BauR 2003, 406, 407.

〔9〕 BGH, BauR 2001, 1414, 1415; OLG Hamm, BauR 1990, 731; OLG Celle, BauR 2003, 912; OLG Hamm, BauR 1990, 731.

〔10〕 OLG Düsseldorf, BauR 1997, 840, 841; OLG Karlsruhe, BauR 1988, 598, 599.

〔11〕 BGH WM 1972, 800, 801; OLG Karlsruhe, NJW-RR 2003, 963, 964.

义务去检查在其施工基础之上的后续工程之营造。[1]但有例外情况：如果后施工人有理由证明，其在专业上无法认识判断在先工程是否适于继续建造，或者其认为工程之间的衔接工作有误，那么从建设工程合同中可以推定，先施工人有义务将该等事实状况告知定作人，使其免受由此而引起的损失。[2]

原则上，先施工人和后施工人之间不存在连带责任关系。但如果瑕疵产生的原因同时存在于二者之中，则要另当别论。先施工人直接承担瑕疵履行的责任，而后施工人则因为违反检查义务而承担瑕疵责任。此时，发包人可同时向二人提出主张，但需要注意其二者责任范围的关联和区别。[3]

承包人经过检查，应当将其产生的疑虑以恰当的形式、在适当的时间内通知接收人。VOB合同上的通知方式原则上限于书面形式，而民事承揽合同中没有形式的要求。[4]因此，承包人口头做出的通知并非自始无效，其不仅可能致使发包人因共同过错而承担责任，个别情况下，如果提示告知的内容明确、具体，并且送达了准确的接收人时，承包人甚至能够因此而免责。[5]告知的内容必须明确、完整且易于理解，要明示接收人怠于理会的后果。不过，一般而言，承包人没有义务向发包人提供任何建议或告知其他的可能性。[6]

承包人的检查告知义务贯穿于建设工程的始终，通常情况下，承包人在开工前或是在施工过程中有任何疑虑，都应当毫不迟延地通知发包人。[7]通知应当由承包人本人或经其授权的人发出，[8]并送达正确的接收人。接收人通常是发包人本人，也可以是作为发包方代表的建筑师或其他工程负责人。一般认为，后者会及时将该通知转达给发包人。不过，如果承包人告知的内容恰好关系到上述人员的错误，或是上述人员可能刻意屏蔽承包人和发包人之间的交流，此时即有充分理由相信，只有发包人本人才是唯一正确的接收人。[9]

对于承包人的通知和说明，发包人有一个做出决策的所谓“考虑期”（Überlegungszeit）。这一期间承包人可以请求相应的延展工期并要求发包人

---

〔1〕 Werner/Pastor, 13. A., Rn. 2050.

〔2〕 BGH, BauR 1983, 70, 72.

〔3〕 LG Berlin, BauR 1976, 130.

〔4〕 Ingenstau/Korbion/Oppler, VOB/B § 4 Rn. 3.

〔5〕 BGH, BauR 1978, 54.

〔6〕 Ingenstau/Korbion/Oppler, VOB/B § 4 Rn. 62, 63.

〔7〕 Staudinger/Peters, BGB § 633 Rn. 75; Leinemann/Sterner, VOB/B, § 4 Rn. 93.

〔8〕 Ingenstau/Korbion/Oppler, VOB/B § 4 Rn. 65.

〔9〕 BGH, BauR 2001, 638, 641; BauR 1978, 54, 139, 140.

给付适当的赔偿。如果发包人因此做出工程变更、增加承包人工作量的话,则承包人可以请求给付补充的工程款。[1]

四、违反瑕疵告知义务所致损害的处理

违反瑕疵告知义务可能导致建筑物瑕疵等损害,承包人对此应负什么样的责任,十分关键。通说认为,如果承包人违反了检查告知义务,则其不能、或不能完全从结果责任的风险中脱离。VOB/B第13条第3款明确规定,如果承包人没有满足第4条第3款检查告知义务的要求,则应当对由工程图纸、发包人指令以及在先工程的缺陷引发的建筑瑕疵承担责任。换言之,义务违反的法律后果是承包人瑕疵担保责任的产生,或者是原本已进入发包人风险责任范围的瑕疵责任的再生。[2]不过,对于由一般注意义务演化而来的承包人的检查义务,其范围有所限制,主要体现在:首先,为满足依据建设工程合同所应承担的履行义务的要求,承包人仅需具备与其相适应的专业知识即可,不得对其苛以超出合同规定的义务范围之外的给付;其次,对承包人履行义务的要求应限于"可以期待"(Zumutbarkeit)的范围内;最后,发包人本身的专业素质也对承包人检查义务的强度产生影响。

在德国早期具有代表性的"墙体开裂案"中,发包人指定承包人使用特定的建筑材料,但由于该材料的缺陷导致建筑物瑕疵。虽然在一般意义上,发包人指定的建筑材料并不必然导致建筑物的瑕疵,但在本案中,确实是由于材料的使用致使墙体开裂,所以法庭认为应当由发包人承担责任。[3]1996年联邦法院的一宗判决处理的也是相似的状况:案中的被告负责原告的墙体外立面工作,原告在工程图说中指定使用特定种类的清水混凝土,事后因为该混凝土中的砾石氧化使墙面严重变色,法庭没有支持原告的诉请,认为原告应自行承担建筑瑕疵责任。[4]早期联邦法院、各州高等法院的审判实践以及部分文献认为,[5]如果发包人明确指示承包人使用特定品种和出处的建材,即使该建材

---

〔1〕 Staudinger/Peters, BGB § 633 Rn. 77.

〔2〕 Bau-und Architektenrecht/Glöckner. v. Berg/Rehbein, §633 Rn. 115; Rehbein, Die Anordnung des Auftraggebers, S. 202 f.

〔3〕 BGH, NJW 1973, 754, 755.

〔4〕 BauR 1996, 702 ff.

〔5〕 Ingenstau/Korbion/Korbion, bis zur 12. Auflage, VOB/B § 13 Rn. 193; Riedl, in: Heiermann/Riedl/Rusam, bis zur 7. Auflage, VOB/B § 13 Rn. 54.

不具有普遍的缺陷,而仅是在个案中影响了工程质量,发包人也应对其承担责任。当时的观点认为,即使有VOB/B规则第13条第3款的安排,也不能一般性地将发包人自身承担的风险转移给承包人。[1]若干年之后,联邦法院修正了在1996年判决中的部分观点,立基于VOB/B规则第13条第3款,根据衡平原则的要求,认为应当根据发包人指令的强度来确定瑕疵责任风险是否转移。换言之,如果发包人的指示并未达到一定的、明确、具体的程度,则承包人非经履行一定的检查告知义务不得免除担保责任;而发包人的指令越特定化,承包人被免责的可能性就越高。[2]如果发包人指定使用特定的石材,那么他在该石材的用途功能上承担全部的责任;如果他只是要求使用某一种类的石材,那么他仅需担保其一般适用性,对承包人选用的特定产品的缺陷不承担责任。[3]德国审判实践中发展出来的理论模型是,由于发包人提供或指示购买的建筑材料缺陷引发建筑物瑕疵,其担保责任风险依然可能在承包人处,除非其履行了检查告知的义务,才有可能被免责。

这样一来,从表面上看,承包人告知义务的违反是确定其承担瑕疵责任的前提,债法改革之前,理论上面临的困扰是,产生瑕疵请求权的"可归责性"(Zurechenbarkeit)要件与无过错的瑕疵担保责任形成了体系上的对立。[4]《德国债法现代化法》(Schuldrechtsmodernisierungsgesetz)改革了瑕疵责任规则,将其整合到一般的给付障碍法中,以一般的债务不履行责任统和了原先的瑕疵担保责任。有学者进一步指出,并非债务不履行责任统合了瑕疵担保责任,而是以违约救济的方式在形式和实质上消化了瑕疵担保责任,着眼于"救济"而非"责任"。[5]只要确定了债务人的义务范围,违反义务即是债务不履行,并不取决于债务人对该义务违反是否具有过错。承揽合同中,承揽人必须使定作人取得无物的瑕疵和权利瑕疵的工作,交付瑕疵的工作物即意味着违反合同义务,这样,在以义务违反为前提、着眼于违约救济的框架下,体系内部的不兼容被打破。

前文已述及,承包人的检查告知义务原则上是合同的附随义务。VOB/B第4条第3款的规范目的仅在于确保工程项目得以规范、顺利地实施,起到辅

〔1〕 BGH, NJW 1973, 754, 755; OLG Stuttgart, BauR 1975, 56, 57; 1989, 475, 476.

〔2〕 Bau-und Architektenrecht/Glöckner. v. Berg, §633 Rn. 101.

〔3〕 BGH, BauR 1996, 702, 703; OLG Frankfurt a.M., BauR 1983, 156, 159.

〔4〕 Staudinger/Peters, BGB § 633 Rn. 64; Siegburg, in: FS Korbion, S. 411, 413.

〔5〕 崔建远:《物的瑕疵担保责任的定性与定位》,《中国法学》2006年第6期。

助履行的作用,因而并非主给付义务本身。承包人违反告知义务,有观点认为其导致瑕疵担保责任的产生,承包人负有消除瑕疵的义务;也有学者认为,承包人所承担的是由义务违反而产生的损害赔偿责任。两种观点的共同必要前提在于,承包人告知义务的违反是造成建筑物损害的原因力。〔1〕因此,如果可以确定,即使承包人完全履行了告知义务,发包人仍然会下达同样的指令,则承包人无需对建筑物的瑕疵负责,有争议的情况下,承包人应负担举证责任。〔2〕除去此种情况,上述两种观点则有重大区别,笔者以为,前一种观点将瑕疵担保责任的发生作为因违反告知义务而承担的法律后果,根据这一看法,则会得出承包人因违反告知义务而得消除瑕疵的结论。但应然的逻辑是,承包人承担无过错的瑕疵担保责任,特定事由的发生可令其免于承担责任。原生于发包人风险领域的情事虽然为承包人的免责提供了可能,但需要承包人履行适当的检查告知义务,如果承包人违反义务、且建筑物有瑕疵,则承包人不能免于承担瑕疵责任,亦即承包人应就此损害负责。

一般来说,违反附随义务的法律后果是根据缔约过失责任原则和积极侵害债权法理承担损害赔偿责任。〔3〕审判实践中,如果义务的违反不仅损及建筑物本身,而且造成其他物件损害,则承包人对于后者也需承担相应的赔偿责任。〔4〕不过,对于建设工程合同,莫斯(Moos)指出,承包人违反检查告知义务所承担的首要法律后果并非是损害赔偿,而是消除瑕疵的责任。〔5〕如果引发建筑物瑕疵的原因在于发包人的风险领域,则承包人仅承担因其义务违反而增加的费用;或者发包人要求承包人消除瑕疵、且不予支付相应的费用。〔6〕个案中,如果在违反义务的范围内不可期待承包人补充履行,则发包人可以要求替代履行的损害赔偿,甚至可以请求解除合同。〔7〕目前,德国审判实践中发展出的通行做法是直接适用德民第254条的与有过错规则,兼顾承包人违反告知义务的强度和发包人应负责的情事,确定在具体情况下双方损害的分担和

〔1〕 BGH, NJW 1998, 302, 303.

〔2〕 BGH, NJW 1998, 302, 303; BGHZ 111, 75, 81 f., 124, 151, 159 f.

〔3〕 Palandt/Heinrichs, BGB§280 Rn. 28; § 311 Rn. 21.

〔4〕 BGH, NJW-RR 1993, 26, 27; ZfBR 2000, 42, 43; NZBau 2002, 216; NZBau 2003, 329.

〔5〕 NJW 1961, 157 f.; Siegburg, in: FS Korbion, S. 411, 416.

〔6〕 Vgl. Bau-und Architektenrecht/Glöckner. v. Berg/Rehbein, §633 Rn. 123.

〔7〕 MüKo-BGB/Kramer, §241 Rn. 19.

各自赔偿义务的范围。[1]

五、我国现行规则的解释

由前文所述可见，比较法上承包人告知义务理论已十分成熟。而我国民法虽已涉及承包人的告知义务，但范围较窄，仅针对发包人提供的图纸或者技术要求的不合理之处，设定了及时通知的义务。而就此规定，相应的法教义学框架尚未建立，解释论上如何展开，也相对地模糊。这里，比较法的考察提供了良好的契机，可在批判性借鉴基础上，对我国法上的告知义务予以展开。由于已述及的现行法规定过窄的现状，许多实务中出现的问题尚需要借力于基本原则来解决。透过诚实信用原则的具体化，可以解决未被立法所明确覆盖领域的告知义务问题。《民法典》第7条规定，民事主体从事民事活动，应当遵循诚信原则。由此推而广之，承包人自然不得推卸其诚信责任，漠视协力合作义务；但由于诚信原则的模糊特征，承包人的告知义务尚需结合个案情境作必要的展开。解释论上，也需要联系实践将义务具体化。当然，这里更为有意义的是，诚实信用原则的弹性可以为比较法经验的融入提供管道，所以，前文的比较法上的合理框架，可以经由诚实信用原则而被导入现行法。告知义务的发生基础、范围与限度、效果的妥当化等，在我国均可以透过诚信原则来得出相应的结论。

基于现行法的规定，结合工程实践以及诚信原则的解释，可以对承包人告知义务作以下理解适用。我国法上，承包人的告知义务可定位于依诚信原则而发生的附随义务；告知义务并非仅限于将工程中已经发现的问题告知发包人，更是需要在施工开始之前即主动检查施工计划以及其他一些影响到自身履行的前提条件。这样，检查义务同样成为一项附属于告知义务的附随义务。[2]承包人是否应当检查需考虑一切与工程施工相关的重要因素，诸如工程技术风险的大小、发包人的专业化程度等，来判断一个理性的承包人是否会认为检查是必要的。当然，有些瑕疵无需检查即可发现，故对于可发现及已发现的瑕疵，承包人未为告知的，即应承担责任。对于应当检查而未检查，故而

---

〔1〕 Vgl. Bau-und Architektenrecht/Glöckner. v. Berg/Rehbein, §633 Rn. 125.

〔2〕 当事人可以约定排除承包人的检查义务，该约定有效。此外，当发包人不可能期待承包人来检查其已提供的设计图纸等时，承包人也不负担检查义务。例如，在双方专业水准存在显著差异，承包人根本不具备通过检查来发现瑕疵的能力时，发包人就应当自己更加谨慎地完成自己的工作并对相应的瑕疵负责，承包人未检查、未发现瑕疵的，不承担责任。

未能发现瑕疵的，承包人也应承担责任。承包人经过检查，有任何疑虑时，应当毫不迟延地通知发包人。经承包人通知，发包人仍坚持按照自己的图纸或设计要求完成工作，由此产生的工作瑕疵，承包人不承担质量责任。〔1〕

根据《民法典》第788条，承包人的给付义务在于完成符合合同约定的工程建设，就履行该义务而言，并非要求承包人检查并告知所有潜在的风险。因此，承包人的告知义务不是建设工程合同本身所要求的基本的给付义务。该义务根源于双务合同关系中当事人之间的顾及、照管义务。双方在合同进行过程中，均应尽量避免对方损害的发生，这是诚信原则的当然要求。个案当中，检查告知义务的强度要求也取决于不同的建设工程工作状况。因此，告知义务在定性上应是包含保护意义的附随义务，发包人不得单独诉请履行，原则上，发包人也不得因承包人不履行该义务而解除合同。

承包人违反检查告知义务，导致建设工程有瑕疵的，不能主张瑕疵是由发包人提供的图纸缺陷或指示错误而免责，仍需要承担《民法典》第781条承揽工作不符合质量要求的违约责任。〔2〕其法律后果通常为消除瑕疵，即以自己的费用来将瑕疵消除；如果瑕疵无法消除，则应承担相应的赔偿责任。但是，考虑到承包人只是未告知因发包人方面导致的设计等缺陷，故存在过错相抵的必要性。这里，一方面发包人提供的设计图纸有缺陷从而导致建筑物的瑕疵，另一方面，承包人未按照规定履行检查告知义务。瑕疵的产生也是发包人的责任，故虽承包人在其履行风险的范围内仍需承担担保义务，消除瑕疵，但应让发包人也承担一定的费用。德国法上，承包人可就其补充履行请求发包人支付相应的对价，并根据发包人的过错程度和范围来确定支付价款数额。〔3〕就前文提及的地下停车场建设合同纠纷案而言，该案处于《民法典》第776条的辐射范围之内，可援引该条规定认定承包人违反了“通知义务”，由于发包人提供错误图纸也具有可归责性，故对损害后果可在综合考量双方的因素，进行合理的分配。

此外，对于发包人而言，其在收到承包人通知后，应当在规定期间或合理

---

〔1〕 参见广西壮族自治区桂林市中级人民法院（2012）桂市民一终字第231号民事判决书；陕西省高级人民法院（2010）陕民二终字第00022号民事判决书。

〔2〕 参见安徽省六安市中级人民法院（2019）皖15民终2244号民事判决书；江苏省镇江市丹徒区（县）人民法院（2018）苏1112民初2189号民事判决书。

〔3〕 Vgl. Bau-und Architektenrecht/Glöckner. v. Berg/Rehbein, §633 Rn. 129; OLG Celle, BauR 1998, 802, 805.

期间内给予答复并采取措施。因此,所谓“怠于答复”,应当包含不及时答复和不及时采取必要措施(如修改图纸和技术要求等)两种情形。[1]因发包人怠于答复等原因,造成承包人工期延误,则承包人可以主张顺延工期,并有权请求发包人赔偿停工、窝工等损失;经承包人催告,发包人在合理期限内仍不采取必要措施的,承包人可以解除合同,因此造成的损失由发包人赔偿。

〔1〕 王利明:《合同法分则研究(上卷)》,中国人民大学出版社2012年版,第371页。

第四章

发包人违反协力义务

一、问题的提出

与一般意义上的承揽合同不同，建设工程合同具有较长的履行周期，这要求双方当事人在合同履行的过程中保持持久的、充满信任的合作。我国《民法典》第778条第2句规定，承揽工作需要定作人协助的，定作人有协助的义务。第806条第2款规定，发包人不履行协助义务，致使承包人无法施工，经催告后在合理期限内仍未履行相应义务的，承包人可以解除合同。可见，我国现行法上已确立发包人的合作、协力之义务。德国法上所谓"合作"，其内容包括信息告知(Informationsobliegenheit)、协力(Mitwirkungsobliegenheit)、提出异议(Rügeobliegenheit)和其他一些相应的义务(Pflicht)等。[1]德语中，上述前三项内容的词根为"Obliegenheit"，与后面所使用的"Pflicht"显然有别，与此相对应的中文释译分别是"负担"和"义务"。[2]其中"负担"被解释为"强度较弱的义务"(Pflichten geringerer Intensität)。[3]所以，违反合作"义务"的后果，应具体区分该"义务"本身在法律上的分类——或为债权人负担(Gläubigerobliegenheit)或为附随义务(Nebenpflicht)或为从给付义务

---

〔1〕 BGH, 23.05.1996, VII ZR 2457 /94, BauR 1996, 542, 543.

〔2〕 齐晓琨:《解读德国〈民法典〉中的债权人迟延制度》,《南京大学学报》2010 年第 2 期。

〔3〕 R.Schmidt, Die Obliegenheiten, 1953, S. 104; Henß, Obliegenheit und Pflicht im BürgerlichenRecht, 1988, S. 1 ff.

（Nebenleistungspflicht）而有所不同，可能具体表现为债权人自身法律地位的丧失、利益的减损（对己的不利益）、对他人消除致害（Entschädigung）责任的承担，或损害赔偿责任的产生。

我国现行法的规定中并没有区分“负担”和“义务”，学界也鲜有讨论此种区分的标准及其效果上的差异。《民法典》第778条、第802条规定的是“协助义务”，通说认为这与其他场合的义务并无区别。但是，定作人的协助旨在帮助承揽人更好地完成定作人所委托之事务，与定作人的利益直接相关，这与一般的义务履行直接关涉的仅是对方利益完全不同。正是基于此种事实上的差异，德国法建立了“负担”与“义务”的区分。我国法虽没有这种分类，但此种事实层面的差别是无法排除的，并且，此种差异必然呼唤不同的法律效果之安排。实践中，法官面临着应如何妥当确定违反协助义务之效果的任务，而此项任务的完成显然需要比较法的支持。为此，笔者以德国法为背景，反思我国现行法规定中的协助义务之属性，探究其到底是“负担”还是“义务”，违反该“负担”或者“义务”的法律后果应有什么样的区别，若有区别，则差异何在。笔者将以德国民法相关制度设计为借鉴，解析建设工程合同中发包人协力行为的表现形式、法律属性及其违反的法律效果，尝试为我国工程实务寻求切实可行的解释论框架。

二、协力义务的属性及违反样态：德国法判例学说的发展

（一）债务人义务（Pflicht）说

对于发包人的协力义务，德国民法已经形成了成熟的理论体系。在德国联邦高等法院2008年“玻璃幕墙”案之前，对于发包人应尽之必要协力，判决中常以“协力义务”称之。2005年2月24日的判决认为：“正是因为发包人违反义务的行为致使其工程进展受阻。”[1]将协力行为定义于义务，其判决理由如下：“在定作人不履行协力义务的情况下，认为承包人仅能够行使德民第642条及以下的请求权，这一观点是错误的。正如在一份判决中所陈述的，由债务关系引发的义务群还包括德民第642条所提及的债权人负担。因此在违反负担的情况下，应提供承包人无异于基于定作人其他义务违反可得寻求的所有法律救济，此外，德民第642条及以下的其他权利不受影响。这一原则不仅仅适用于承包人在德民第642条的权利之外，还可主张发包人积极侵害债

〔1〕 BGHZ 162,259=NZBau 2005,387=NJW 2005,1653.

权而请求损害赔偿，更可用于承包人诉请履行的情况。如果放任发包人任意作出选择，通过专断的不履行债权人负担的方式逼迫承包人通知终止合同，则会产生无法忍受的、有违诚信的结果。"〔1〕

在该判决引述的1953年11月13日的判决中有如下陈述："在这一法律视角下（即'积极侵害债权'）应当考察所有有责的义务违反，其法律后果既不是给付不能，也不是给付迟延。所有根据合同关系可得向债务人请求的给付，均属于应当满足的合同义务的范畴（RGZ 160，310，314）。广义上，所谓的合同义务不仅包括所有的主义务和从义务，还包括纯粹的债权人负担，比如在承揽合同中为完成工作需要由定作人提供必要的协力。决定是否实施该协力行为是债权人的事，由此并不产生真正的义务。但是因为有责地违反上称广义上的'合同义务'而致合同相对方受损，则应承担损害赔偿责任。"概括来说，该判决认为，怠于履行必要之协力乃是积极侵害合同义务；该义务所指，乃是在广义上能够请求合同债务人所给付之全部，其中包括所谓的债权人负担。不过，表述之中"义务"与"负担"产生混用，其自相矛盾之处，自不待言。

卡普尔曼（Kapellmann）认为，立足于1953年联邦高等法院的判决以及判决中所提到的司法裁判和法学理论，怠于履行必要的协力即构成对合同义务的积极侵害。并以历史解释认为，撇开第642条的规定不论，1900年《德国民法典》的立法者理所当然地认为，怠于履行协力能够产生所有通常的义务违反的法律后果，比如债务人迟延或者履行不能。〔2〕之所以没有提到积极侵害债权，是因为当时的立法和理论上还没有认识到这一制度存在的价值。直到《德国民法典》生效一段时间后，施陶布（Staub）发现《德国民法典》中的"法律漏洞"，从而提出积极侵害债权制度。〔3〕然而这一制度在司法裁判和理论上的发展是缓慢的，在前引1953年的判决中，联邦高等法院仍在大费周章地描述这一新的法律形象。直到2002年债法改革，德民第280条才正式确立了

---

〔1〕 BGHZ 50，175=NJW 1968，187；另参见《德国民法典》第642条："如果完成工作物需以定作人之行为为必要，定作人怠于履行该行为而致受领迟延时，承揽人得请求合理的消除致害。"

〔2〕 Kapellmann，Die erforderliche Mitwirkung nach § 642 BGB，§ 6 VI VOB /B-Vertragspflichten und keine Obliegenheiten，NZBau2011，193 ff；Planck，Kommentar zum BGB，Bd.I，2.Aufl.，1900，§ 642 Anm.1；Motive II，S. 496；BGHZ 11，80=NJW1954，229.

〔3〕 Staub，Die positiven Vertragsverletzungen und ihre Rechtsfolgen，in：Festschrift für den XXVI. Deutschen Juristentag，Berlin 1902.

该制度。[1]可以想见，如果1900年《德国民法典》关于履行障碍的规定中已经有积极侵害债权制度的存在，那么以其作为怠于履行必要协力的法律后果也是顺理成章的。同样地，《德国民法典》本身也没有提到“债权人负担”。德民第642条只是规定，如果定作人没有履行必要的协力，即为满足德民第293条及以下的前提，将陷于受领迟延，有义务消除致害。[2]

卡普尔曼主张德民第642条所指并非债权人负担的证据在于，传统意义上的债权人受领迟延，是以对债务人无害而仅加诸债权人负担为前提；但德民第642条的消除致害请求权却包含了与债权人负担属性不相符的明确的制裁性，[3]并且因为不以债权人过失为前提，而显得较一般的债务人义务违反更加严苛。《德国民法典》中，在债权人迟延的情况下，债务人可以请求偿还其为无效果的提出以及为保管和保持所负担的标的而支出的额外费用（德民第304条）。而这一权利，放在承揽合同（或建设工程合同）关系中，以经济上的观察论，对于承包人而言却是杯水车薪。因为在定作人受领迟延期间，承包人仍需要保持持续的履行准备（bereithalten）状态，此时就承包人遭受的损失，仅依靠《德国民法典》的受领迟延规则并不足以补偿。为了填补承包人因为无效果的“履行准备”而遭受的损失，立法者针对承揽合同特别设定德民第642条的消除致害请求权。根据上文的分析可见，德民第642条确定的消除致害请求权具有接近于报酬请求权的属性，而在约定的报酬计算中包含有风险和可得利益的成分，在这个意义上，承包人的权利得以扩展。[4]而发包人所承担的，也就并非传统负担论中所谓权利的减损或丧失，取而代之的是更加接近损害赔偿的义务违反的责任。因此，卡普尔曼主张将定作人应履行的必要协力定义为广义上的义务（Pflicht im weiteren Sinn），此为由诚信原则要求的不得妨害工作进展的义务，怠于履行该义务，即是违法。[5]

---

〔1〕《德国民法典》第280条第1款规定，债务人违反基于债务关系而发生的义务的，债权人可以请求赔偿因此而发生的损害。此处的义务既包括可得诉请履行的义务，如主给付义务和从给付义务，也包括不可单独诉请履行的义务，如附随义务。

〔2〕 Kapellmann, NZBau 2011, 197.

〔3〕 Kapellmann, NZBau 2011, 197; Erman / Schwenker, § 642 Rn. 3.

〔4〕 Planck, BGB, 1. und 2. Aufl.（1900）, § 642 Anm.2; BGHZ 11, 80=NJW 1954, 229; BGHZ 50, 175 =NJW 1968, 1873; RGRK /Glanzmann, Bd. II, 4. Teil, 12. Aufl.（1978）, § 642 Rn. 10 ff.

〔5〕 Kapellmann, NZBau 2011, 197.

（二）债权人负担（Obliegenheit）说

2008年德国联邦高等法院在“玻璃幕墙”案的判决中，[1]摒弃了一直以来的司法传统而将发包人的协力行为明确定位为“负担”，判决原文的表达是：履行施工合同的过程中，多数情况下以定作人提供协力为必要；在法律没有特别规定和合同没有约定的情况下，协力行为的提供通常作为定作人负担看待；协力行为包括定作人向施工人提供确切的图纸和资料；有缺漏的情况下，定作人需就其建筑师的过错承担责任；合议庭在之前的判决中曾指出，在定作人就其违反义务和负担的行为向承包人负责时，建筑师亦承担共同的过错责任。[2]虽然此后合议庭没有再直接使用“负担”这一用语，而是认为定作人有义务向承包人交付确切的图纸，但是这一表述并没有动摇定作人行为的负担属性，除非当事人透过合同的约定将其明确定义为履行义务。

所谓“负担”（Obliegenheit），是对债权人而言，区别于债务人的“义务”（Pflicht）。建设工程合同中，一般认为承受负担的人可以根据自己的意愿选择为或不为一定的行为（即“协力”），对此，权利人不得诉请履行。而相应的后果仅是存在于负担人自身的利益范围内，其由于违反负担行为上的要求而遭受对己的法律上的损失和不利益。[3]同时，权利人不为负担行为，亦不违法，因为并非侵害合同权利。《德国民法典》中，债权人违反负担的情形规范在德民第293条及以下的“债权人迟延”一节中。透过这一立法上的安排，明确地将“债权人迟延”（德民第293-304条）与债务人“给付义务”（德民第241-292条）区分开来。此外，德民第642条第1款规定了定作人协力。该款指出，为完成工作，定作人有必要实施某一行为，定作人怠于实施该行为而陷入受领迟延的，承揽人可以请求消除致害（Entschädigung）。通说认为，该条提到定作人陷于受领迟延，即指向德民第293条及以下，立法选择上是将定作人协力定位于债权人负担，而非债务人义务。[4]

（三）协力义务违反的构成与样态

1. 定作人未履行协力行为

实施建设工程合同过程中，须得发包人提供诸种必要之协力，协力行为可

---

〔1〕 BGHZ 179,55=NZBau 2009,185=NJW 2009,582.

〔2〕 Urt. v. 2. 10. 1969-VII ZR 100 /67,Rn. 20;vom 15. 12. 1969 — VII ZR 8 /68,BauR 1970,57,59, und vom 29. 11. 1971 — VII ZR 101 /70,BauR 1972,112.

〔3〕 Palandt /Grüneberg,BGB,70.Aufl.(2011),Einf. vor §241 Rn.13;BGHZ 24,382=NJW 1995,401.

〔4〕 Staudinger /Peters /Jacoby,§ 642 Rn. 17.

以是作为或不作为，可在较为宽泛的意义上予以理解。产生德民第642条意义上的赔偿请求权的前提仅在于债权人违反负担，限制是该负担对于施工的进程必须有确定的影响。[1]实务中，协力行为并非均由发包人亲自提供为限，发包人常将其交由第三人实施（即发包人与第三人之间又成立一个独立的建筑承揽合同关系，该第三人常被表述为“先施工企业”）。发包人应否并在何种程度范围内就先施工企业的行为对承包人负责，取决于合同条款的安排。通过对合同的解释，发包人可负担在约定的期限内提供合于承包人组织施工的工作物的义务。根据联邦高等法院的判决，定作人对于承包人可承担德民第642条受领迟延的责任后果。[2]承包人有权要求及时取得由其他施工单位完成的在先工程，以组织自身的履行工作。判决认为，无论是定作人未能及时交付建筑原料，还是未将由其他施工人加工过的材料及时交付，在法律后果上都不应当有区别，如果定作人陷入受领迟延而又未有过错的义务违反，则承包人可根据德民第642条的规定向定作人主张补偿。

2. 定作人受领迟延

（1）给付的提出

所谓提出给付，是指债务人向债权人或其他有受领权限的人提出应被履行的给付。此时，提出给付包括三种情形：其一，德民第294条指出，给付必须像它所需被履行的那样，实际地向债权人提出；其二，在德民第295条规定的两种情况下，债务人不必按照德民第294条实际地提出给付，在债权人向债务人表示将不受领给付，或债权人的行为为履行给付所必要时，只需要债务人言语上提出给付即可；债务人催告债权人实施必要的行为，视同给付的提出；其三，根据德民第296条的规定，如果债权人应当采取必要行为的时间可以由日历日期来确定，或者该必要行为以某一事件的发生为前提，而且应当采取该行为的时间可以从该某一事件的发生起算而以日历日期来确定的，如果债权人未在规定时间内采取必要行为，则债务人无需实际提出给付或以言辞提出给付，债权人即陷于迟延。对应以上三种情况，受领迟延的时点分别是：如果给付为实际提出，为提出给付的行为发生时；如果给付为言语上的提出，为作出言语上的声明时；如果给付不必提出，则为根据日历而确定的时间。具体到建设工程合同中，如果发包人的行为对于承包人履行给付是必要的，那么只需

〔1〕 BGH, 21. 10. 1999, VII ZR 185/98, BauR 2000, 722, 725.

〔2〕 BGH, 21. 10. 1999, VII ZR 185/98, BauR 2000, 722.

要承包人言语上提出给付即可。在这种情况下，根据德民第295条第2句，承包人无需履行自身的给付行为，而只要催告定作人实施必要的协力。如果承建双方约定了发包人交付图纸或移交建筑工地的时间，而发包人未能如期交付，则其陷入债权人迟延。

（2）受领迟延的排除

根据德民第297条的规定，如果承包人在提出给付时，自身欠缺履行给付的能力，则定作人不陷于迟延。例如，在约定的履行期到来时，尽管发包人由于疏忽未能提供施工场地，但同时承包人也因为所需建材未能到位而不能开始施工，则认为发包人不陷于迟延。〔1〕此外，承包人不仅要做好履行准备，而且要确保能够实施给付。如果承包人拟使用一项合同没有约定的工艺技术，此情形即被视为承包人一项暂时的履行障碍，从而阻却发包人受领迟延的发生。因为，正如德民第294条及以下所要求的，债权人迟延的前提在于，债务人不仅要有给付的准备，而且给付必须像它所需被履行的那样提出。〔2〕但是，如果发包人对于承包人施工障碍的发生有过错，则排除德民第297条的适用。发包人可以通过主张承包人主观上履行不能或欠缺履行的准备而免于承担迟延责任，但需要就其主张的事实，在个案中举证证明。〔3〕

需要特别明确的是，德民第297条仅针对承包人暂时无履行能力或无履行意愿的情形，如果是长期的、持续性的履行不能，则发包人无论如何都不再陷于受领迟延，此时适用履行障碍法中的履行不能规则。根据德民第275条第1款，以履行对于承包人或其他任何人是不可能的为限，发包人的给付请求权被排除。如果导致承包人无需履行给付的情况，发包人单独或压倒性地负责任，或这一不可归责于承包人的情况发生在发包人陷于受领迟延之时，则承包人保有请求工程价款的对待给付请求权（德民第326条第2款第1句）。不过承包人必须容许扣除其因免除给付而节省的利益，或因将其劳动力用于他处而取得或恶意怠于取得的利益（德民第326条第2款第2句）。对于发包人未能提供施工许可的案件，应分别两种情形予以讨论：一种是发包人能够事后补充提供施工许可，则在其实际提供许可之前，认为发包人陷于迟延；另一种是待建工程根本无法拿到施工许可，此时排除德民第642条的适用，而转向

〔1〕 PWW/Züchling-Jud, §297 Rn. 2.

〔2〕 KG, 29. 04. 2008, 7 U 58 /07, BauR 2009, 1450, 1451.

〔3〕 Staudinger / Löwisch, §297 Rn. 19.

履行不能规则。根据德国联邦高等法院的判决，如果合同目的的实现因为暂时的履行不能而受挫，则对此暂时的履行障碍应与终局的履行不能作同等处理，认为根据诚信原则和衡平法理不能要求双方继续坚持履行原合同。[1]

（3）同时给付（Zug-um-Zug Leistung）的问题

根据德民第298条的规定，如果债务人因债权人的对待给付才负有给付义务，且债权人虽准备受领所提出的给付，但不提出所请求的对待给付的，债权人陷于迟延。该款规定同样适用于债权人有先履行义务的情况。[2]对此，既不需要债权人明确地拒绝受领，也没有过错的要求。[3]虽然在建设工程合同中，承揽人有先履行义务，但在工程验收时，报酬请求权同时到期（德民第641条第1款），所以自工程验收时起，双方负担的是同时履行的义务，即使工程有瑕疵，承揽人的先履行义务也不复存在。[4]承包人在验收后实际采取了消除瑕疵的补充履行，则后者应同时支付工程价款，否则即陷于受领迟延。对此，承包人需要向发包人提出对待给付的请求，该请求可以表达为：须得发包人准备好支付工程款，己方才提供自身的给付。[5]在这一前提下，如果发包人在验收之后要求承包人消除瑕疵，而后者实际提供了相应的给付，并要求发包人就进行的瑕疵消除工作同步地支付工程款，在发包人拒绝支付或不能支付时，认为其陷于迟延。也就是说，发包人需要准备好工程款，以满足同步支付承包人瑕疵消除工作的需要。[6]

三、不协力时承包人的权利：德国法的解释

（一）消除致害请求权

在满足德民第642条第1款的条件下，承揽人可以请求定作人消除致害，该请求权因为债权人迟延而发生，且不以其有责为前提。赔偿额一方面根据迟延持续的时间和约定的报酬确定，另一方面又要考虑承揽人因为迟延而节

---

〔1〕 BGH, 11. 03. 1982, VII ZR 357 /80, BauR 1982, 273, 274.

〔2〕 Staudinger / Löwisch, §298 Rn.3; MüKo-BGB /Ernst, §298 Rn. 1; Palandt /Grüneberg, BGB §298 Rn. 1.

〔3〕 Staudinger / Löwisch, §298 Rn. 5, 7.

〔4〕 BGH, 22. 03. 1984, VII ZR 286 /82, BauR 1984, 401, 405; PWW/Züchling-Jud, §298 Rn. 3.

〔5〕 Staudinger / Löwisch, §299 Rn.4; MüKo-BGB /Ernst, §298 Rn.2; Palandt /Grüneberg, BGB§298 Rn.2.

〔6〕 BGH, 22. 03. 1984, VII ZR 286 /82, BauR 1984, 401, 405.

省的开支或因将其劳动力用于他处而可取得的利益。这一请求权所指向的不是承揽报酬，也不是损害赔偿，而是消除致害的补偿。因此在定作人事后补充履行其协力行为而承揽工作最终完成后，该赔偿请求权可独立地与报酬请求权相并存；或者当承揽工作因为定作人通知终止或承揽人在定作人怠于协助的情况下通知终止而未能完成时，德民第642条的赔偿请求权仍可以与根据德民第645条、第649条产生的报酬请求权同时存在。又因为德民第642条的赔偿请求权产生于债权人迟延，并不是违反债务人义务，所以其赔偿范围有别于债务人迟延。[1]此外，在满足德民第304条的前提下，承揽人可以请求偿还其为无效果的提出以及为保管和保持所负担的标的而需支出的额外费用。

赔偿数额确定的考虑因素主要包括以下几个方面：

首先是迟延的时间。根据德民第642条第2款，赔偿额应当以迟延的时间来确定。但是就科隆和耶拿高等法院的判决以及罗斯科斯尼（Roskosny）和博尔茨（Bolz）所代表的观点而言，均不认为请求的范围仅局限于受领迟延期间的履行准备费用上。[2]可以想见，如果消除致害的赔偿仅限于实际的迟延期间，那么承揽人的后期花费，比如重新复工的费用，则得不到补偿。这与德民第642条第2款的法规目的亦相违背。[3]根据德民第642条第2款，承揽人应得请求其因不被受领给付而致的全部损害的补偿。该损害可能仅发生在迟延期间，但并不必须只能发生在迟延期间，还应当能够填补承揽人在"迟延结束后陷入其没有预见、也无需预见的合同状况所遭受的损失"。[4]综上而论，一方面，在工程受阻的等待期内，承包人因为仍负有完成约定工作的义务，所以无法将其劳动力、施工工具以及建筑材料调配他处获取利润，因此承包人可请求赔偿因劳动力和资本闲置而造成的损失；[5]另一方面，在等待期之外，承包人如遭受因定作人迟延带来的其他损失，亦可得到补偿，具体可包括人员成本和材料成本上涨带来的费用增加，因为延误而使工程进入一个不良履行期而产生较多的花费，以及如果工期因为定作人迟延而延展，则承包人可再得请

〔1〕 BGH, 21. 10. 1999, VI ZR 185 /98, BauR 2000, 722, 725.

〔2〕 OLG Köln, 14. 08. 2003, 12 U 114 /02, BauR 2004, 1500; OLG Jena, 11. 10. 2005, 8 U 849 /04, NZ Bau 2006, 510; Roskosny /Bolz, BauR 2006, 1804, 1812.

〔3〕 Boldt, BauR 2006, 185, 194.

〔4〕 Kniffka, IBR-Online-Kommentar, §642 Rn. 55.

〔5〕 Staudinger /Peters, §642 Rn. 25; BGH, 07. 07. 1988, VII ZR 179 /87, BauR 1988, 739, 740.

求施工和项目管理以及人员管理上的费用。[1]其次是合同的约定。根据德民第642条第2款,除了迟延的时间之外,约定的报酬也是计算赔偿额的考量依据。如果缺乏对于报酬的约定,那么可以回到德民第632条第2款来确定,有价目表时,应视为已达成合于价目表的报酬的协议。[2]因为德民第642条规范消除致害请求权的特性在于其补偿性,因而不同于损害的赔偿,故偿付的价款中还应当包含营业税。[3]所谓根据约定的报酬来确定赔偿额,有观点认为应根据拟定合同时的子目单价计算,以及考虑到各单价形成的基础,[4]不过无论如何,赔偿数额的确定始终需要围绕原约定的价格进行。[5]正是因为该赔偿请求具有报酬的性质,而约定报酬的计算因子中不可避免地包括风险、利润以及一般经营费用,所以虽然德国高等法院在判决中明确排除计算风险和利润的可能性,但因为该请求权与约定报酬的相关性,所以多数的文献观点认为,在此情况下,风险和利润的因素已然是被计入的。[6]

再次是考虑所节省开支和取得利益。根据德民第642条第2款,计算赔偿额应当考虑到承揽人因定作人迟延而节省的开支或因将其劳动力用于他处而取得的利益。一般认为,计算承揽人节省的开支应当以原始的核算为基础。[7]德民第642条所需要计算的节省的开支是实际减少的支出而并非理论上的计量,是承包人如果履行合同所必须要支出由于受领迟延而无需花费的费用。对于所谓实际节省的费用的计量,如果承包人不能提供其他可供支撑的费用支出的流向,则可以在其原始核算估价的基础上进行。[8]与工程项目相关的费用减少可见于器械损耗的费用,未投入人员的费用,但是要扣减掉机器闲置的费用。[9]减少的费用还可能在于与建筑施工相关而产生的工地的一般管理费的减少,[10]实际节省的支付次承包人的费用以及原本计入核算的施工风险

〔1〕 BGH,19. 12. 2002,VII ZR 440 /01,BauR 2003,531,532.

〔2〕 PWW / Leupertz,§ 643 Rn. 6.

〔3〕 BGH,24. 01. 2008,VII ZR 280 /05,BauR 2008,821.

〔4〕 Boldt,BauR 2006,185,195; Kniffka,IBR-Online-Kommentar,§642 Rn. 56.

〔5〕 Roskosny /Bolz,BauR 2006,1804,1807 ff.

〔6〕 Dring,in:Ingenstau /Korbion,B§6 Abs. 6 Rn.62;Zanner,in:Franke /Kemper /Zanner / Grünhagen,B§ 6 Rn. 138; Kapellmann / Schiffers,Bd. I Rn. 1650.

〔7〕 Vygen / Schubert / Lang,Rn. 323; Boldt,BauR 2006,185,198.

〔8〕 BGH,24. 06. 1999,VII ZR 342 /98,BauR 1999,1292,1293.

〔9〕 OLG Braunschweig,22. 04. 2004,8 U 227 /02,BauR 2004,1621,1623.

〔10〕 PWW / Leupertz,§ 649 Rn. 13.

成本，[1]而一般性的企业管理费用和盈利则不得扣除。[2]

最后是考虑减损义务的履行情况。德民第254条规定，如果对于损害的发生，受害人的过错共同起作用的，则赔偿义务和待赔偿的范围取决于双方对于损害发生的作用力大小。因为适用德民第254条的情形限于致损人的损害赔偿义务，因此对于德民第642条而言，排除直接适用“与有过错”规则的可能。因为德民第642条规范的是定作人因受领迟延而产生的消除致害的补偿责任，而非损害赔偿责任，对于前者而言，无需考察定作人的可归责性。有学者主张在计算德民第642条的赔偿额时准用德民第254条的减损规则，[3]但是如果认为承包人对于定作人迟延与有过错的话，在《德国民法典》的框架内，不可能产生消除致害的请求权。如前所述，如果承包人在为定作人的行为而确定的时点上，没有履行给付的能力，那么定作人不陷于迟延，因而也就不可能产生对于受领迟延的赔偿额的计算。如果承包人基于德民第280条或VOB/B第6条第6款的规定享有损害赔偿请求权，为减少迟延的损失，在满足可行和适当的前提下，承包人可以采取赶工的措施，因此而发生的费用可向定作人求偿。[4]此处即可援用德民第254条的减损规则，因为在定作人承担损害赔偿义务的前提下，承包人亦有义务防止损害的扩散，将其控制在较小的范围内。因为在德民第642条的框架内没有损害分担机制，承包人也没有相应地减少因迟延而引起的损失的义务，所以不得适用德民第254条的减损规则，也就是说，承包人如果在没有定作人委托的前提下采取赶工的措施，其支出的费用不得向定作人求偿。[5]

（二）通知终止权（Kündigung）

德民第643条规定，承揽人在第642条的情况下，有权向定作人指定补充实施行为的适当期间，并表示到期间届满时为止如不实施该行为就通知终止合同。到期间届满时为止，不补充实施该行为的，合同视为被废止。如果协力行为的实施对于发包人而言不可能，那么无需设定补充履行的期间。[6]德民

---

〔1〕 BGH，30. 10. 1997，VII ZR 222 /96，BauR 1998，185，186.

〔2〕 PWW / Leupertz，§649 Rn. 13.

〔3〕 Kapellmann / Schiffers，Rn. 1651.

〔4〕 Kniffka，IBR-Online-Kommentar，§642 Rn. 58.

〔5〕 OLG Jena，11. 10. 2005，8 U 849 /04，NZ Bau 2006，14；Boldt，BauR 2006，185，200；Kniffka，IBR-Online-Kommentar，§642 Rn. 58.

〔6〕 RGZ 94，29.

第642、643条的通知终止权是承揽合同法的特别规则，优先于德民第323、324条的解除权。[1]同时，在合同终止的情况下，承揽人仍得主张根据德民第642条的消除致害请求权和基于义务违反的其他请求权。

通过行使通知终止权，承包人得免除未履行部分的全部给付义务，但终止权仅向将来发生效力，不影响之前产生的合同当事人的给付请求权。承包人就合同终止之前所为的合乎合同约定的给付得请求相应的价款，并且可以根据德民第645条第1款的规定请求发包人偿还不包含在报酬中的垫款。同时，到合同被废止时止，承包人仍得基于德民第642条向发包人主张消除致害的补偿。

如果承包人的履行有瑕疵，就瑕疵造成的工作物的价值减损，承包人可得请求的报酬相应减少。在可以消除瑕疵且不会造成花费过巨的情况下，通常在消除瑕疵所必要支付的费用范围内相应地减少工程报酬，否则可采取直接折贬工作物价值的计算方法。此时没有必要由定作人切实行使其瑕疵请求权。[2]

以上承包人可得行使的已完工程的报酬请求权以及偿还不包含在报酬中的垫款的请求权可以与发包人违反债权人负担的规则相结合。因此，承包人可以要求的报酬数额应当与其提供的劳动价值相当，而不包括可得利润。[3]根据德民第645条第2款的规定，除上称请求权之外，其他因过错而发生的发包人责任不受影响。因此，承包人就其不能继续履行而遭受的损失仍得向发包人主张赔偿。

（三）损害赔偿请求权

一方面，发包人因为怠于履行协力而陷于受领迟延，承包人得请求其消除致害，另一方面，协力义务的违反会发生因义务违反而导致的损害赔偿责任；如果协力义务的违反招致承包人的施工障碍，则后者可要求展延原定的工期。因此，承揽人主张德民第642条的赔偿请求权，并不影响其依据VOB/B第6条第6款所享有的损害赔偿请求权。根据该款，如障碍之发生可归责于一方当事人时，他方对于可证明之损害有求偿权。但仅于一方有故意或过失者，才能

〔1〕 Kapellmann /Messerschmidt / v. Rintelen §9 VOB /B Rd. 5.

〔2〕 BGH, 12.10.2006, VII ZR 307 /04, BauR 2007, 113, 114.

〔3〕 Kniffka /Koeble, Kompendium des Baurechts, 8. Teil Rn. 17; a. A. Staudinger /Peters/ Jacoby, § 643 Rn. 19.

请求所失利益。该损害赔偿请求权不被排除的原因在于，其指向的规则并非为给付障碍法中的给付迟延。[1]行使该项请求权的前提包括：首先要有障碍之情事，不过障碍的强度在所不问，无需导致履行的中断或不能；其次是障碍与所请求的损害之间须有因果关系；再次，与《德国民法典》履行障碍法的要求相一致，本款第1句要求障碍的发生可归责于债务人（德民第276、278条）；最后，承包人主张损害赔偿的前提还在于及时向发包人发出VOB/B第6条第1款第1句意义上的障碍通知或障碍的发生为发包人所明知。但是，如果发包人因为承包人给付迟延而请求损害赔偿或支付违约金，在承包人对于迟延没有过错的情况下，即使怠于发出障碍通知，也可以援引障碍的情事而免责。[2]

四、我国法律框架下的理解与应对

（一）协力义务的发生基础

在我国司法实践中，判断发包人协力义务的有无，主要从以下方面进行考察：

一是法律的规定。依据我国《民法典》第808条和第778条的规定，建设工程合同中，工程施工需要发包人协助的，发包人有协助的义务。另《民法典》第798条还规定，隐蔽工程在隐蔽以前，承包人应当通知发包人检查。发包人没有及时检查的，承包人可以顺延工程日期，并有权要求赔偿停工、窝工等损失。这里明确了发包人有及时检查隐蔽工程的协力义务。

法律规定的协力义务具有一定的弹性，需要结合个案来具体分析。《民法典》第778条规定，承揽工作“需要”定作人协助的，定作人有协助的义务。个案中，是否“需要”协助，应根据具体的情形，就事件产生的责任归属、影响程度与范围、事件的处理权责、处理能力、所需的成本与时间等因素综合判断，以确定发包人是否应为特定的协力行为。

二是合同的约定。在《2007版招标文件》中，列举了发包人的具体协力义务，如提供图纸，提供材料和工程设备，提供施工场地，提供道路通行权和场外设施，提供测量基准点，发出开工通知，协助承包人办理证件和批件，组织设计

---

〔1〕 Vygen, BauR 1983, 210.

〔2〕 BGH, Urt. v. 14. 01. 1999-VII ZR 73 /98=BauR 1999, 645.

交底，组织竣工验收等。[1]

此外，发包人所应提供的协力，不仅包括积极的合作行为，还包括消极的不作为。按照《民法典》第779条的规定，虽然定作人有监督检验承揽人工作的权利，但是不得因监督检查妨碍承揽人的正常工作，意即发包人负有消极不作为的协力义务。

（二）发包人协力行为的常见类型

建设工程合同中，为顺利完成工程建设，发包人方面需要提供承包人开展工作所必须的前提，并在施工过程中做出明确的指示和必要的决断。发包人协力行为的具体范围因工程项目的不同而相异，工程契约或交易惯例中的协力行为通常有以下几种类型。

第一，提供符合承包人进场施工条件的施工场地。发包人提供的场地必须满足合同预设的、对于承包人的施工为必要基础的条件。比如，在安装预制的装配式房屋的项目中，发包人须准备好地基或者做好地下室层面的建设；对于清洁屋顶的工作，合同往往约定由发包人提供脚手架。为满足这些合同约定的协力义务，又涉及发包人与其他承包人之间的合作，包括诸如地基建设的承包人、安装脚手架的承包人以及其他部门等。

第二，及时提供工程图说及文件，并适时对工程文件作出解释。发包人应当及时向承包人提供可用的、准确的施工计划，并且适时作出对于顺利施工所必要的指示和决定。施工资料包括所有的书面文件、图纸、估算和说明，有些情况下还有专家意见、试样以及模型。发包人方面通常会指派建筑师或工程师代为履行协力行为，后者是发包人的履行辅助人（Erfüllungshilfe），其过错可归责于发包人。

第三，确保整个施工现场的一般秩序，并负责协调各个承包商之间的工作。就一项工程，如果涉及发包人委托的数个承包人之间的合作，则应当由发包人制定工期计划，以此来规制和管理不同承包人之间的工作进展和相互交叉。

第四，提供工程所需的执照和许可，并协助承办人办理必要的证件和批件。

第五，无偿提供承包人使用或共用工地上必要的堆置地和施工场地，并

〔1〕 参见《2007版招标文件》第1.6.1条、第2.2条、第2.3条、第2.4条、第2.5条、第2.7条、第5.2条、第6.2条、第7.1条等。

且,如果涉及联通道路、联轨铁道,以及水、电、气的连接等,都应当一并提供给承包人使用,但使用费用应由承包人承担。

第六,组织竣工验收并接收工程。承包人向发包人提出以合于合同的方式完成的工作时,发包人有义务组织验收,并且,承包人的报酬请求权在验收时到期。因此,组织验收对于承建双方关系重大。验收合格,发包人还应当切实地接收工程。

（三）协力义务的法律属性

我国《民法典》将定作人应当提供的协助行为明确称为“协助义务”,该义务究竟是否为一项真正的给付义务？还是债权人的不真正义务？又或者是由诚信原则而引发的附随义务？学界有不同的观点。

前《民法典》时代,有学者结合司法解释之规定,认为《最高人民法院关于审理建设工程施工合同纠纷案件适用法律问题的解释》（法释【2004】14号,已废止）第9条是对原《合同法》第94条关于合同解除权规定适用于建设工程合同的具体化,认为该条列举的几种情况,均是发包人没有履行合同约定的主要债务。并特别指出,虽然其第3项（不履行合同约定的协助义务）是参照《合同法》关于承揽合同中不履行合同约定的协助义务可以解除的特殊规定,但仍视为是发包人不履行合同主要债务的情形。笔者认为,其对于主要债务的理解颇值商榷。一般来说,将主要债务理解为主给付义务应无疑义,违反主给付义务且达到一定程度,根据原《合同法》第94条第3项（《民法典》563条第3项）的规定,应当可以解除合同。但是,建设工程合同中的主要条款或者明确订入合同内容的义务是否是主给付义务呢？主给付义务的确认标准,并非取决于当事人对该义务的重视程度,而在于考察其是否为合同所固有、必备,是否为用以决定合同类型的基本义务。建设工程合同是承包人进行工程建设、发包人支付价款的合同,而发包人依约定提供原材料、工地、图纸等义务,并不符合主给付义务的要求,同时,至关重要的一点是,给付义务应得依诉请求（einklagbar）。[1] 而施工合同中,发包人不履行协助义务,承包人不得诉请其履行,因此,无论发包人协力是否被订入合同条款,均不会发生给付义务的效果。《民法典》第509条承继了原《合同法》第60条的规则,确立了合同全面履行的原则,不仅要求全面履行合同约定的义务,而且也包括根据诚实信用、合同性质与目的以及交易习惯所发生的附随义务,具体可为通知、协助、保密等。

---

〔1〕 王泽鉴:《债法原理（第一册）》,中国政法大学出版社2001年版,第37页。

附随义务的理念来自侵权责任法，目的在于保护契约的完整性，即在于保护债权人给付以外的法益（固有利益）不因债务的履行而受有损害，而不在于给付本身。因违反附随义务，造成债权人固有利益的损害，或影响契约利益及目的达成的，债权人可以请求损害赔偿、终止或解除合同。不同类型的合同，其附随义务也会有所不同。工程合同履行过程中，定作人在未有合同约定的情况下，依照工程惯例或诚信原则，均可能负担协力义务，例如核发开工通知、提供工程用地、迁移管线、进行变更设计及提供工程设计图说等。从形式上看，此协力义务与附随义务非常接近。但有学者提出，所谓附随义务，应负载于基本义务之上，其主体应为债务人而非债权人，故当债权人负有协力义务时，该义务不应当归于附随义务，而应归入不真正义务。[1]笔者认为，该观点十分妥切地指出了协力义务与附随义务的差异，具有很强的说服力。将协力义务归入不真正义务，最有说服力的理由是，该义务的主体为债权人。《德国民法典》的解释认为债权并不伴有义务，除非法律有特别规定，[2]不将受领或协助作为一般性的债权人的义务看待，而是称其为"债权人负担"（Obliegenheit），违反约定的或可推定的负担，债权人陷入迟延。在我国法律框架下，不真正义务属于广义的合同义务范畴，违反不真正义务，应当构成广义上的违约。但是其所承担的责任形态应区别于一般意义上的违约责任，主要在于相对人通常不得请求履行，且其违反并不发生损害赔偿责任，仅使负担者遭受权利减损或丧失的不利益。[3]此外，虽然债务人在因债权人受领迟延而受有损失的场合有请求损害赔偿的权利，但这种损害赔偿不同于义务违反的损害赔偿。对此，有学者指出从义务违反的效果上论，不真正义务的不履行与真正意义的债务不履行有所不同，前者原则上说是一种法定责任而不是债务不履行责任。[4]

不真正义务本质上应与德国法上债权人负担相同，我国学理上对诸如发包人协力义务这样的冠以义务之名的负担，已清晰地观察到其与债务人之债务的显著差异，通过"不真正义务"之表达，揭示其与一般债务的本质不同，并尝试建构不同的效果模式。就此而言，理论层面上已初步完成了协力义务属性的甄别工作，这为解释论的展开提供了有力的支撑。

---

〔1〕韩世远：《合同法总论》，法律出版社2008年版，第386页。

〔2〕参见《德国民法典》第433、640条，认为受领是债权人义务。

〔3〕王泽鉴：《债法原理（第一册）》，中国政法大学出版社2001年版，第37页。

〔4〕韩世远：《合同法总论》，法律出版社2008年版，第387页。

（四）违反协力义务的法律效果

就建设工程合同而言，定作人不履行协助义务致使承揽工作不能完成的，承揽人可以催告定作人在合理期限内履行义务，并可以顺延履行期限；定作人逾期不履行的，承揽人可以解除合同。此一法律效果经《最高人民法院关于审理建设工程施工合同纠纷案件适用法律问题的解释》（法释〔2004〕14号，已废止）第9条第3项进一步解释得到具体化。《民法典》第806条第2款吸收了上述规则，予以立法化。

在怠于履行协力造成承包人损害的情况下，承包人并可请求赔偿因此而造成的停工、窝工的损失。可见，从法律效果层面来考察，对方当事人取得了催告并延期的权利、解除合同的权利、赔偿损失的权利。对此，需要厘清的是，解除权的行使以及损害赔偿请求权的基础分别为何？前文中，笔者批驳了将法释〔2004〕14号第9条第3项（《民法典》第806条第2款）理解为迟延履行主要债务的观点，认为其并非是对《合同法》第94条第3项（《民法典》第563条第3项）的具体化。[1]这样，承包人的解除权就无法从《民法典》第563条第3项获得支持，因为协力义务并非"主要债务"。但是，协力义务的不履行可能导致当事人订立合同的目的无法实现，构成根本违约，这样，可根据《民法典》第563条第4项之规定发生合同解除权。在将协力义务定位于不真正义务的前提下，《民法典》第806条第2款将视为对《民法典》第563条第4项的具体化，即当事人一方有其他违约行为致使不能实现合同目的，解除权发生。解释上，发包人不为必要协力致使承包人无法施工，且催告期限经过而无果，对承包人而言，合同目的即已无法实现，应可提出解除合同。由此可见，不将协力义务定义为给付义务，承包人仍可以在合同目的不能实现的前提下行使解除权，《民法典》第778条、第806条第2款与第563条第4项法定解除权规则在解释论上仍能够保持协调和统一。根据《民法典》第566条、第806条第3款以及第793条的规定，建设工程合同解除后，已经完成的工程质量合格的，发包人应当按照约定支付相应的工程价款，亦即解除不具有溯及力，就所完成的合格工程，承包人得请求约定的报酬；工程质量不合格，但根据《民法典》第793条第2款，如果经修复后质量合格的，承包人仍有权请求支付相应的工程价款，但需要以自己的花费承担修复费用，修复后仍不合格的，则发包人无需支付工

---

〔1〕《合同法》第94条第3项规定，当事人一方迟延履行主要债务，经催告后在合理期限内仍未履行，当事人可以解除合同。《民法典》第563条第1款第3项未作变动。

程价款；如果承包人完成的工程仅有部分质量合格的，如果该部分具有相对独立的使用价值，承包人同样可以就该部分工程主张相应的工程价款。[1]

此外，合同因一方违约而解除后，违约方应当赔偿因此而给对方造成的损失，也就是说，承包人解除合同后，仍得向发包人主张其因合同解除所受的损害。如果定作人迟延履行协力行为，导致承包人损失，则承包人可以顺延工程日期，并有权要求赔偿停工、窝工的损失。理解上，可将之认为是定作人受领迟延的法律效果。我国民法关于债权人迟延及其法律效果没有作统一的规定，仅针对合同的消灭以及个别合同类型有一些规定。[2] 内容上，或在于减免债务人的责任，或免其债务。承包人迟延完成工程，应负担迟延履行的责任，但如果其迟延是发包人不为协力所造成，则免其工期迟延的责任，此为不真正义务中债权人权利的减损或利益的丧失；同时，受领迟延的一般理论认为，债务人还得请求债权人偿还其为保管和保持所提出的给付而支出的额外费用。[3] 且承揽合同法特别规定，承包人并有权要求赔偿其停工、窝工的损失。此时，发包人赔偿承包人停工、窝工的损失应当是因违反不真正义务而承担的法定责任形态，不同于《民法典》第577条违约责任中的赔偿损失责任。[4]

我国台湾地区"最高法院"认为，"按工作需定作人之协力行为始能完成者，定作人之协力行为并非其义务，纵不为协力，亦不构成债务不履行。被上诉人为系争工程之定作人，其未交付工地予上诉人施工，仅属不为协力行为，尚难认被上诉人应负债务不履行之损害赔偿责任"。[5] 此为对协力行为作不真正义务说的解释。我国台湾地区"民法"第507条规定："工作需定作人之行为始能完成者，而定作人不为其行为时，承揽人得定相当期限，催告定作人为之。定作人不于前项期限内为其行为者，承揽人得解除契约，并得请求赔偿

---

〔1〕 参见最高人民法院（2019）最高法民申4592民事裁定书。

〔2〕 比如债权人迟延，债务人可以将标的物提存，以终止合同的权利义务（《民法典》第557条第3项、第570条第1项）；因买受人的原因致使标的物不能按照约定的期限交付的，买受人应当自违反约定之日起承担标的物毁损、灭失的风险（《民法典》第605条）等。

〔3〕 参见《德国民法典》第304条：在债权人迟延的情况下，债务人可以请求偿还其为无效果的提出以及为保管和保持所负担的标的而需支出的额外费用；我国台湾地区"民法"第240条：债务人得请求债权人赔偿其提出给付及保管给付物之必要费用。

〔4〕 韩世远认为，如果法律另有特别规定（如《合同法》第259条）或当事人有特别约定，以债权人迟延负债务不履行的后果（如损害赔偿、合同解除等），那么债权人应在此场合下负担债务不履行责任（韩世远：《合同法总论》，法律出版社2008年版，第387页），本文对此持异议。

〔5〕 参见我国台湾地区"最高法院"2000年度台上字第903号判决。

因契约解除而生之损害。”对该条的理解是，仅在承揽人解除契约的情况下，始得请求赔偿因契约解除而生的损害赔偿。换言之，除此，债权人并不负有一般的债务不履行的损害赔偿责任。该条产生的困扰在于，如果承揽人不欲“解除契约”，是否可以请求损害赔偿或展延工期？台湾学者与实务见解均认为承揽人可以不解除契约，而仅主张损害赔偿及展延工期。此处的损害赔偿并非源自债务不履行的损害赔偿责任，实务中往往援引我国台湾地区“民法”第240条“债权人迟延者，债务人得请求其赔偿提出及保管给付物必要费用”的规定，请求相关工程管理费用及与工期有关的费用。[1]对于此种因发包人行为（不为协力）造成的迟延，在国际工程惯例中往往被称之为可补偿的迟延（compensable delay），[2]意指承包人对于迟延的发生不具有责任，而发包人必须对于工程的迟延及承包人因此所遭受的损失负补偿责任。此外，因为不可归责于承包人的原因（发包人责任）致使工程进度落后或迟延，承包人不负迟延责任，有权展延工期。但公共工程的迟延完工，往往不利于公益或政策目的，此时发包人多会希望承包人能够增加人力、器具或工时，以使工程能够加速进行。此时，就赶工方案，双方需另订合同予以明确，并就赶工所额外增加的成本负担作进一步安排。[3]

以上，由于工程的特性，往往需要发包人协助始能完成工作。如果定作人怠为协力，则会影响工程顺利施工，而导致承揽人给付迟延及遭受损害。此债务不履行，系属不可归责于承揽人，而应归责于发包人，由发包人负责。此时承包人除了可以请求展延工期外，由于工期展延往往涉及时间因素而会增加承包人的履约成本，承包人通常得请求发包人赔偿。台湾的求偿实务中往往包括因发包人迟延签发开工通知而请求闲置或待命的费用，因工程停工而请求停工损失或待命费用，因发包人原因导致进场迟延而请求额外成本或契约金额的调整，以及因工期展延而请求与时间关联的成本或请求调整契约金额等类型。[4]解释论上，以上各项均只涉及我国台湾地区“民法”第240条因受

---

〔1〕 王伯俭：《工程纠纷与索赔实务》，元照出版有限公司2003年版，第164页。

〔2〕 Stein Steven G. M.. Construction Law, V26-20-6-52（1993）.

〔3〕 谢哲胜、李金松：《工程契约理论与求偿实务》，台湾“财产法暨经济法”研究协会2005年版，第169页。

〔4〕 李家庆：《论工期展延的索赔——兼论弃权条款的效力》，台湾营建研究院：《工程争议处理》2003年版，第46页；转引自谢哲胜、李金松：《工程契约理论与求偿实务》，台湾“财产法暨经济法”研究协会2005年版，第166页。

领迟延所增加的必要费用，而非为给付迟延的损害赔偿，因此，就其所涉及的其他损害，如利润、工程保留款、履约保证金迟延支付之利息，则无法获得赔偿。

五、制度比较的启示

我国民法强调合同义务的全面履行，合同确定履行期限的，义务人应当在该期限内履行，否则即陷入迟延。但是，对于以债权人的协助为必要的债务，如果债权人怠于协助，债务履行期限的经过并不使债务人陷入迟延，亦即债权人迟延的直接后果之一在于债务人责任的免除。建设工程合同中，承包人应当在约定的工期内完成工程建设，但是，如果因为发包人怠于履行必要协力而使承包人无法履行，则承包人无需承担工期责任，可以顺延工程日期；也就是说，工期损失由发包人承担。另外，因发包人迟延导致承包人受有损失的，承包人可以要求发包人赔偿停工、窝工的损失。在损失范围的确定上，如果以违反不真正义务为前提，则应当是承包人因发包人迟延而增加的费用，通常为人力待命与材料器具的闲置费用，工地、设施的管理和维护费用等为了维持劳力及工地处于在可供施工状态所支出的费用。除此之外，在合于目的的延伸解释上，如果因为发包人迟延而导致额外成本的增加或合同金额的调整时，可以之为应归责于发包人的情事而令其承担损害赔偿责任，此为救济进路的解决方式，而不论其为何种义务的违反。

对此，我们可以明显看到，虽然都采用不真正义务违反、债权人受领迟延一说，但我国在对该制度的把握上与德国民法显著不同。如前文所论述，《德国民法典》明确区分给付义务与债权人受领迟延，分别设置不同的规则，前者以义务违反可归责于债务人为责任成立的前提，而后者不以债权人可归责为要件，只要有债权人迟延的事实，即发生责任。此外，针对承揽合同，《德国民法典》在第642条中又设立特别规则，以消除致害（Entschädigung）代替义务违反中的损害赔偿（Schadensersatz）。在消除致害赔偿额的确定上，德国民法明确提出了“根据迟延的持续时间和约定的报酬额定之”的标准，而避免回到一般债权人受领迟延情况下对额外费用偿还范围的解释上。并且，由于将赔偿额与约定的报酬联系起来，意味着考虑到承揽人的利润与所承担的风险的计算，比之于我国法解释上仅立足于侵权而就实际发生的损害（停工、窝工的损失）进行赔偿，对承揽人的保护更加周到。特别是在《德国民法典》的体系内，债权人迟延不以有责为前提，且其产生的责任后果不仅有对自身的不利益，还包括对承揽人无效果的提出以及为保管和保持所负担的标的而需支出的额外费用的赔偿（《德国民法典》第304条），并且赔偿范围还可扩展至承揽报酬，笔者因此认为，德国的立法者在承揽合同中加重了对债权人（定作人）怠于履行协力行为的责任负担，以此督促定作人妥当履行协助义务。另一方面，从利益平衡的角度出发，《德国民法典》第642条第2款第2句又提出，赔偿额应扣除承揽人因迟延而节省的开支或因将其劳动力用于他处而可取得的利益，解释适用上，要求计算所有在客观上可能的劳动力转移的情况下所产生的利益。

基于以上的比较分析，笔者认为，在我国民法框架内，不真正义务、附随义务与给付义务一样，都属于广义的合同义务范畴，其违反均会发生《民法典》第577条的违约责任；也就是说，责任发生的入口是一致的。但是，不同的义务性质，其责任承担的方式也会不同。以德国民法的解释为参照，应当将定作人协力作为不真正义务看待。定作人（发包人）怠于履行必要协力，造成工期迟延，应自行承担工期损失，承包人免责；除此之外，某些协助义务的不履行，尚会影响承包人的利益，例如造成承包人停工、窝工，则此时需要赔偿承包人相应的损失。在我国法律没有明确债权人迟延责任的前提下，确定损失的范围是亟待解决的问题。笔者认为，《德国民法典》第642条确立的规则应能提供参考。此处停工、窝工的损失应当不仅包括材料器具损耗、人工闲置和工地管理等费用，还要计入由工期延误产生的诸如重整工地、成本增加、赶工等造成的其他损失，并考虑到承包人的利润和风险（参照工程价款的形成标准）。以此为标准不仅能够更加周详地保护承包人，避免发包人的恣意，有利于双方的协作、促进工程施工，亦更能体现对合同约定的尊重。

第五章

工期迟延

一、问题的提出

建设工期是建设工程施工合同的必备条款，工期管理也是工程管理的重要内容，与工程造价和工程质量密切相关，工期过长会导致工程造价提高，工期过短会影响工程质量，因此在施工合同中对工期作出合理约定至关重要。由于建设工程施工的长期性和复杂性，实践中承包人会遇到各种干扰事项致使工程无法按照合同约定的日期竣工，工期迟延现象普遍。工期迟延会影响发包人对工程的使用和预期利益的获得，在房地产开发场合，还会导致发包人向购房者承担逾期交房的违约责任，造成一系列后续损害；工期迟延也会使承包人承担高额逾期违约金，产生额外的人工费、机械设备费等损失，因此工期迟延对于发、承包双方的利益都会产生重要影响。工期迟延的索赔争议是施工合同最常见的争议之一，承包方向发包方主张工程价款时，发包方往往以工期迟延提起反诉，主张工程逾期违约金或者迟延损害赔偿，甚至会出现反诉数额高于承包人主张的工程款数额的现象。工期迟延是建设工程施工合同履行障碍的重要表现形式，实践中工期的认定、工期迟延的认定、工期展延及逾期的事由、工期迟延责任的承担等问题均存在较多争议。

在中冶置业集团有限公司（简称“中冶公司”）和北京城区供电开发有限

公司（简称“供电公司”）建设工程施工合同纠纷一案中，[1]发包人中冶公司将电缆外电源工程承包给供电公司，合同约定开工日期为具备开工条件，竣工日期为具备竣工条件，均未写明具体日期，合同工期总日历天数为180天。合同签订后，该工程因实施其他施工方案发生设计变更，设计单位于2012年11月28日向中冶公司出具工程设计图纸审核结果通知。另外，中冶公司在开工前未依约办理施工许可证。工程竣工验收合格时间为2015年1月15日，在此之前，中冶公司从第三人处接入临时用电，支付了高额使用费。双方关于工期是否迟延、损失范围的确定以及是否超过诉讼时效产生争议。中冶公司根据2011年12月1日施工进度说明中所载的“现已实施其他施工方案”，主张供电公司已于当日进场施工，工程的开工日期应为2011年12月1日，而竣工验收合格时间为2015年1月15日，供电公司存在工期延误的情形，应当赔偿工期迟延的损失。而供电公司主张其只能在图纸审核通过后开始施工，开工日期为2012年12月初，并且，由于中冶公司未办理施工许可证，合同约定的180天工期不适用于设计变更后的工程，应当展延工期，但未提供证据证明设计变更对工期的影响。供电公司同时主张中冶公司明知要向第三人支付高额使用费，但未在签订合同时明确告知，致使其无法预知，且中冶公司于2018年才向法院提出诉讼，逾期损失赔偿请求权已超过诉讼时效。该案中，双方当事人对于开工日期、竣工日期、工期迟延的事由、逾期损失范围的确定以及迟延违约责任的诉讼时效等问题均存在争议，下文将就以上几点分别展开。

二、工期的计算

（一）工期的认定

《建设工程施工合同示范文本》（GF-1999-0201）（下称《1999版示范文本》）第1.14条将工期界定为发包人和承包人在协议书中约定的按总日历天数计算的承包天数；《2007版招标文件》第1.1.4.3条对工期的定义为承包人在投标函中承诺的完成合同工程所需的期限，包括按照合同约定所作的期限变更；与此相同，《建设工程施工合同示范文本》（GF-2013-0201）（下称《2013版示范文本》）和《建设工程施工合同示范文本》（GF-2017-0201）（下称《2017版示范文本》）在定义工期时都考虑了工期的变更，将工期定义为一个动态变化的期限。工期的计算方式可分为日历天计算法和工作日计算法，

[1] 参见北京市第二中级人民法院（2019）京02民终4807号民事判决书。

前者是指自开工之日起，按日历天数连续计算的方式计算工期，不扣除法定节假日等停工天数；后者是计算能够实际施工的天数，从日历天数中扣除节假日未施工的天数及不可归责于承包人的原因而停工的天数，由于日历天数具有确定性，实践中常采用日历天计算工期。

发包人和承包人在施工合同中会明确约定建设工期，编制施工组织计划，安排施工进度。为了保证工程质量，建设行政主管部门往往会制定相应的定额工期标准，用来指导相同或类似的建设工程工期条款的约定，防止发包人和承包人为了追求利润而任意压缩工期。例如《全国市政工程施工工期定额管理规定》中规定“市政工程、公用管道工程、市政公用厂、站工程均应以工期定额为依据，确定施工工期”；住房和城乡建设部（简称“住建部”）制定的《建筑安装工程工期定额》也是确定建筑安装工程施工合同工期的依据。但是由于不同承包人的施工技术、施工经验和管理水平不同，实践中允许施工合同的当事人通过制定保证工程质量和安全的施工方案、支付压缩工期增加费、特定情况组织专家论证来压缩定额工期。[1]但是一些建筑领域的规范性文件会对施工合同压缩定额工期的比例进行限制，如《北京市住房和城乡建设委员会关于进一步规范北京市房屋建筑和市政基础设施工程施工发包承包活动的通知》第5条中规定压缩的工期天数不得超过定额工期的30%，否则视为《建设工程质量管理条例》第10条第1款规定的任意压缩合理工期。[2]对于施工合同约定的工期条款，如果工期压缩超过上述规范性文件中规定的压缩比例，工期条款的约定是否有效存在争议。有观点认为任意压缩合理工期违反《建设工程质量管理条例》的规定，是违反行政法规强制性规定的行为，属于无效的民事法律行为，因此认定工期约定无效有充分的法律依据。[3]合理工期是保证工程质量的必要条件，是国家对建筑行为合法性认可的底线，任意压缩合理工期的约定威胁工程质量，损害社会公共利益，涉及工程质量的条款均应被视为效力性规定，因而任意压缩合理工期的工期约定无效。[4]《第八次全

〔1〕 参见《河北省住房和城乡建设厅关于加强建设工程工期管理有关工作的通知》第2条，《北京市住房和城乡建设委员会关于进一步加强房地产开发企业工程建设质量安全管理工作的通知》第9条。

〔2〕《建设工程质量管理条例》第10条第1款规定：“建设工程发包单位不得迫使承包方以低于成本的价格竞标，不得任意压缩合理工期。”

〔3〕 李雪森：《建设工程工期延误法律实务与判例评析》，中国建筑工业出版社2013年版，第35-36页。

〔4〕 罗永东：《浅议施工合同约定工期低于标准工期无效》，《科技创业月刊》2016年第17期。

国法院民商事审判工作会议（民事部分）纪要》（法〔2016〕399号）第30条规定，当事人违反工程建设强制性标准，任意压缩合理工期、降低工程质量标准的约定，应认定无效。[1]司法实践中有判决遵循了该认定标准。[2]该观点将《建设工程质量管理条例》第10条第1款认定为建设工程强制性标准、效力性规定，从而依据《民法典》第153条第1款，认定任意压缩合理工期的工期约定无效。实践中也有法官认为违反《建设工程质量管理条例》第10条第1款的法律后果只是对建设单位给予罚款，[3]因而该条只是管理性规定而非效力性强制性规定，不能作为认定合同条款是否有效的依据。[4]而且定额工期也只是倡导性规定，不能排除当事人通过改善管理水平、提升工艺、使用新设备等缩减工期的行为。最高人民法院的相关意见明确是“任意压缩合理工期、降低工程质量标准”，合理工期的规定在于确保工程质量，因此不宜直接认定超过一定比例压缩定额工期的合同条款无效。[5]《民法典》第153条第1款规定，法律行为违反法律、行政法规的强制性规定时无效，但该强制性规定不导致法律行为无效的除外。需要判断相关强制性规定的规范目的和规范重心，如果其规范目的在于规制当事人的行为，维护社会秩序和公共利益，则法律行为是否无效，取决于该法律行为有效是否不利于规范目的的实现。[6]《建设工程质量管理条例》中“不得任意压缩合理工期”的规范目的在于保证工程质量和安全。定额工期通常依据施工规范、典型工程设计、施工企业的平均水平等多方面因素制订，虽具有合理性，但在实际技术专长、管理水平和施工经验存在差异的情况下，并不能准确反映不同施工企业在不同工程项目的合理工期。[7]因此超过一定比例压缩定额工期的约定并不必然有损于保证工程质量的目的，不宜直接认定相关条款无效。

---

〔1〕《第八次全国法院民商事审判工作会议（民事部分）纪要（法〔2016〕399号）》第30条：“要依法维护通过招投标所签订的中标合同的法律效力。当事人违反工程建设强制性标准，任意压缩合理工期、降低工程质量标准的约定，应认定无效。对于约定无效后的工程价款结算，应依据建设工程施工合同司法解释的相关规定处理。”

〔2〕参见浙江省嘉兴市中级人民法院（2018）浙04民初220号民事判决书。

〔3〕参见《建设工程质量管理条例》第56条第（二）项：违反本条例规定，建设单位有下列行为之一的，责令改正，处20万元以上50万元以下的罚款：……（二）任意压缩合理工期的。

〔4〕参见浙江省嘉兴市中级人民法院（2013）浙嘉民终字第459号民事判决书。

〔5〕参见江苏省溧阳市人民法院（2018）苏0481民初2371号民事判决书。

〔6〕杨代雄：《〈民法典〉第153条第1款评注》，《法治研究》2020年第5期。

〔7〕参见最高人民法院（2018）最高法民再163号民事判决书。

施工合同中,当事人可以直接约定工程日期总天数,或者分别约定开工日期和竣工日期,两者之间的日历天数即为约定工期。但是实际工期和约定工期往往不一致,一方面会出现提前竣工的现象,使实际工期短于约定工期;另一方面,也会出现发包人未按照合同约定提供施工现场、施工条件、基础资料、许可、批准等开工条件,致使发包人提供开工条件的时间晚于约定的开工日期,或者由于承包人自身的原因或外部原因发生开工迟延。在开工后,工程也会由于各种情形的发生导致停建、缓建,致使工期迟延。此时,实际工期超过约定工期。

（二）开工日期的认定

根据《1999版示范文本》第1.15条,建设工程施工合同的当事人可以对承包人开始施工的日期作出绝对或相对的约定,绝对开工日期是当事人约定开工的具体日期;相对开工日期通常体现为合同约定以发包人发出的开工通知上载明的日期为准,或者约定以承包人提交的开工报告上载明的时间为准,以及约定以施工许可证上载明日期为准等等。如果在约定开工日期之前,开工条件已经具备,则以约定开工日期为开工日期,因承包人自身的原因致使其无法施工的不影响开工日期的确定。

《2017版示范文本》第1.1.4.1条规定的开工日期包括约定开工日期和实际开工日期,其中的实际开工日期即为符合法律规定的开工通知中载明的开工日期。发包人发出的开工通知上载明的开工日期届至,因不可归责于承包人的原因致使开工条件尚不完备,例如发包人未按照约定的时间和要求提供原材料、设备、场地、资金、技术资料的,致使承包人无法进场施工,此时若仍以开工通知上载明的开工时间确定开工日期,而实际上承包人尚无法进场施工时,等同于剥夺了承包人的期限利益,对承包人不公。此时应当以开工条件完备,也即以实际开工的时间作为开工日期。

除了因合同约定的开工日期、发包人发出的开工通知中载明的开工日期以及开工条件完备的时间不一致引发争议之外,实践中还有实际施工日期与施工许可证取得的时间或者施工许可证上载明的日期不一致的情况。依据《建筑法》第7条的规定,申领施工许可证是发包人的责任,除国务院建设行政主管部门确定的一定限额以下的小型工程之外,发包人都应当在工程开工前向相关建设行政主管部门申领施工许可证。也即施工许可证发放在前,开工在后,施工许可证是建设行政主管部门颁发给发包人的合法施工的凭证。但是实践中往往出现承包人先施工,发包人后申领施工许可证的现象,发生工期争议时，发包人主张以实际施工日期作为开工日期，而承包人则主张以取得施工许可证的时间或施工许可证载明的日期作为开工日期或者直接主张施工合同因欠缺施工许可证无效，不存在工期迟延的问题。对此应当注意，开工日期的确定要综合工程的客观实际情况，以最接近实际进场施工的日期作为开工日期，在取得施工许可证前承包人已经进场施工，却主张以发包人取得施工许可证的时间作为开工日期与客观事实不符，应当以承包人实际进场施工为开工日期。[1]施工许可证载明的日期并不具备绝对排他的、无可争辩的效力，施工许可证只是表明了建设工程符合相应的开工条件，施工许可证并不是确定开工日期的唯一凭证。[2]实际开工日期与施工许可证并没有必然联系，尽管前期未取得施工许可证进行施工属违法施工，但是这属于建设行政主管部门的行政管理范畴，不影响当事人以实际施工日期作为开工日期。[3]另外，要求施工前发放施工许可证只是建设行政主管部门对建设工程加强监管的一种行政手段，如果建设单位或者施工单位违反该管理规定，给予相应的行政处罚即可，施工许可证不是建设工程施工合同的有效要件，是否取得施工许可证不影响合同的效力。[4]因此施工许可证记载的开工日期与实际开工日期不一致的，应当以实际开工日期为准。

在既无开工通知，也无其他证据能证明实际开工日期时，北京和安徽两地的高院指导意见均规定以施工合同约定的开工时间确定开工日期。[5]《最高人民法院关于审理建设工程施工合同纠纷案件适用法律问题的解释(一)》

---

〔1〕 参见最高人民法院(2018)最高法民再442号民事判决书。

〔2〕 参见最高人民法院(2014)民一终字第69号民事判决书。

〔3〕 吴佳洁、徐伟、黄喆:《工程开工与竣工日期争议及其确定》,《建筑经济》2010年第10期。

〔4〕 参见广东省茂名市中级人民法院(2019)粤09民终1204号民事判决书;浙江省高级人民法院(2020)浙民终785号民事判决书。

〔5〕 参见《安徽省高级人民法院关于审理建设工程施工合同纠纷案件适用法律问题的指导意见(二)》第3条和《北京市高级人民法院关于审理建设工程施工合同纠纷案件若干疑难问题的解答》第25条。

（法释〔2020〕25号）第8条对开工日期的确定做出了具体详尽的规定，[1]对该问题的处理更具有弹性，当发包人或者监理人未发出开工通知，亦无相关证据证明实际开工日期的，法院应当综合考虑开工报告、合同、施工许可证、竣工验收报告或者竣工验收备案表等载明的时间，并结合是否具备开工条件的事实，认定开工日期。

（三）竣工日期的认定

发、承包双方会在施工合同中约定绝对或相对的竣工日期，但是由于施工过程本身的复杂性，实际竣工日期往往与约定竣工日期不一致，合同也可能对竣工日期的约定并不明确，因此实践中实际竣工日期的认定也会引发争议。实际竣工日期涉及竣工结算及逾期履行违约金数额的计算等，而工程完工之日到竣工验收合格之日具有一定的时间差，将其中哪一时间节点认定为实际竣工日期对当事人利益影响很大。《1999版示范文本》第32.4条规定，工程竣工验收通过，承包人送交竣工验收报告的日期为实际竣工日期；工程需要修改的，实际竣工日期为承包人修改后提请发包人验收的日期。《2007版招标文件》第1.1.4.4规定实际竣工日期为工程接收证书上写明的日期，第18.3.5条进一步规定经验收合格的实际竣工日期，以提交竣工验收申请报告的日期为准，并在工程接收证书中写明。《2013版示范文本》和《2017版示范文本》在竣工验收合格的情况下，和前述文本规定一致，以承包人提交竣工验收申请报告日期为实际竣工日期。发包人在收到竣工验收申请报告42天内未完成竣工验收或者完成竣工验收不予签发工程接收证书的，径直认定承包人提交竣工验收申请报告的日期为实际竣工日期。另外规定工程未经竣工验收，发包人擅自使用的，以转移占有工程之日为实际竣工日期。可见上述文本对经竣工验收合格情形下实际竣工日期的确定较为一致，均明确规定承包人提交竣工验收申请报告的日期为实际竣工日期。而法释〔2020〕25号第9条第1款规定建设工程经竣工验收合格的，以竣工验收合格之日为竣工日期，与上述各标

〔1〕法释〔2020〕25号第8条：当事人对建设工程开工日期有争议的，人民法院应当分别按照以下情形予以认定：（一）开工日期为发包人或者监理人发出的开工通 知载明的开工日期；开工通知发出后，尚不具备开工条件的，以开工条件具备的时间为开工日期；因承包人原因导致开工时间推迟的，以开工通知载明的时间为开工日期。（二）承包人经发包人同意已经实际进场施工的，以实际进场施工时间为开工日期。（三）发包人或者监理人未发出开工通知，亦无相关证据证明实际开工日期的，应当综合考虑开工报告、合同、施工许可证、竣工验收报告或者竣工验收备案表等载明的时间，并结合是否具备开工条件的事实，认定开工日期。

准文本的约定之间存在差异。笔者认为,尽管根据施工合同,承包人有义务完成质量合格的工程,发包人有权主张工程通过验收才是工程真正完成的象征,但是需要明确,竣工验收解决的是发、承包双方给付交换的时点问题,而工程竣工则在于界定承包人是否在约定的时间内完成工程建设,验收过程所花费的时间不得计入工程日期的计算中。否则将对承包人过于不利,因为从承包人提交竣工验收报告到发包人组织验收、确认验收合格之间有较长的时间跨度,在确认验收合格之前,承包人已经按照合同约定完成施工任务并将工程成果提交发包人检验,如果实际工期仍在继续计算,直至经发包人验收合格,则相当于压缩了承包人真正的施工期限,有失公允。因此,为避免争端和法律风险,当事人可以在施工合同中明确约定:竣工验收合格的,以提交竣工验收申请之日为实际竣工日期。该约定对合同当事人具有法律拘束力,也可以排除法释〔2020〕25号第9条第1款的适用。

收到承包人提交的竣工验收报告后,发包人应当及时组织相关单位参加竣工验收,检验建设工程是否符合设计要求和合同约定。如果发包人无正当理由迟迟不组织验收,甚至出于拖欠工程款等目的故意拖延验收,《2017版示范文本》第13.2.3条以及法释〔2020〕25号第9条第2款均指出以承包人提交竣工验收申请的日期作为实际竣工日期。其基础理论在于,发包人为了自己的利益恶意阻止条件成就,视为条件已成就,以此强化发包人的及时验收意识。〔1〕关于发包人拖延验收如何认定,如果合同中约定发包人在一定期限内未组织验收或未完成验收,视为对竣工验收报告的认可,则以合同约定为准。应当注意此条适用于发包人无正当理由拖延验收,如果存在不可抗力或者建设工程存在质量问题,或承包人提交的验收报告不符合要求,不符合竣工验收条件的,发包人有权拒绝通过竣工验收,不属于拖延验收。〔2〕对于工程质量有瑕疵而发包人反复要求承包人整改的情形,如果工程质量瑕疵不影响工程使用,可认为工程已经实质性完工,发包人应当接收工程,否则可认定为拖延验收。〔3〕

依据《建筑法》和《建设工程质量管理条例》的规定,建设工程经验收合格

〔1〕 黄松有主编:《最高人民法院建设工程施工合同司法解释的理解和适用》,人民法院出版社2004年版,第99页。

〔2〕 李玉生主编:《建设工程施工合同案件审理指南》,人民法院出版社2018年版,第174页。

〔3〕 吴佳洁、徐伟、黄喆:《工程开工与竣工日期争议及其确定》,《建筑经济》2010年第10期。

后方可交付使用，但实践中发包人可能为了提前获取投资收益，没有经过验收就擅自使用建设工程，则由其承受法律规定的不利后果。此时认为承包人已经完成其合同义务，发包人应当支付相应的工程价款，并且，建设工程的风险也转由发包人承担，根据法释〔2020〕25号第9条第3款，实际竣工日期应当认定为建设工程的占有转移之日。

通过认定实际开工日期和实际竣工日期，可以确定实际工期，并与合同中约定的计划工期进行比较，如果实际工期超出计划工期，则构成工期迟延，根据工期迟延发生的不同原因，由发包人和承包人分别承担工期迟延的责任。

三、工期迟延的发生

（一）可归责于发包人的工期迟延

实践中引发工期迟延的事由较为复杂多元，根据归责事由的不同，工期迟延可以分为可归责于发包人的工期迟延、可归责于承包人的工期迟延、不可归责于双方的工期迟延以及共同迟延。工期迟延的发生除要求存在前述可归责事由之外，还要求上述事由影响到施工进度，如果承包人通过垫资或者赶工措施在约定的工期范围内竣工，并不存在工期迟延。另外即使上述事由发生并影响到施工进度，但由于该事由发生在施工网络图上的非关键线路，并未影响到整个工程的工期，此时不发生工期迟延。[1]

可归责于发包人的工期迟延是指出于发包人或其指派的代理人的原因所导致的迟延，《1999版FIDIC红皮书》和《2007版招标文件》以及《2017版示范文本》都对发包人原因导致的工期迟延作了规定。主要包括：发包人或监理人未能按照合同约定发出或发出错误的图纸或指令；发包人未能及时办理许可、批准和备案；发包人未能及时提供材料、设备、施工现场、施工条件、基础资料或者提供的上述物资不符合合同约定；发包人提供的测量基准点、基准线和水准点及其书面资料存在错误或疏漏；发包人未能按合同约定日期支付工程预付款、进度款或竣工结算款；发包人工程变更引起工程量增加；发包人原因造成工程质量未达到合同约定的标准或者不合格，需要承包人返工、修复；发包人的检验和检查影响施工正常进行，且经检验合格；发包人未按时进行隐蔽工程的检验或试车；发包人重新检查隐蔽工程或试验和检验材料、工程设备，质量符合合同要求；发包人直接分包或指定分包的先施工企业施工

〔1〕参见山东省青岛市中级人民法院（2017）鲁02民终4145号民事判决书。

进度迟延影响承包人施工等。此外，当事人还可以在施工合同专用条款中约定其他可归责于发包人的工期迟延的事由和效果。

1. 发包人迟延支付工程预付款、进度款

建设工程往往涉及大量的资金投入，为保障承包人能够及时购买原材料、租赁设施并聘请施工人员，当事人通常约定发包人在工程进行过程中应向承包人支付工程预付款和工程进度款。工程预付款应当在开工日期前的合理期限内支付，用于材料、工程设备、施工设备的采购及修建临时工程、组织施工队伍进场等。[1]工程进度款包括按月付款和按工程进度拨付两种方式，在承包人提供相应文件和施工证明材料的基础上，发包人应当按照约定按期及时支付。发包人迟延支付工程预付款和进度款，收到承包人发出的关于支付资金的通知后仍不支付，会对承包人施工产生不良影响，导致工程停建、缓建，发生工期迟延。

在重庆市泰诚建设工程有限公司（简称“泰诚公司”）和贵州鸿远房地产开发有限公司务川分公司（简称“鸿远务川分公司”）建设工程施工合同纠纷一案中，[2]发包人鸿远务川分公司与承包人泰诚公司签订建设工程施工合同及相关补充协议。后发生争议，泰诚公司主张鸿远务川公司多次欠付工程进度款，致使承包方无力购买施工材料，发生工程停工，因此请求鸿远务川公司支付工程进度款及逾期付款违约金，赔偿工期延误及窝工损失。鸿远务川公司主张泰诚公司无故停工导致工期延误，反诉请求泰诚公司支付工期延误违约金和停工违约金。法院最终认定工期延误的主要原因在于鸿远务川公司一直未按合同约定支付工程进度款，因此泰诚公司不应承担工期延误的责任。相反，鸿远务川公司应当向泰诚公司赔偿停工损失。

2. 发包人未依约提供材料、设备、施工场地、施工条件、技术资料

建设工程施工合同在履行过程中，不仅需要承包人按照合同约定及时进行工程建设，还需要发包人对承包人的建设活动进行协助，此时发包人的协助是承包人开展施工任务的先决条件，如果发包人不提供条件或配合，会导致工程的停建、缓建，从而发生工期迟延。《民法典》第803条对发包人的协助义务进行了明确规定。发包人协助义务主要表现为按照合同约定的时间和要求提供施工场地及施工条件，及时提供工程图纸及技术资料，提供原材料和设备，

---

〔1〕《建设工程施工合同（示范文本）》（GF-2017-0201）第12.2.1条。

〔2〕 参见最高人民法院（2020）最高法民终457号民事判决书。

确保施工现场的一般秩序并负责协调各个承包人之间的工作，提供工程所需的执照和许可并协助承包人办理必要的证件和批件等。

施工合同约定由发包人提供原材料和设备的，发包人应当按照约定的时间和地点，根据约定的种类、规格、数量、单价和质量等级向承包人提供原材料和设备，并附上相应的产品出厂证书和合格证明。[1]材料和设备进场太迟会直接导致承包人无法施工，材料和设备不符合合同要求也会导致返工或需要重新采购进而发生工期迟延。

发包人应当根据合同约定及时向承包人移交施工场地并提供施工条件。承包人需要进入场地施工，并且需要一定的场地堆放建筑材料和施工设备。发包人提供场地，是指在施工前应当负责办理正式工程和临时设施界区内的土地征收、民房拆迁、施工用地和施工现场障碍物的拆除工作。[2]发包人提供施工条件包括：第一，将施工用水、电力、通讯线路等施工所必需的条件接至施工现场内；第二，保证向承包人提供正常施工所需要的进入施工现场的交通条件；第三，协调处理施工现场周围地下管线和邻近建筑物、构筑物、古树名木的保护工作，并承担相关费用；以及按照合同条款约定提供其他设施和条件。[3]

技术资料是建设工程顺利进行的技术保障，主要包括勘察数据、设计文件、施工图纸以及说明书等。承包人必须按照国家规定的质量标准、技术规程和设计图纸、施工图纸等技术资料进行施工，如果发包人未能按照约定提供技术资料，承包人就不能正常进行工作。移交施工现场前，发包人应当向承包人提供施工现场及工程施工所必需的毗邻区域内供水、排水、供电、供气、供热、通信、广播电视等地下管线资料，气象和水文观测资料，地质勘察资料，相邻建筑物、构筑物和地下工程等有关基础资料，并对所提供资料的真实性、准确性和完整性负责。按照法律规定确需在开工后方能提供的基础资料，发包人应尽其努力及时地在相应工程施工前的合理期限内提供，合理期限应以不影响承包人的正常施工为限。[4]

在云南荣华建筑经营有限公司（简称“荣华公司”）和昆明雪力丹枫家居

[1] 黄薇主编：《中华人民共和国民法典合同编解读（下册）》，中国法制出版社2020年版，第1033页。

[2] 王利明：《合同法分则研究（上卷）》，中国人民大学出版社2012年版，第424页。

[3]《建设工程施工合同（示范文本）》（GF-2017-0201）第2.4.2条。

[4]《建设工程施工合同（示范文本）》（GF-2017-0201）第2.4.3条。

用品商场建设投资有限公司（简称“雪力公司”）建设工程施工合同纠纷一案中，[1]发包人雪力公司和承包人荣华公司签订建设工程施工合同，后发生纠纷，荣华公司诉至法院请求雪力公司支付工程款及逾期付款违约金，雪力公司反诉请求荣华公司支付工期延误违约金。法院经过审理认定由于雪力公司迟延提供施工图纸，未按合同约定于开工前7日内向荣华公司移交具备施工条件的施工现场，存在工期顺延的情形，因此后续工程未按约定时间完工不能归责于荣华公司，荣华公司不承担相应的工期延误责任。

3. 发包人工程变更

建设工程施工过程中，发包人可以对工程进行变更，包括设计变更、施工方案变更、新增工作变更等。《2017版示范文本》第10.1条规定变更的范围为增加或减少合同中任何工作或追加额外的工作；取消合同中任何工作，但转由他人实施的工作除外；改变合同中任何工作的质量标准或其他特性；改变工程的基线、标高、位置和尺寸；改变工程的时间安排或实施顺序。承包人在收到发包人签认的变更指示后才能实施变更，未经允许不得擅自对工程的任何部分进行变更。工程变更可能会增加工程量，也可能会减少工程量，当工程变更引起工程量的增加时，承包人可能无法在约定工期内完工，发生工期迟延。此外变更引起的等待变更指令、协商、变更施工准备、材料采购、机械设备增加等均可能会引起工期迟延。

在成都锦程房屋开发有限责任公司（简称“锦程公司”）和四川鹏翔建筑有限公司（简称“鹏翔公司”）建设工程施工合同纠纷一案中，[2]发包人锦程公司与承包人鹏翔公司签订建设工程施工合同，后发生纠纷，锦程公司诉至法院主张鹏翔公司存在工期延误，应支付逾期违约金，鹏翔公司否认存在工期延误责任，主张工期延误是由锦程公司逾期支付工程款、修改图纸、设计变更以及分包方逾期等原因导致。最终法院认定建设工程部分房屋由原设计的清水房变更为精装房，幕墙工程、装修、水电在实际施工过程中也进行部分设计变更，并对工期造成了影响，因此判定鹏翔公司不就设计变更导致的工期迟延承担违约责任。

4. 发包人直接分包或指定分包的分包人迟延

发包人直接分包或者指定分包的情况下，分包人施工进度迟延会对承包

---

〔1〕 参见云南省高级人民法院（2019）云民终1405号民事判决书。

〔2〕 参见四川省成都市中级人民法院（2018）川01民终7277号民事判决书。

人的施工进度产生影响，此时发包人与分包人之间具有独立的合同关系，除承包人需要按照合同约定完成施工总承包管理及配合服务外，承包人一般无法对分包人的施工施加影响或承担管理责任，此处的分包人也是先施工企业。发包人应否并在何种程度范围内就先施工企业的行为对承包人负责，由合同条款内容决定。通过合同的解释，发包人需负担在约定的期限内提供合于承包人组织施工的工作物的义务，则承包人有权要求及时取得由发包人完成的在先工程，以组织自身的履行工作。如果分包人再分包部分发生工程迟延致使承包人无法按照施工计划施工，该工期迟延可归责于发包人。

在常州天宁大饭店有限公司（简称“天宁大饭店”）与常州第一建筑集团有限公司（简称“一建司”）建设工程施工合同纠纷一案中，[1]发包人天宁大饭店和承包人一建司签订建设工程施工合同，后双方发生纠纷，天宁大饭店向法院起诉请求一建司承担延误工期违约金和工期质量违约金，其中包含天宁大饭店另行发包的工程产生的工期延误责任。法院认定天宁大饭店指定分包是由天宁大饭店与分包人签订分包合同，分包人直接对天宁大饭店负责，工程款支付由天宁大饭店直接支付给分包人，虽然天宁大饭店就指定分包向一建司支付了相应的配合管理费，但是根据天宁大饭店及分包人出具的情况说明，因发包人及分包人原因造成的工期延误，一建司无需承担责任。

（二）可归责于承包人的工期迟延

根据施工合同，承包人有义务在约定工期内完成合同约定的工程建设，施工过程中，承包人应当在人员、资金、技术等方面做好充分准备和投入，按照施工计划施工。出现工期迟延时，发包人只需要主张实际工期超过约定工期，而承包人则要举证证明工期迟延不可归责于自身，否则即需承担迟延责任，迟延天数以实际工期超出约定工期的部分扣除工期展延的天数计算。

引发工期迟延的原因在于，承包人施工组织管理不力、施工人员不足、周转材料不够、机械设备不足；承包人工程质量不符合标准而返工增加工程量；以及承包人违反合同义务和法定义务的其他情形。《1999版FIDIC红皮书》和《2007标准施工招标文件》以及《2017版示范文本》均规定了可归责于承包人的工期迟延，主要包括：承包人未合理预见工程施工所需的进出施工现场的方式、手段、路径；承包人未能充分查勘、了解施工现场、施工条件、工程所在地的气象条件、交通条件等；承包人原因造成工程、材料、工程设备、成品或

〔1〕 参见江苏省常州市中级人民法院（2017）苏04民终2440号民事判决书。

半成品损坏而进行修复或更换；承包人原因造成工程质量未达到合同约定标准返工；承包人私自覆盖隐蔽工程需揭开检查；承包人采购的材料和工程设备或使用的施工设备不符合设计或有关标准要求等。此外，当事人还可以在施工合同专用条款中约定其他可归责于承包人的工期迟延的事由和效果。

1. 承包人施工过程中对人员、物资的组织管理不力

承包人因自身施工技术、管理水平不足致使施工缓慢，无法在合同约定的工期内竣工从而发生工期迟延，理应由其承担迟延责任。在吉林省天旺房地产开发有限公司（简称“天旺公司”）与长春市东都建筑有限责任公司（简称“东都公司”）、沈启华建设工程施工合同纠纷一案中，[1]发包人为天旺公司，沈启华为借用东都公司施工资质承建案涉工程的实际施工人，东都公司是施工资质出借人及与天旺公司签订施工合同的名义承包人。在承建双方的会议纪要中，记载了施工单位设施不符合要求、施工方案未及时提供、施工进度不理想、经济实力不足、现场人员不稳定、人员不足、塑钢窗安装质量不好、工期严重滞后、施工组织不力、抵御风险实力不足等内容。法院认定工程工期延误存在发包人分包工程滞后影响土建工程导致工期延误的情况，但是主要原因在于承包人施工资金实力不足、现场施工人手不够、施工组织不力等，因此法院判决由沈启华承担70%工期延误责任。

2. 承包人工程质量不符合约定导致返工、停工

承包人有保证工程质量的义务，应当严格按照施工图纸和施工技术标准施工，使用符合约定的材料、设备，保证工程质量，不得偷工减料、以次充好，在发现设计文件和图纸有差错时，应当及时提出意见。在施工过程中，施工人对建设工程所出现的任何质量问题都应当承担继续履行的责任，进行修理、返工、改建。[2]如果经过修理、返工、改建而导致交付迟延的，施工人应当承担工期迟延责任。《民法典》第801条明确规定承包人在工程质量不符合约定时无偿修理或返工、改建的责任以及逾期交付的责任。在工程出现质量问题后，承包人可能拒绝采取补救措施，拖延修理、返工、改建，因此停工导致的工期迟延也应由承包人承担。

在成都成飞建设有限公司（简称“成飞公司”）和西昌琦洋汽车销售服务

---

〔1〕 参见吉林省高级人民法院（2019）吉民终483号民事判决书。

〔2〕 王利明：《合同法分则研究（上卷）》，中国人民大学出版社2012年版，第428页。

有限公司(简称"琦洋公司")建设工程施工合同纠纷一案中,[1]发包人琦洋公司与承包人成飞公司订立建设工程施工合同,后发生纠纷。成飞公司诉至法院,请求琦洋公司支付剩余工程款并赔偿停工损失及其他损失,琦洋公司反诉请求成飞公司赔偿因严重工程质量问题导致工期延误造成的损失。琦洋公司发现质量问题后,通知成飞公司解决,成飞公司在得知质量出现问题后,仅与琦洋公司达成共同委托质量安全检测的约定,之后既不按约共同委托鉴定,也不进行修复加固处理,导致工程无法按期继续施工。在进行质量安全鉴定后也不配合缴纳鉴定费,不配合进行质量安全鉴定,最终导致工程停工。最终鉴定意见是工程确实存在质量问题,因此法院判定工期迟延的责任由成飞公司承担。

(三)不可归责于双方的工期迟延

《1999版FIDIC红皮书》和《2007版招标文件》以及《2017版示范文本》规定的不可归责于双方的工期迟延主要包括:施工现场发现化石、文物、遗迹,处理这些事情导致工期迟延;异常恶劣的气候条件;不利物质条件;不可抗力;法律变化等。

1. 不可抗力

《民法典》第180条对不可抗力做出界定,是指不能预见、不能避免且不能克服的客观情况。当事人因不可抗力不能履行合同的,根据不可抗力的影响部分或全部免除责任,当事人迟延履行后发生不可抗力的,不免除其违约责任。根据学理解释、司法实践和国际惯例,不可抗力一般包括自然灾害如地震、火山、海啸;政府行为如征收、征用;社会异常事件如战争、罢工、骚乱等。不同示范文本对于不可抗力的规定不同,《2007版招标文件》第21.1.1规定不可抗力为承包人和发包人在订立合同时不可预见,在工程施工过程中不可避免发生并不能克服的自然灾害和社会性突发事件,如地震、海啸、瘟疫、水灾、骚乱、暴动、战争和专用合同条款约定的其他情形。《1999版示范文本》第39.1条规定不可抗力包括因战争、动乱、空中飞行物体坠落或其他非发包人承包人责任造成的爆炸、火灾,以及专用条款约定的风、雨、雪、洪、震等自然灾害。《2017版示范文本》第17.1条规定的不可抗力包括地震、海啸、瘟疫、骚乱、戒严、暴动、战争和专用合同条款中约定的其他情形。当事人可以在建设工程合同条款中明确约定不可抗力的范围,在施工过程中发生不可抗力,如果切实影

[1] 参见四川省高级人民法院(2018)川民终1189号民事判决书。

响了施工合同的履行，发生工期迟延，不可归责于双方当事人，应按合同约定或者风险分配理论分担损失。在江苏江都建设集团有限公司和北京顺华房地产开发有限公司建设工程施工合同纠纷一案中，[1]法院在计算工期和损失时考虑了奥运会期间禁止施工、汶川地震等原因造成众多农民工返乡等多个不可抗力因素。

2. 异常恶劣的气候条件

异常恶劣的气候条件是指在施工过程中遇到的、有经验的承包人在签订合同时不可预见的、对合同履行造成实质性影响的但尚未构成不可抗力事件的恶劣气候条件。[2]合同当事人可以在专用合同条款中约定异常恶劣的气候条件的具体情形。异常恶劣的气候条件尚未达成自然灾害的程度，不构成不可抗力，但对于工程施工也存在重大不利影响。在发包方已经把相关的水文、气候数据提供给承包人，承包人根据这些数据能够预见到的恶劣气候条件不视为异常恶劣的气候条件。[3]所谓异常恶劣，应当是与施工场地以往长期的气象水文平均数据相比。对于异常恶劣的气候条件的范围和评判标准，当事人可以在施工合同中明确约定。在福建省龙洲建筑工程有限公司（简称“龙洲公司”）和福建省长泰岩溪国有林场（简称“岩溪林场”）建设工程施工合同纠纷一案中，[4]当事人在合同中约定异常恶劣的气候条件范围是“八级以上持续24小时的大风；持续降雨24小时且降雨量为70 mm以上；十年以上未发生过，接近或达到人体体温持续3日历天的高温天气”，法院据此将施工过程中高温和台风天气认定为恶劣气候条件，并在计算龙洲公司逾期竣工天数中扣除。

3. 不利物质条件

不利物质条件是指有经验的承包人在施工现场遇到的不可预见的自然物质条件、非自然的物质障碍和污染物，包括地表以下物质条件和水文条件以及专用合同条款约定的其他情形，但不包括气候条件。不利物质条件强调不可预见性，承包人要向发包人发出通知，载明承包人认为不可预见的理由。[5]实践中承包人主张不利物质条件时，发包人往往主张承包人对该物质条件应当

---

〔1〕 参见北京市高级人民法院（2018）京民终160号民事判决书。

〔2〕《建设工程合同（示范文本）》（GF-2017-0201）第7.7条。

〔3〕 李雪森：《建设工程工期延误法律实务与判例评析》，中国建筑工业出版社2013年版，第18页。

〔4〕 参见福建省漳州市中级人民法院（2019）闽06民终2636号民事判决书。

〔5〕《建设工程合同（示范文本）》（GF-2017-0201）第7.6条。

预见。对此,承包人可以在对施工现场进行充分勘察的基础上,根据发包人提供的基础资料在合同中明确列出其可以预见的地质条件,避免发包人在诉讼中滥用"有经验的承包人""可预见"等。

(四)共同迟延

在实践中发生工期迟延的原因并不单一,可归责事由的发生也很少在同一时段,当两个以上的迟延事件对于迟延具有共同效果时,例如发生工期迟延的原因既有发包人未依约支付进度款,又有承包人工程质量不符合约定引起的返工,又有不可抗力的影响,此时引起的工期迟延为共同迟延。共同迟延按照可归责性和发生时间可以做不同分类。[1]在发生工期迟延时,如果可以厘清迟延原因以及各原因对于工期迟延的影响程度,则分别确定责任主体和迟延天数。如果无法厘清责任主体或者无法厘清每个责任主体应承担迟延责任的比例,一般通过鉴定机构鉴定或者法院综合考量各原因力以及损失大小,依据公平原则分担。在海天建设集团有限公司(简称"海天集团")和甘肃金鸿盛房地产开发有限公司(简称"金鸿盛公司")建设工程施工合同纠纷一案中,[2]法院认定发包人金鸿盛公司未按约定支付工程进度款,承包人海天集团施工缓慢,工程延误由各种原因造成,依照现有证据无法将责任单独归结到任何一方的当事人或者具体确定双方当事人各自的原因比例,判定双方当事人无需向对方承担违约责任。在永嘉县文化置业房开有限公司(简称"文化置业公司")和乐清市重业建设有限公司(简称"重业建设公司")建设工程施工合同纠纷一案中,[3]文化置业公司在施工过程中存在需要顺延工期的行为,重业建设公司在施工中未制订施工进度指导施工,管理上有欠缺,双方提供的证据不能对影响工期的具体天数进行判断,难以区分发包人和承包人各自应当承担延误责任大小,故法院酌情确定双方各自承担50%的责任。

四、工期迟延的责任

(一)可归责于发包人的工期迟延

依据《民法典》第798条,发包人没有及时检查隐蔽工程,导致施工进度受

[1] 蔡奇成、王明德、张陆满:《工期共同迟延案例研究》,中国建筑学会、中国房地产业协会"2009建设管理与房地产发展国际学术会议"会议论文,2009年10月29日于南京。

[2] 参见最高人民法院(2020)最高法民终162号民事判决书。

[3] 参见浙江省永嘉县人民法院(2016)浙0324民初4883号民事判决书。

到影响，承包人可以顺延工程日期并请求发包人赔偿停工、窝工损失。依据《民法典》第803条，发包人未按照约定的时间和要求提供相关物资时，承包人可以请求顺延工期并赔偿停工、窝工损失。《2017版示范文本》中，因可归责于发包人原因导致工期迟延的，由此增加的费用和延误的工期由发包人承担。因此在发包人违反法定或约定义务影响施工进度，发生工期迟延时，承包人得主张展延工期，就其增加的履约成本，可以请求发包人赔偿。发包人指示工程变更的，根据该变更对合同价格和工期的影响，承包人还可以主张调整工程价款。

1. 承包人主张工期展延

承包人主张工期展延，应当就可归责于发包人的事由以及该事由与工期迟延具有因果关系承担举证责任，对此承包人应注重保留工期展延的签证、来往函件、监理会议纪要等证据，避免承担举证不利的法律后果。展延的天数是工期迟延争议中发、承包双方争议的焦点。实践中确定展延天数主要有网络图分析法、比例法和定额法。网络图分析法主要考虑迟延工作是关键线路还是非关键线路，如果是关键线路上的工作，迟延天数就是工期展延的天数。例如发包人未按照合同约定提供施工现场、施工条件、基础资料、许可、批准等导致工期迟延，可以认定是关键线路上的工作迟延，迟延天数就是工期展延的天数。如果是非关键线路的工作迟延，除非该工作由于迟延超时成为关键工作，否则不存在工期展延问题。[1]比例法是依照工程款项或工程量增加或缩减的比例确定相应工期的增加或缩减，主要用于工程量增加的工期展延，工期展延天数和原合同总工期的比值同于额外增加的工程价格和原合同总价格的比值。定额法即参照国家公布的工期定额，结合工程的特殊情况确定工期展延的天数，主要适用于工期相关证据缺乏的情况，由此确定的结果容易出现偏差。实践中对于发、承包双方争议较大的展延天数的确定，法院可以委托造价咨询机构进行工期司法鉴定。

2. 承包人主张损失赔偿

可归责于发包人的工期迟延对承包人造成的损害主要表现在停建、缓建引发的各项损失，《民法典》第804条对因发包人原因造成的工程停建、缓建责任作出了明确规定。在实践中，承包人可主张的损失赔偿的范围主要包括人

---

〔1〕 朱树英主编:《法院审理建设工程案件观点集成》(第二版),中国法制出版社2017年版,第429-430页。

工损失费、材料费、机械设备费、管理费、利息以及其他特殊性费用。人工损失费包括人工停工和管理人员待工所额外产生的经济损失，劳务工人劳动效率降低而导致的人工费损失和承包人为减少损失将工人调至其他工地所发生的调离现场和再次调回费；材料费包括材料储存费用的额外增加，材料价格上涨导致的成本增加和材料的损耗和质变等；机械设备费包括机械设备的停滞损失和租赁费用等；管理费主要是指现场管理费和承包人内部增加的管理费用。除此之外，在有些情形中还有承包人垫资施工产生的贷款利息；承包人进行分包并因此产生的对分包人的违约赔偿；延长保险期限所产生的保险费用等等。[1]

承包人在主张损失赔偿时，一方面应当扣除实际减少的支出，即承包人如果正常施工必须支出但由于发包人迟延而无需花费的费用，主要包括器械损耗的费用，未投入人员的费用，但是要扣减机器闲置的费用；也可能包括与建筑施工相关而产生的工地的一般管理费的减少和实际节省的支付次承包人的费用以及原本计入核算的施工风险成本。另一方面当事人对停工时间未作约定，双方也未达成协议，承包人不应盲目等待而放任停工状态的持续以及停工损失的扩大。[2]《民法典》第591条规定了守约方的减损义务，承包人应当积极采取措施降低损失，做好人员和机械的安置工作。

3. *承包人提出索赔的程序要求*

建设工程施工合同相关示范文本都对承包人请求工期展延和损失赔偿的程序做出了规定。《1999版FIDIC红皮书》第20.1条规定的程序为：承包人在索赔事件发生后的28天内向发包人发出索赔通知；在索赔事件发生后的42天内向发包人提交说明索赔依据及索赔工期和索赔金额的报告。并规定如果承包人28内未发出索赔通知，竣工时间不被延长，承包人无权得到附加款项，发包人将被解除一切责任。《2007版招标文件》第23.1条规定的程序为：承包人应在知道或应当知道索赔事件发生后28天内向发包人递交索赔意向通知书并说明索赔事件的事由；承包人应在发出索赔意向通知书后28天内递交说明索赔依据及索赔工期和索赔金额的索赔通知书。并规定承包人未在28天内发出索赔意向通知书的，丧失要求索赔的权利。《1999版示范文本》第36.2

〔1〕 朱树英主编：《法院审理建设工程案件观点集成》（第二版），中国法制出版社2017年版，第763-764页。

〔2〕 参见最高人民法院（2011）民提字第292号民事判决书。

条规定的提出程序为：承包人在索赔事件发生后28天内，发出索赔意向通知；发出索赔意向通知后28天内，提出延长工期和补偿经济损失的索赔报告及有关资料；应当注意此处没有对承包人超出前述期限发出索赔通知的后果作出规定。《2013年示范文本》和《2017年示范文本》规定的承包人提出索赔的程序与《2007版招标文件》相同，也均规定了承包人未在规定期限内提出索赔程序的失权效果。

对于承包人未在合同约定的期限内向发包人主张工期展延和损失赔偿的法律后果，实践中存在争议。一种观点认为该期限属于除斥期间，期限经过，承包人即丧失展延工期和请求损失赔偿的本权；[1]还有观点主张该期限为诉讼时效，虽期限经过，但是该请求权仅产生时效抗辩权，承包人仍可向发包人主张，并可保有发包人的赔付。[2]还有观点认为该期限既不属于除斥期间也不属于诉讼时效，兼具两者的特点，是建设工程领域的一种特殊时效。[3]笔者认为，应当立足于该约定的目的去考量其法律后果，当事人在合同中约定承包人要在约定期限内向发包人提出索赔请求，该约定除了督促权利人行使权利之外，更重要的目的是固定证据，防止发生工期迟延纠纷时无法证明责任归属和损失数额，而不是意欲使承包人失去索赔的权利，因此只要承包人能够证明发包人存在归责事由导致工期迟延，以及需要展延的工期和遭受的实际损失，应允许承包人展延工期并获得损失赔偿。但是当事人约定承包人应当在约定期限内提出索赔申请，逾期即失权的，该条款基于私法自治应当被评价为有效，[4]如果发包人在约定期限经过后同意索赔请求或者承包人提出合理抗辩的，仍可以展延工期、赔偿损失。[5]

4. 承包人解除合同

《民法典》第806条规定发包人不履行协助义务，致使承包人无法施工，经催告在合理期限内仍未履行相应义务的，承包人可以解除合同。因此在发包

---

〔1〕 蔡祥、纪晓晨：《〈建设工程施工合同（示范文本）〉（2013版）解读之六 施工企业如何应对“28天逾期即为失权”的索赔条款》，《中国建筑装饰装修》2013年第9期。

〔2〕 楼英瑞、郑翔：《建设工程施工合同索赔时效若干问题研究》，《建筑经济》2003年第7期。

〔3〕 林镥海、沈琼华：《〈建设工程施工合同〉》示范文本签证和索赔期限问题探讨》，《政治与法律》2005年第4期。

〔4〕 参见最高人民法院（2014）民一终字第56号民事判决书；湖南省高级人民法院（2016）湘民终211号民事判决书。

〔5〕 法释〔2020〕25号第10条第2款：当事人约定承包人未在约定期限内提出工期顺延申请视为工期不顺延的，按照约定处理，但发包人在约定期限后同意工期顺延或者承包人提出合理抗辩的除外。

人未依约提供材料、设备、场地、技术资料等致使承包人无法施工的场合，承包人可以催告履行，发包人仍不履行的，承包人获得解除权。同时在发包人违反法定义务和约定义务的其他场合，如果构成根本违约，无法期待承包人继续履行合同，则承包人可以依据《民法典》第563条的相关规定解除合同。同时当事人也可以参照示范文本的规定，在施工合同中约定可归责于发包人工期迟延情形下承包人的解除权。

（二）可归责于承包人的工期迟延

承包人应当按照施工进度计划及时完成合同约定的工作，因其原因致使工期迟延，应当承担违约责任。发生工期迟延后，只要建设工程合同未解除，承包人负有继续履行义务，直至工程实际竣工。此外因承包人原因发生工期迟延，当事人约定逾期违约金的，承包人应当支付逾期违约金，否则赔偿发包人的实际损失；承包人构成根本违约的，发包人可以解除合同。

1. 发包人主张逾期违约金或损失赔偿

当事人一般会在专用合同条款中约定逾期竣工违约金的计算方法和上限，因承包人原因导致工期迟延时，应当首先确定承包人的迟延天数，计算逾期违约金。发、承包双方一般都是商事主体，订约履约能力较强，法院在审理建设工程施工合同时应当充分尊重当事人的意思自治，但是对于发包人一方滥用优势地位，约定过高违约金时，承包人可以请求调整。当事人未约定逾期违约金，发包人可主张承包人赔偿实际损失，主要包括已在合同中明确约定可为承包人预见的增加的监理费、律师费、工程咨询费和建筑物租赁费、向其他承包人的损失、土地出让金、材料价格上涨损失、施工设施、临时设施租赁费、管理费、保险费用，发包人充分举证的情况下也可以主张可得利益损失。[1]

实践中，发包人向承包人主张迟延责任时，承包人往往以诉讼时效起算点为约定竣工日期，从而主张诉讼时效抗辩。发包人向承包人主张工期迟延责任的诉讼时效起算时点存在争议。有观点认为起算时点应为约定竣工日的第二日，因为此时工程虽未全部竣工，难以确定承包人应赔偿损失的实际数额，但是部分损失是可以确定的，发包人应就已确定的损失主张权利。[2]但是实践中工期迟延很少只是承包人一方的原因，至约定竣工日，可能并未发生承包

〔1〕 李雪森：《建设工程工期延误法律实务与判例评析》，中国建筑工业出版社2013年版，第41-42页。

〔2〕 李雪森：《建设工程工期延误法律实务与判例评析》，中国建筑工业出版社2013年版，第29页。

人承担违约责任的事实,而后发生,因此在约定竣工日发包人权利可能未受侵害或者其不知道权利受侵害,因此迟延责任的诉讼时效应从实际竣工的第二日起算。应注意实践中常存在发包人主张违约责任或者以工期迟延责任进行抗辩的情况,此时发生时效中断的效果。[1]

2. 发包人解除合同

在建设工程施工合同中,承包人的主给付义务为按照合同约定完成施工任务,交付工作成果,因此承包人因其自身原因发生工期迟延是迟延履行主给付义务。依据《民法典》第563条的规定,当事人一方迟延履行主要债务,经催告后在合理期限仍未履行,对方有权解除合同,因此承包人因可归于自身的事由发生工期迟延的,发包人可以催告承包人按施工进度施工,纠正引发迟延的不当行为,承包人仍未纠正的,发包人有权解除合同。《2017版示范文本》第16.2.1条也规定承包人未按施工进度计划及时完成合同约定的工作造成工期迟延,发包人可以发出整改通知,要求在指定期限内改正,承包人在指定的合理期限内仍不纠正违约行为致使合同目的不能实现的,发包人有权解除合同。

(三)不可归责于双方的工期迟延

在不可抗力、不利物质条件、异常恶劣的气候条件等不可归责于双方的因素导致的工期迟延中,损失风险应当按照合同约定分配,在合同未约定的情况下,不能简单归于发包人或承包人其中一方,也不能直接平均分配给双方。损失风险的分配要考虑风险的可预见性、有效管理及解决风险的能力、抗风险能力等因素,按照公平原则在发包人和承包人之间分配。可预见性风险分配是指有经验的承包人在订立施工合同时能够预见到该风险发生,因而施工过程中该风险发生造成的损失由承包人负担,否则由发包人负担。[2]其理由在于,承包人在预见风险之后可以及时采取应对措施,将风险发生的损失降至最低,同时也可以在签订施工合同时将损失风险考虑在合同价款中保障自身利益。可管理性风险分配是指在风险发生后,由能够有效管理和采取措施减少或解决风险的一方负担损失风险,如此有利于促使其减少风险对施工的影响,使发包人和承包人的总体损失降低。法经济学风险分配即先考虑合同报价,如果承包人已经在报价中体现概括风险的承担,则由承包人承担,否则将风险分配给保险能力和投保成本低的一方,以最少的花费保障双方共同的利益。

---

〔1〕 参见内蒙古自治区呼和浩特市中级人民法院(2016)内01民终2615号民事判决书。

〔2〕 段亚伟:《工程施工合同可预见性风险分配原理评析》,《建筑经济》2008年第5期。

《2017版示范文本》中对于不可归责于双方的工期迟延责任如何承担进行了规定，并且对于可预见性风险分配、可管理性风险分配和法经济学风险分配都有所体现。具体而言，《2017版示范文本》第7.6条和第7.7条规定当发生不利物质条件和异常恶劣的气候条件时，承包人应采取合理措施继续施工，并及时通知发包人和监理人，承包人采取合理措施而增加的费用和延误的工期由发包人承担。不利物质条件和异常恶劣的气候条件在构成上即要求有经验的承包人不可预见，体现可预见性风险分配；要求承包人继续采取合理措施否则承担不利后果体现可管理性风险分配；采取合理措施的费用和工期由发包人承担，考虑了经济实力、抗风险能力的因素。当发生不可抗力时，《2017版示范文本》第17.3条规定双方应收集不可抗力发生及造成损失的证据，由当事人按照法律规定及合同约定各自承担损失。其中承包人施工设施损坏由承包人承担；发包人和承包人各自承担人员伤亡和财产损失；引起工期延误的，应当展延工期；承包人停工的费用和损失由发包人和承包人合理分担；必须支出的工人工资由发包人承担。上述损失由发包人和承包人合理分担的规定综合考虑了当事人有效管理和解决风险的能力，并向抗风险能力更强的发包人倾斜。《2017版示范文本》第11.2条规定法律变化引起承包人费用发生除市场价格波动外的增加，由发包人承担增加的费用，并展延工期，此规定也是考虑到发包人经济能力和自我保险能力更为强大。

第六章

建设工程的质量瑕疵

一、工程质量瑕疵的界定

根据建设工程施工合同，承包人应当按期完成工作，并交付质量合格的工程，这是承包人的主义务，该义务的履行直接关系到发包人订立合同目的之实现。工程质量不合格时，承包人应承担瑕疵担保责任。《民法典》第801条规定：“因施工人的原因致使建设工程质量不符合约定的，发包人有权请求施工人在合理期限内无偿修理或者返工、改建。经过修理或者返工、改建后，造成逾期交付的，施工人应当承担违约责任。”《最高人民法院关于审理建设工程施工合同纠纷案件适用法律问题的解释（一）》（法释〔2020〕25号）第12条、14条规定，因承包人的原因造成建设工程质量不符合约定，承包人拒绝修理、返工或者改建，发包人可以请求减少支付工程价款；但是，建设工程未经竣工验收，发包人擅自使用后，又以使用部分质量不符合约定为由主张权利的，人民法院不予支持。上述规定，应是针对物的瑕疵而言的，瑕疵有无的判断，应根据合同约定的质量标准和工程建设的强制性标准，一般是在竣工验收中确定，双方有争议时，可以由鉴定机构进行鉴定。

工程质量瑕疵的认定，所涉及的问题是《民法典》第801条的“建设工程质量不符合约定”，与《民法典》第781条承揽合同质量不符合约定的责任构成特殊与一般的关系。在合同编违约责任的部分，可见其上位法条是《民法典》第582条“瑕疵履行”，该责任形态在我国法上属于《民法典》第577条违约责任的具体类型。质量瑕疵，又称物的瑕疵，指标的本身的瑕疵足以减少物的使用价值、交换价值或不符合合同约定之效用。物的瑕疵的界定，理论上存在“主观标准”和“客观标准”的区分。依客观标准，标的物不符合其通常性质，即为有瑕疵；依主观标准，标的物应遵循合同当事人关于其性质的约定，否则为有瑕疵。[1]有观点认为，我国总体采纳“以主观标准为主，以客观标准为辅”的标准。[2]具体而言，根据《民法典》第615条、第616条的规定，对于物的瑕疵的界定，首先应考察当事人对标的物的质量有无相关约定，即采用主观标准。如果当事人对此约定不明，又不能按照《民法典》第510条的规定通过补充协议或者合同解释来确定，那么适用《民法典》第511条第1项的合同填补规则，即采用客观标准。

根据传统民法对瑕疵的分类，工程上的瑕疵，可区分为品质瑕疵、价值瑕疵和效用瑕疵三类。就建筑物的品质瑕疵而言，为承包人应担保其交付的建设工程具备约定或法定之品质。如发包人与承包人约定，严格按照施工组织设计的规定使用相关建筑材料，则承包人未经发包人的同意，不得擅自更换建筑材料，使完工的工程不具有约定的品质；又如发包人提供建设工程用地，承包人提供材料完成工程建设的情况下，承包人建造房屋时不得使用辐射钢材或海砂等不良建设材料，以保证竣工交付的工程具备约定的品质。另外，承包人应担保其施作的工程应没有不适于约定或通常使用之瑕疵，即不得有效用瑕疵。所谓效用，系针对建设工程的使用价值而言。承揽合同，旨在由承揽人完成一定的工作成果，倘若该工作成果不具约定或通常使用之价值，则可谓承揽人完成之工作成果存有瑕疵。比如承包人建造的住宅，交付发包人后，发现不通水电，不能满足通常使用需要，则当然具有效用瑕疵。对于传统的设计与施工分离的施工合同，设计由发包人提供，如果工程瑕疵是由设计本身的缺陷所造成，则承包人原则上无需对效用瑕疵负责，但是在工程总承包合同中，由于承包人承担全部的设计和施工，应对建筑物的效用瑕疵负责。最后，承包人还应担保交付发包人的建设工程无减少或灭失价值之瑕疵。所谓价值，系针对建设工程的交换价值而言。通常情况下，效用瑕疵的减少或灭失会导致价值减少；而价值减少或灭失，如建设工程外观有暴露钢筋，势必影响其价值，

〔1〕 Looschelders, Schuldrecht BT(14. Auflage), Verlag Franz Vahlen, S.12.

〔2〕 周友军：《论出卖人的物的瑕疵担保责任》，《法学论坛》2014年第1期。

但不会导致其效用价值减少或灭失。[1]

二、工程质量瑕疵的责任主体

依据《民法典》第801条,建设工程质量不符合约定的,施工人应当对发包人承担违约责任。这里的施工人在不同的承发包模式下应当有不同的界定。我国建设工程领域普遍存在两种承发包方式,一种是工程总承包模式,是指发包人与总承包人订立建设工程合同,另一种是平行承发包模式,是发包人分别与勘察人、设计人和施工人订立勘察、设计、施工承包合同(《民法典》第791条第1款第1句)。第一种模式下,施工人应指工程总承包人,具有资质的工程总承包人与发包人签订总承包合同,约定由其独立承担整个工程建设,对全部建设工程承担责任。第二种模式下,施工人仅指施工合同的承包人,其基于发包人对整个工程建设任务的拆解而和发包人订立工程施工合同,仅就其承包的工程施工任务承担责任。

根据《民法典》第791条第2款的规定,承包人经过发包人同意,可以将所承包工程的一部分分包给具有资质的分包单位来完成。由此,工程总承包人或者施工承包人可以将部分工程进行分包,由分包人与其签订建设工程分包合同,并按照合同要求完成所分包的工程。但是,不同于普通承揽的转承揽规则,建设工程领域体现更多的管制性和强制性,建设工程的主体结构工程禁止分包,而非主体工程的分包也需要经过发包人同意。此外,根据《民法典》第773条规定,承揽人将其承揽的辅助工作交由第三人完成的,应当就该第三人完成的工作成果向定作人负责。据此,次承揽仅在承揽人和第三人之间发生效力,与原承揽合同相互独立。根据合同相对性原则,就工作成果的瑕疵,即使是由第三人原因引起,也仅由承揽人向定作人负责。但是,根据《民法典》第791条第2款第2句,分包人就其完成的工作成果与总承包人或者施工承包人向发包人承担连带责任。[2]这种连带责任的法律设计,突破了分包人只按照分包合同的约定对承包人负责的内容,令分包人直接对发包人承担赔偿责任。需要注意的是,分包人向发包人的责任承担问题固然突破了合同的相对性,但在总分包法律关系中,分包人并没有加入到原有的承包合同关系中,也

---

〔1〕 林诚二:《民法债编各论(中)》,中国人民大学出版社2006年版,第67页。

〔2〕《建筑法》第29条第2款,《建设工程质量管理条例》第27条同样规定,总承包单位和分包单位就分包工程对建设单位承担连带责任。

不发生承包人对发包人所享有的权利义务向分包人的转移。

因此，工程瑕疵责任的主体首先是与发包人有合同关系的承包人，包括总承包模式下的工程总承包人和平行分包模式下的施工承包人；工程分包情形下，如果瑕疵是由分包人所造成的，则分包人和承包人共同向发包人承担连带责任。

三、工程质量瑕疵责任的构成

（一）建设工程存在质量瑕疵

对于建设工程，根据《房屋建筑工程质量保修办法》第3条第2款的说明，质量瑕疵被认为是工程质量不符合工程建设强制性标准以及合同的约定，具体可以包括不符合工程设计图纸、施工技术标准和合同约定。如果双方当事人未就工程质量标准做出约定，又无法根据《民法典》第510条的规定，就工程质量标准达成补充协议，也无相应的条款和交易习惯可供参照时，根据《民法典》第511条的规定，工程质量须按照国家标准、行业标准履行，没有国家标准、行业标准的，按照通常标准或者符合合同目的的特定标准履行。

实践中，工程质量问题主要包括以下情形：第一，施工人不按照工程设计图纸和施工技术规范施工造成的工程质量问题；第二，施工人未按照工程设计要求、施工技术标准和合同的约定，对建筑材料、建筑构配件和设备进行检验，使用不合格的建筑材料、建筑构配件和设备等，造成工程质量问题；第三，建筑物在合理使用寿命内，地基基础工程和主体结构的质量出现问题，验收时，屋顶、墙面出现渗漏、开裂等问题。[1]

（二）瑕疵在验收时存在

判断瑕疵是否存在，学理上以风险转移为时点，根据《民法典》第604条，买卖合同标的物的风险转移，以交付为时点。对于承揽而言，有观点指出，区分工作成果的不同形态，无需交付的，瑕疵必须在工作完成时存在；工作成果能够交付的，瑕疵应当在交付时存在。[2]但是，本书认为，承揽区别于买卖，后者以有体物的所有权变动为核心，因此强调交付，而承揽的给付交换发生于验收。验收以定作人认可承揽人的工作成果为实质内涵，是否存在实体收取，

〔1〕 最高人民法院民事审判第一庭编著：《最高人民法院建设工程施工合同司法解释的理解与适用》，人民法院出版社2004年版，第114-115页。

〔2〕 崔建远：《合同法学》，法律出版社2015年版，第405页。

端视承揽标的品类而异。对于以建设工程为标的的承揽而言,虽然存在交付,但仍应强调瑕疵应当在建设工程验收时存在。建设工程是否有瑕疵,验收之前,由承包人对工程没有瑕疵承担举证责任,验收之后,证明工作有瑕疵的责任转由发包人承担,发包人还需证明承包人的履行与该瑕疵之间具有因果关系,但是,发包人在验收中已经发现的瑕疵且作了权利保留的除外。工程验收时有瑕疵的,发生《民法典》第801条规定的违约责任;工程在验收之前虽然存在瑕疵,但验收时已除去的,不发生上称违约责任。

(三)"因施工人的原因"导致

根据《民法典》第801条的文意,只有"因施工人的原因"导致工程质量不符合约定时,才会发生该条的规范效果。这不同于传统的瑕疵担保责任,通说认为该责任不以可归责于承揽人的事由发生为必要。[1]值得注意的是,《民法典》第781条在承揽工作成果质量瑕疵的责任安排上,并没有提出承揽人归责性的要求。因此,在《民法典》第801条的规范要件范围内,需要解决的问题是,"因施工人的原因"如何理解,以及如果建设工程的瑕疵非因施工人、也非因发包人的原因导致时,应当如何处理?首先,当建筑物存在质量问题时,施工人不能证明非因其原因导致的,直接推定系由施工人原因导致;施工人能够证明瑕疵发生的原因时,则根据发生原因的不同,按照风险安排的解释,来确定施工人是否应当承担责任,风险安排通过合同的解释来得出结论。

(四)不存在排除瑕疵责任的事由

1. 发包人原因造成质量瑕疵

根据法释〔2020〕25号第13条第1款的规定,发包人提供的设计有缺陷,提供或者指定购买的建筑材料、建筑构配件、设备不符合强制性标准,以及直接指定分包人分包专业工程,造成建设工程质量缺陷的,应承担过错责任。同时指出,承包人有过错的,也应当承担相应的过错责任。类似的规定可见《德国民法典》第645条第1项:因定作人所供给材料之瑕疵,或因定作人就工作实施所为之指示,致工作于验收前灭失、毁损或不能完成,而无可归责承揽人事由之参与者,承揽人得请求相当于已给付劳务部分之报酬,及报酬所不包含费用之赔偿。契约依第643条规定解消者,亦同。

由此可见,发包人原因参与导致工程质量瑕疵,承包人也不必然免于承担

〔1〕[日]我妻荣:《债法各论(中卷二)》,周江洪,译,中国法制出版社2008年版,第101页。

瑕疵责任,其关键在于承包人有检查告知义务的存在。[1]《建设工程质量管理条例》第28条第2款规定,施工单位在施工过程中发现设计文件和图纸有差错的,应当及时提出意见和建议。换言之,对于此种情况,如果承包人在施工过程中发现设计图纸有差错,但却没有及时通知发包人或设计单位,其所完成的工程尽管符合设计图纸的要求,但仍不免被认定为有质量瑕疵,不能免责。不仅如此,我国《建筑法》第59条,《建设工程质量管理条例》第29条均规定承包人应当按照工程设计要求、施工技术标准和合同约定,对建筑材料、建筑构配件和设备进行检验。换言之,即便是由发包人或第三人提供的建筑材料、建筑构配件和设备,承包人仍需要经过检验后才能使用,如果承包人不履行检验义务、造成工程质量缺陷,仍需要承担质量不符合约定的责任。而免除瑕疵责任的前提是,承包人没有义务违反,对质量瑕疵没有任何的过错。

2. 发包人擅自使用建设工程

法释〔2020〕25号第14条规定,建设工程未经竣工验收,发包人擅自使用后,又以使用部分质量不符合约定为由主张权利的,人民法院不予支持。从该条文意出发,发包人擅自使用后,即丧失了向承包人主张质量瑕疵责任的权利,其结论有待商榷。承包人在施工过程中造成质量瑕疵,应当承担相应的违约责任,发包人提前占有使用建设工程,不应免除承包人的责任。但是发包人的占用行为有可能导致承包人不能及时整改工程,以致工程质量瑕疵范围扩大或者程度加剧,对于扩大或者加剧的损失,应当由发包人自行承担。结合法释〔2020〕25号第9条第3项的规定,本书对该条的解释是,发包人采用合于合同目的的使用并经过合理期限后,可视为发包人以行为作出了验收表示,此后不得以质量不符合约定为由拒绝支付工程价款,但不得以此排除发包人追究质量瑕疵责任的权利。

3. 验收时对已知瑕疵未做权利保留

根据《民法典》第799条,建设工程竣工后,发包人应当及时进行验收。问题在于,验收之后,发包人是否可以再向承包人主张瑕疵担保责任?对此一般应作肯定回答。验收意味着发包人认可承包人完成的工作成果,从而发生给付交换,承包人可以主张报酬,但并不表示承包人的工作成果不存在瑕疵,发包人丧失向承包人主张瑕疵担保责任的权利。但是,如果发包人明知工程存在瑕疵而予以验收,或者工程存在明显瑕疵,发包人在验收时没有提出异议并

〔1〕 详见本书第三章“承包人违反瑕疵告知义务”。

予以认可,基于诚信原则的要求,发包人丧失相应的瑕疵请求权。

四、工程质量瑕疵情况下发包人的权利

(一)同时履行抗辩权

承包人完成的工程建设,应当符合合同约定的品质,同时要适合于通常的使用,具有同种建设工程通常所具有的、发包人能够按照工程的种类而预期的性质。[1]因此,当承包人完成的工程有瑕疵时,发包人可以主张同时履行抗辩权,拒绝验收。但是,如果瑕疵显著微小,定作人拒绝验收,将有违诚信。因此,在个案中,需要综合考虑瑕疵的种类和范围,兼顾合同当事人的利益平衡,认定哪些瑕疵非为重要。比如要衡量承包人对于瑕疵发生的过错程度和瑕疵修复所需费用之间的比例,又如验收涉及对于工程整体性的评价问题,不能割裂的判断单个瑕疵的重要性,而要将若干瑕疵之于整体工程的影响置于衡量和判断中。[2]只有当瑕疵重大到足以影响整个工程效用的程度,发包人才可以行使同时履行抗辩权,拒绝验收;对于通常的工程瑕疵,发包人可以基于《民法典》第801条的瑕疵权利获得救济。[3]

但是,根据《民法典》第799条第1款第1句,验收后,发包人应当按照约定支付工程价款。如果工程有瑕疵,但瑕疵尚未达到拒绝验收的程度,则发包人有义务进行验收,验收后,承包人的报酬请求权到期。如果认为发包人应当先支付承包人工程款,则将难以确保后者及时修补工程瑕疵。对此,宜认为发包人支付工程款的义务和承包人瑕疵修补的义务之间构成同时履行的抗辩。这是因为,建设工程有瑕疵,意味着承包人的债务尚未完全履行,根据《民法典》第525条双务合同的一般规则,发包人应享有同时履行抗辩权。个案中,考虑到发包人剩余未给付的报酬和承包人实际修补所需要的费用,根据《民法典》第525条第3句的要求,在发包人应付价款的金额显著高于修补瑕疵的费用时,发包人仅得拒绝与承包人实际修补费用相当的付款请求。

(二)瑕疵修补请求权

根据《民法典》第801条,因施工人的原因致使建设工程质量不符合约定的,发包人有权要求施工人在合理期限内无偿修理或者返工、改建。同时,作

---

〔1〕 参见《德国民法典》第633条第2款。

〔2〕 MüKoBGB/Busche, BGB § 640, Rn. 13; Staudinger/Peters/Jacoby, BGB § 640, Rn. 76.

〔3〕 Heinze NZBau 2001, 233(237); Bamberger/Roth/Voit Rn. 23; Palandt/Sprau Rn. 9.

为建设工程合同一般法的承揽合同法,《民法典》第781条规定,承揽人交付的工作成果不符合质量要求的,定作人可以合理选择请求承揽人承担修理、重作、减少报酬、赔偿损失等违约责任。此外,《建筑法》第60条规定了建筑施工企业对于质量缺陷的修复义务,《建设工程质量管理条例》第32条也规定施工单位对于质量不合格建设工程的返修义务。

关于建设工程的瑕疵达到何种程度,发包人才可以请求承包人修补瑕疵,应以前文论述建设工程之品质瑕疵、效用瑕疵、价值瑕疵为基准。其中品质瑕疵、效用瑕疵应以主观标准与客观标准相结合予以判断,所谓主观标准即须满足双方当事人之约定,所谓客观标准即须满足法律规定或通常使用;价值瑕疵应以客观交易价值为基准。但得适用瑕疵修补请求权之物之瑕疵,不能与后文可适用合同解除权之物之瑕疵同日而语,即此处"瑕疵"非到足以使建设工程合同目的之不达的程度。

《民法典》第801条以修理、返工和改建为瑕疵修补的具体方式。修理是针对轻微的质量瑕疵,是在已有建设工程存有物之瑕疵情形,进行修补,使之满足合同约定、法律规定或通常之使用;返工和改建又可称为重作,即重新完成,以替代原存有物之瑕疵的建设工程,是在工程质量瑕疵较严重的情况下采取的措施。《德国民法典》第635条第1项规定,定作人请求事后补充履行的,承揽人可以根据自己的选择,或者除去瑕疵,或者完成新的工作。将选择权赋予承揽人,其原因是,定作人最根本的利益诉求在于获得无瑕疵的工作物,而不在于以何种方式实现,承揽人最有能力判断怎样能够最可靠并且低费用的达成无瑕疵给付的目标,如果由定作人来选择,可能在方式方法上未见得经济有效、同时对定作人本身也不会带来更多的利益。我国法上,虽然《民法典》第801条将选择瑕疵除去方式的权利交给了发包人,但结合《民法典》第781条的规定,发包人行使权利,应当合理,如果因为工程质量有缺陷,发包人即可向承包人请求重作,对于承包人而言未免苛刻,况且发包人对工程无需修补的部分请求重作,亦无利益。故而,在定作人提出补正瑕疵的请求后,具体采用修理抑或是重作的方式进行补正,原则上应由承揽人进行判断。[1]此外,《德国民法典》第635条第3项规定,事后补充履行的花费不合比例(unverhältnismäßig)时,承揽人可以拒绝该项请求。该条所指的不合比例,即对于承揽人而言费用过高,此结论的判断不是由不同补充履行方式的比较

〔1〕 宁红丽:《论承揽人瑕疵责任的形式及其顺位》,《法商研究》2013年第6期。

而产生，而是在于比较事后补充履行的费用和通过消除瑕疵而达到的目标、[1]以及比较承揽标的由于瑕疵而导致的价格减损而得出。[2]我国《民法典》第580条第1款第2项后段指出，履行费用过高的，可以排除非金钱债务的继续履行。体现了相同的立法精神。因此，修补瑕疵费用过高的，承揽人可以拒绝履行。最后，根据第801条，施工人应当在合理期限内以自己的费用承担补充履行责任，合理期限的确定取决于工程质量瑕疵的具体情况、采取补正措施的难度以及相关法律规定和合同的约定。

（三）减少报酬

根据《民法典》第781条，承揽人交付的工作成果有瑕疵的，定作人可以主张减少报酬。对于减少价款或报酬，理论上存在其究竟属于形成权抑或是请求权的争议。本书赞同减价权是一种单纯形成权，是依单方意思表示减少价款或者报酬的权利。减价是从公平原则出发而要求"按质论价"，减价数额系基于减价权人对瑕疵标的物"质"的评价而作出。对减价权人"形成意思"中的减价数额有异议的，对方可以请求人民法院或者仲裁机构确认减价的效力。计算上，可以依据消除瑕疵所必需的金额来确定价值的降低。[3]具体到建设工程合同，减价的数额一般遵循"差额说"，即存在瑕疵的工程的实际价值和完好状态的工程的价值之间的差额，通常是工程质量修复所实际发生的费用，包括对原不合格工程进行拆除、重新返工、修复的建筑材料、机械设备以及人工费用等。双方对减价数额不能达成一致时，可以采用对质量修复费用进行鉴定的方法予以确定。[4]

法释[2020]25号第12条规定，承包人拒绝修理、返工或者改建，发包人可以请求减少支付工程价款。从文意上可以理解为：发包人首先应当请求承包人修理、返工或者改建，承包人拒绝的，发包人才可要求减少支付工程款。暗含将补充履行前置的思想。笔者认为，从合理性上考虑，施工人对于待修复的建设工程的施工程序、施工措施均非常了解，容易判断瑕疵可否修补、如何修补，较能实现以最低成本获取最大收益。如果发包人不给施工人修补的机

---

〔1〕 Staudinger/Peters, BGB §635, Rn. 9; MüKo/Busche, BGB §635, Rn. 38; Palandt/Sprau, BGB §635, Rn. 10; Bamberger/Roth/Voit, BGB §635, Rn. 14.

〔2〕 MüKo/Busche, BGB §635, Rn. 38.

〔3〕 韩世远：《合同法总论》（第三版），法律出版社2011年版，第683页。

〔4〕 最高人民法院民事审判第一庭编著：《最高人民法院建设工程施工合同司法解释的理解与适用》，人民法院出版社2004年版，第116页。

会，而直接要求减价，则会剥夺施工人本应获取的部分施工利润。因此，本书认为瑕疵修补优先的处理方式，有利于兼顾合同双方利益，达成符合合同目的的履行效果。

（四）解除合同

《民法典》第563条规定了合同法定解除权的事由，法定解除权的发生，以违约方构成根本违约为条件，当一方的违约行为致使守约方订立合同的目的无法实现时，守约方可以解除合同。原《最高人民法院关于审理建设工程施工合同纠纷案件适用法律问题的解释》（法释〔2004〕14号，已废止）第8条第3项规定，承包人已经完成的建设工程质量不合格，并拒绝修复的，发包人得请求解除建设工程施工合同。但如果工程仅有微小瑕疵，承包人拒绝修复时，发包人如果仍得解除合同，是否合理？对此，台湾地区“民法”第494条规定，承揽人不于定作人所定期限内修补瑕疵，或修补所需费用过巨拒绝修补，定作人除请求减少报酬外，得解除契约。其但书规定：“但瑕疵非重要，或所承揽之工作为建筑物或其他土地上之工作物者，定作人不得解除契约。”83年台上字第3265号判例要旨称：“‘民法’第494条但书规定，所承揽之工作为建筑物或其他土地上之工作物者，定作人不得解除契约，系指承揽人所承揽之建筑物，其瑕疵程度尚不致影响建筑物之结构或安全，毋庸拆除重建者而言。倘瑕疵程度已达建筑物有倒塌之危险，犹谓定作人仍须承受此项危险，而不得解除契约，要非立法本意所在。”因此，如果建筑物的瑕疵程度严重，通过减少报酬的方式不足以保障定作人的利益并兼顾维持该建筑物的经济价值时，定作人仍得解除合同。工程实务中，根据《1999版FIDIC红皮书》第11.4条c项，在缺陷或损害致使雇主基本上无法享用全部工程或部分工程所带来的全部利益时，对整个工程或不能按期投入使用的那部分主要工程终止合同。但不影响任何其他权利，依据合同或其他规定，雇主还应有权收回为整个工程或该部分工程（视情况而定）所支付的全部费用以及融资费用、拆除工程、清理现场和将永久设备和材料退还给承包商所支付的费用。基于以上，如果工程瑕疵并非重大，发包人尚不能解除合同，只有在工程缺陷严重到影响发包人订立合同目的的实现时，才应赋予发包人解除合同的权利。并且，根据《民法典》第563条的3项的规定，建设工程有瑕疵的，发包人应首先要求承包人在合理期限内修补瑕疵，承包人在合理期限内仍不履行，且瑕疵重大、影响工程合同目的的实现的，定作人可以解除合同。

（五）损害赔偿请求权

根据《民法典》第583条的规定，赔偿损失可以与继续履行、采取补救措施并用。赔偿损失根据内容的不同，可分为代替履行的赔偿损失和迟延履行的赔偿损失。[1]代替履行的赔偿损失，是指以赔偿损失代替履行合同义务，因其具备实际履行的功能和目的，故不能与继续履行和采取补救措施并用。迟延履行的赔偿损失，旨在使守约方免受因迟延履行而遭受的损失，比如利息损失。根据《民法典》第801条规定，经过修理或者返工、改建后，造成逾期交付的，施工人应当承担违约责任。如果当事人约定了迟延交付的违约金，那么可以直接适用违约金条款；或者根据赔偿损失规则，要求施工人赔偿因迟延造成的全部损失，包括直接损失和间接损失，但要受可预见性规则的制约。如果施工人违约导致发包人的损失大于约定的违约金时，发包人在请求支付迟延违约金之外，还可以要求对没有得到补偿的损失予以赔偿，这是违约责任补偿性的体现。

工程质量不符合约定时，经发包人通知，施工人拒绝修复的，发包人可以委托第三方进行修复，由此产生的费用，由施工人承担。发包人不通知施工人而自行委托第三方修理时，如果能够证明确实由于施工人的原因造成建设工程的质量不符合约定，施工人仍应承担赔偿责任，但施工人赔偿的范围并不以发包人实际发生的修复费用为准，应考虑到施工人自行修复的妥当性和经济性，确定合理费用。

（六）瑕疵修补请求权优先

工程质量有瑕疵的情况下，发包人可以要求承包人修理、返工、改建、减少支付工程款、解除合同和赔偿损失。但是，就各瑕疵责任的承担方式上，《民法典》没有规定权利行使的顺序。《民法典》第577条规定，当事人一方不履行合同义务或者履行合同义务不符合约定的，应当承担继续履行、采取补救措施或者赔偿损失等违约责任。解释上通常认为，此时采取何种责任承担方式，选择权在于债权人（非违约方），换言之，债务人完全是责任承担的义务主体。但同时，我们也注意到，《民法典》第582条和第781条提到，债权人在行使选择权的时候，应当“合理”。如前所述，根据法释〔2020〕25号第12条的文义，减价权的行使，以提出补充履行而无果为前提，但问题是，如果发包人没有首先要求修理、返工或者改建，是否就不得径直要求减价呢？司法实务上更常见

---

〔1〕 朱广新：《合同法总则》，中国人民大学出版社2012年版，第580-581页。

的情形是，发现工程质量瑕疵后，发包人没有通知承包人修理，而是另行委托他人修复后要求承包人承担修复费用。此时应当如何处理？

在承建双方诉争的一则案件中，[1]涉案工程的外墙保温层出现局部脱落，发包人给承包人发出过通知，承包人亦通过回函予以答复，且从回函内容中可以得出，承包人认可出现保温层脱落的情形，并同意发包人组织维修，但对于维修面积及费用需要双方共同确认。此后，发包人并未就诉争工程的具体维修方案与承包人协商，在未通知承包人的情况下，发包人与第三方订立合同，将诉争工程全部拆除重作。事后，发包人要求承包人支付因工程质量不合格导致返工所支付的费用，承包人拒绝，因此成讼。法院从几个方面对于赔偿问题作出了论证：第一，关于工程质量问题。承包人虽然在函件中认可出现保温层脱落的情形，但出现脱落的面积仅是全部工程的一部分。后来，在双方尚未共同确认质量瑕疵的范围和维修方案的情况下，发包人即委托第三方将诉争工程全部拆除。法院据此认为，工程质量瑕疵的范围不能确认，不能认为全部工程质量存在瑕疵。第二，由于不能认定诉争工程全部存在质量问题，因此法院认为，发包人全部拆除的行为，显然超出了合理限度。第三，关于发包人未通知承包人、即自行委托第三方维修的问题。法院认为，虽然诉争工程发生保温层脱落情况，承包人应承担质量责任；但在承包人承诺经双方确认维修面积后，愿意负担维修费用的情况下，发包人却未通知承包人、即委托第三方将全部施工工程予以拆除。系无视承包人利益的行为。

法院判决认为，诉争工程已经由发包人委托第三方拆除并重新施工完毕，客观上无法对原有工程的质量问题进行鉴定，该责任应由发包人承担。但同时，由于承包人认可保温层发生部分脱落的事实，相应的维修费用必然会发生，但该费用应当在合理范围内。根据公平原则、诚实信用原则、合同履行情况以及双方的过错程度，法院判决承包人在合同约定的质保金范围内承担赔偿责任。

从这则案例中我们可以看出，不通知承包人而自行委托第三方修理时，很容易发生瑕疵的界定争议：关于工程有无瑕疵、以及瑕疵的范围是多少？该案中，由于承包人前期已经承认有保温层脱落的问题，因此，即便无法通过鉴定确定原有工程的质量瑕疵范围，但法院仍认可维修费用必然发生，不过仅支持"合理范围"内的费用返还请求。此处，关于"合理范围"，在思想上其实与

〔1〕 参见北京市第一中级人民法院(2015)一中民终字第07642号民事判决书。

《民法典》第582条要求债权人“合理选择”债务人承担违约责任的方式一脉相承。该案判决主文部分明确区分了“修理”和“重作”，认为二者在建设工程领域的区别在于程度不同，修理是指对部分存在质量瑕疵的施工内容进行修复和理顺，而重作是指工程整体质量存在问题，无法进行修理，只能重新施工。该案中，双方当事人对于发生保温层脱落面积的陈述差距较大，但即便采纳发包人陈述的面积也只是全部工程的一部分，无法认定承包人的施工内容全部存在问题而达到需要重作的程度，在这种情况之下，法院认定发包人选择的责任承担方式并不合理。

瑕疵发现后，发包人未经通知承包人而自行或委托第三方进行修复，所发生的费用得否向承包人主张赔偿的问题，我国《民法典》以及最高人民法院相关司法解释上未见回应。《德国民法典》第637条第1项规定，只有在承揽人于定作人所指定的期限经过而未能修补时，定作人才能自行排除瑕疵并请求必要费用的赔偿，但是承揽人依法拒绝履行的除外。换言之，承揽人的瑕疵修补是第一位的，只有在承揽人没有法定事由拒绝修补时，定作人才能够自行修补，否则不得向承揽人主张费用赔偿。北京市高级人民法院《关于审理建设工程施工合同纠纷案件若干疑难问题的解答》第30条指出：“因承包人原因致使工程质量不符合合同约定，承包人拒绝修复、在合理期限内不能修复或者发包人有正当理由拒绝承包人修复，发包人另行委托他人修复后要求承包人承担合理修复费用的，应予支持。发包人未通知承包人或无正当理由拒绝由承包人修复，并另行委托他人修复的，承包人承担的修复费用以由其自行修复所需的合理费用为限。”

我国法上，通过上称案例和北京市高级人民法院的解释可以看出，司法实务部门已经认识到由原承包人实施修复的经济性和妥当性。处理上，发包人未通知承包人而直接委托第三方进行修复的，并不以其实际发生的修复费用为损失赔偿的范围，而要以承包人自行修复所需要的合理费用为限。这两项费用的数额通常会有一定的差异，原因在于，承包人对于待修复的建设工程的施工程序、施工措施均非常了解，容易判断瑕疵可否修补、如何修补，较能实现以最低成本获取最大收益。这一处理方案，虽然在内容上有别于德国民法，但价值取向上，该判断标准仍值得赞同。并且，如果发包人在发现工程瑕疵时，并不通知承包人，而是径行委托第三方修复，那么双方难免对是否存在瑕疵、瑕疵的范围以及修补瑕疵的方法是否妥当等问题发生争议，发包人不能证明工程有瑕疵的，则要承担举证不能的消极后果，其所支出的修复费用，也常常不能得到赔偿。此外，如果所涉工程在技术上无法修理，或者虽然能够修理但所需费用过高时，则承包人有权拒绝修理，此时，发包人也不能自行修理而请求承包人偿还费用。[1]鉴于以上，在我国法的框架内，虽然没有明确规定和德国民法相同的规则，但通过"合理选择"一语，仍可以在解释学上得出相同或者类似的结论。

五、瑕疵责任的存续期

承包人完成的建设工程有瑕疵，但瑕疵非属重大、不影响合同目的之实现，则发包人不得拒绝验收。但是，发包人可以主张《民法典》第801条的瑕疵权利。发包人验收后，承包人的瑕疵责任当然存续，并且，正是在工程验收后，瑕疵责任才开始实际发生作用。验收时，常有一些隐蔽的工程瑕疵难以被发现，经年才得以显现，只要证明瑕疵在验收时已存在，承包人就要承担相应的瑕疵责任。例外情形仅在于，工程验收时，发包人明确知道存在瑕疵，但却没有做出任何权利保留即予以验收，此后，不得再以该瑕疵主张权利。

比较法上，有为瑕疵责任的存续设定特别期间的立法安排。《德国民法典》第634a条规定，在建筑物和结果在于为建筑物提供计划给付或监督给付的工作的情况下，第634条第1项、第2项和第4项的瑕疵请求权经过5年而完成消灭时效，消灭时效在验收时开始进行。《日本民法典》第637条规定，自定作人已知工作标的物不符合合同之时一年以内未通知承揽人其内容时，定作人不得以其不符合为理由做出履行补正请求、报酬减少请求、损害赔偿请求及合同解除。该一年的期间被理解为除斥期间，定作人应当在该期间内提起诉讼。[2]不过和《德国民法典》不同，期限的起算点不是验收、而是定作人已知，至于定作人发现瑕疵的时间，立法没有做出限制。再观察我国台湾地区"民法"，根据第498条、第499条的规定，工作为建筑物或其他土地上之工作物或为此等工作物之重大之修缮者，定作人之（瑕疵）权利，如其瑕疵自工作交付后经过五年始发现者，不得主张；又第514条规定，定作人之瑕疵修补请求权、修补费用偿还请求权、减少报酬请求权、损害赔偿请求权或契约解除权，均因瑕疵发见后一年间不行使而消灭。承揽人之损害赔偿请求权或契约解除权，因其原因发生后，一年间不行使而消灭。可见，台湾"民法"区分瑕疵发现期间和权

---

〔1〕 崔建远：《合同法学》，法律出版社2015年版，第406页。

〔2〕［日］我妻荣：《债法各论（中卷二）》，周江红，译，中国法制出版社2008年版，第111页。

利行使期间，瑕疵发现期间为建设工程交付后五年，就承揽人故意不告知工作之瑕疵，该发现期延为十年(台湾"民法"第500条)，当事人得以特约加长，但不得减短(台湾"民法"第501条)；权利行使期是指定作人的瑕疵权利因瑕疵发现后一年内不行使而消灭，虽瑕疵权利包括请求权和形成权两种不同性质的权利，但却在立法上统一规定权利行使期间，令法律适用简化。[1]

我国《民法典》未在承揽合同章和建设工程合同章规定瑕疵请求权的特别消灭时效，也没有关于瑕疵发现期的规定。可资借鉴的规范或许在于买卖法中关于检验期的规定(《民法典》第621条)，当事人约定检验期的，买受人应在检验期内将标的物不符合约定的情况通知出卖人，买受人怠于通知的，视为标的物符合约定；当事人没有约定检验期限的，买受人履行通知义务应受"合理期限"的拘束，自收到标的物之日起最长不超过两年。《民法典》第646条规定，其他有偿合同没有规定的，参照适用买卖合同的有关规定。能否认为，该失权性规范(或称"权利消灭型抗辩")所涉及的检验期也可适用于承揽，作为定作人的瑕疵发现期看待？本书认为，承揽合同中，定作人并没有检验的义务，验收仅指定作人认可工作符合约定，继而发生一系列给付交换、风险转移的效果。因此，给定作人设定检验期，期限经过不指出瑕疵即消灭瑕疵请求权的安排并不合理。又我国法上没有明文规定定作人瑕疵权利的消灭时效，因此不能当然效仿德国法，以工程验收为消灭时效的起算点。原则上，发包人主张瑕疵担保请求权要受到《民法典》第188条普通诉讼时效的限制，期间为三年，"自权利人知道或者应当知道受到损害以及义务人之日起计算"，至于发包人应在何时发现瑕疵才能主张权利，我国立法上未予限制。

但是，在建设工程施工过程中，如果发包人发现进行中的工程有瑕疵，是否能够向承包人主张瑕疵权利？即瑕疵责任期间是否可以自竣工验收溯及于建设工程施工过程？对此，理论界有肯定说及否定说。我国台湾地区审判实务中有支持肯定说的裁判，[2]学者也有支持肯定说，并认为此种情形业主(发

〔1〕 黄立主编：《民法债编各论(上)》，中国政法大学出版社2002年版，第454页。

〔2〕 我国台湾地区"最高法院"92年台上字2741号判决谓："民法"第四百九十三条至第四百九十五条有关承揽人之瑕疵担保责任之规定，原则上固于工件完成后始有其适用，惟承揽之工作为建筑物或其他土地上之工作物者，定作人如发现承揽人施作完成部分已有瑕疵足以影响建筑物或工作物之结构或安全时，非不得及时依上述规定行使权利，否则坐待工作全部完成，瑕疵或损害已扩大，始谓定作人得请求承揽人负瑕疵担保责任，要非立法本旨。

包商)向承包商得请求瑕疵预防请求权。[1]肯定说主要源于我国台湾地区"民法"第497条之规定。[2]

否定说认为,工作进行中,已有瑕疵时,定作人得请求承揽人除去瑕疵,无须坐待其完成,再请求修补瑕疵,定作人此种权利,宜认为是履行请求权之行使。[3]因此,对于建设工程合同,如果工程尚未竣工验收,仍处于施工阶段,纵然可能存有瑕疵,承包人应当在工程验收前修补、除去瑕疵,发包人不得行使瑕疵担保请求权。本书赞同该种观点,认为台湾地区判例中有关根据瑕疵之程度,是否足以影响建筑物结构或安全,抑或一般品质、效用、价值瑕疵,此种考量,与能否行使瑕疵担保请求权并非同一层面问题,换言之,笔者并不赞同以瑕疵程度区分发包人能否于建设工程施工期间行使瑕疵担保请求权。工程完工后,验收通过前,就发包人所发现的瑕疵,如果不影响建设工程的功能、效用与价值的,发包人可以先行通过验收,并在验收记录中列明瑕疵,指定承包人于一定期间内修补该瑕疵;如果所发现的瑕疵影响工程的功能、效用或价值,发包人可以拒绝验收,要求承包人继续履行至完成无瑕疵的工作。

六、瑕疵责任和保修责任的竞合

建设工程合同中,常见质量保修条款,其中最为重要的,是工程保修期、保修范围、缺陷责任期和质量保证金的约定。我国《建筑法》第62条规定,建筑工程实行质量保修制度。建筑工程的保修范围应当包括地基基础工程、主体结构工程、屋面防水工程和其他土建工程,以及电气管线、上下水管线的安装工程,供热、供冷系统工程等项目;保修的期限应当按照保证建筑物合理寿命年限内正常使用,维护使用者合法权益的原则确定。具体的保修范围和最低保修期限由国务院规定。国务院颁布的《建设工程质量管理条例》第39条规定,建设工程实行质量保修制度。建设工程承包单位在向建设单位提交工程竣工验收报告时,应当向建设单位出具质量保修书。质量保修书中应当明确建设工程的保修范围、保修期限和保修责任等。同法第40条指出,在正常使用条件下,建设工程的最低保修期限为:(一)基础设施工程、房屋建筑的地基

〔1〕 谢哲胜、李金松:《工程契约理论与求偿实务》,台湾财产法暨经济法研究协会出版社2005年版,第259-262页。

〔2〕 我国台湾地区"民法"第497条规定:"工作进行中,因承揽人之过失,显可预见工作有瑕疵或有其他违反契约之情事者,定作人得定相当期限,请求承揽人改善其工作或依约履行。"

〔3〕 黄立主编:《民法债编各论(上)》,中国政法大学出版社2002年版,第411页。

基础工程和主体结构工程，为设计文件规定的该工程的合理使用年限；（二）屋面防水工程、有防水要求的卫生间、房间和外墙面的防渗漏，为5年；（三）供热与供冷系统，为2个采暖期、供冷期；（四）电气管线、给排水管道、设备安装和装修工程，为2年。其他项目的保修期限由发包方与承包方约定。建设工程的保修期，自竣工验收合格之日起计算。接下来，该法第41条规定，建设工程在保修范围和保修期限内发生质量问题的，施工单位应当履行保修义务，并对造成的损失承担赔偿责任。建设部发布的《房屋建筑工程质量保修办法》第3条对房屋建筑工程质量保修的定义是，对房屋建筑工程竣工验收后在保修期限内出现的质量缺陷，予以修复。又称，本办法所称质量缺陷，是指房屋建筑工程的质量不符合工程建设强制性标准以及合同的约定。”同法第4条规定：“房屋建筑工程在保修范围和保修期限内出现质量缺陷，施工单位应当履行保修义务。”以上法律法规共同确立了我国现行的建设工程质量保修制度，强制承包人对建设工程承担质量保修责任，当事人对于保修范围和保修期间的约定，必须满足上称法律文件规定的范围和最低保修年限。

施工合同中，当事人通常会约定以合同总价的一定百分比（通常为百分之一，最多不超过百分之三）作为质量保修金。所谓“质量保修金”，住建部和财政部联合颁布的《建设工程质量保证金管理办法》第2条第1句指出，“本办法所称建设工程质量保证金是指发包人与承包人在建设工程承包合同中约定，从应付的工程款中预留，用以保证承包人在缺陷责任期内对建设工程出现的缺陷进行维修的资金。”即质量保修金是发包人与承包人约定的、由发包人在应付的工程款中直接扣留约定的金额。表面上看，保修金是工程款的一部分，但实际上这种扣留在法律性质上已经发生了质的变化。直接扣留保修金的法律效果等同于承包人另行交付质保金，这是一种合同的担保方式，是质押权的一种。此外，我们注意到，双方约定保修金的目的，是保证承包人在约定的缺陷责任期限内对建设工程出现的缺陷进行维修，保修金扣留的期限对应的是缺陷责任期。根据同法第2条第3句，“缺陷责任期一般为1年，最长不超过2年，由发、承包双方在合同中约定。”缺陷责任期届满，承包人可以向发包人申请返还保证金。根据法释〔2020〕25号第17条第1款的规定，如果当事人没有约定缺陷责任期的，质量保证金自通过竣工验收之日起满两年返还；因发包人原因建设工程未按约定期限进行竣工验收的，如果当事人对于质量保证金返还期限有约定，那么从承包人提交工程竣工验收报告九十日后开始起算当事人约定的工程质量保证金；如果当事人没有约定工程质量保证金返还期限的，保证金返还期限为自承包人提交工程竣工验收报告九十日后起满二年。

因此，关于质量保修期限、质量保证金和缺陷责任期三者之间的关系应该是，保修期是法定的由承包人对所完成工程承担保修责任的期间；缺陷责任期是当事人约定的、由承包人对工程缺陷进行修复的期间，该期限的特定功能在于，当事人可约定在该期限内预留一部分工程款作为质量保证金，因此该期间一般为一年，最长不超过两年。期间经过，如果没有发生缺陷修复事件，发包人应当及时退还保证金；但同时，如果该工程尚处于质量保修期限内，根据法释〔2020〕25号第17条第2款，发包人返还工程质量保证金后，不影响承包人根据合同约定或者法律规定履行工程保修义务。

如果工程在质量保证期内发生保修事项，承包人未按照约定履行保修责任时，发包人（业主）可于保修金中扣抵其自行或另行雇佣第三人代为履行保修的费用。但是，区别于工程质量保修制度，法律并没有强制规定双方必须约定质量保修金，一方面，在双方未约定保修金时，出现质量缺陷时承包人也必须履行保修义务；另一方面，承包人的质量保修责任范围，也并非以保修金的金额为其上限。法释〔2020〕25号第18条规定，因保修人未及时履行保修义务，导致建筑物毁损或者造成人身、财产损害的，保修人应当承担赔偿责任。保修人与建筑物所有人或者发包人对建筑物毁损均有过错的，各自承担相应的责任。因为承包人不及时履行保修义务，工程处于不符合正常使用标准的不稳定状态，不但存在自身毁损的风险，还存在对使用者或第三方造成财产或非财产损失的风险。对于在保修期限和保修范围内发生质量问题的，一般是先由建设单位组织勘察、设计、施工等单位分析质量问题的原因，确定保修方案，由施工单位负责保修。保修人所承担的赔偿损失责任的范围，既包括因工程质量造成的直接损失，即用于返修的费用，也包括间接损失，如给使用人或第三人造成的财产或非财产损失等。具体来说，承包人不及时履行保修义务，可能导致的违约责任包括，第一，承担第三方修复费用，第二，承担工程本身的毁损责任，第三，工程给第三方造成的人身或财产损害。针对第一项费用，如果尚在缺陷责任期内，发包人可以基于施工合同，直接从承包人的质保金中予以扣除或者请求承包人赔偿；如导致第二项建设工程本身的毁损，发包人可基于施工合同主张质量不符合约定的违约责任，或者向承包人直接主张侵权责任；而发生第三项对他人人身或财产损害时，承包人应当基于侵权承担损害赔偿责任。建设工程在保修期内，发包人将工程转让给第三人的，承包人仍应当向受让的第三人承担工程的保修责任，不能因为建设工程的所有权转移而免除保修责任。

鉴于以上，我们看到，《民法典》工程质量瑕疵责任之外，基于《建筑法》《建设工程质量管理条例》《房屋建筑工程质量保修办法》以及《建设工程质量保证金管理办法》等法律、行政法规的强制性规定，建设工程合同的当事人通常特别约定保修责任。本书认为，工程保修是承包人就其所施建的工程承担在一定时期保持特定性质的担保，发包人在担保事件中，按照承包人所担保的意思和有关陈述，对承包人享有基于担保而发生的权利。在建设工程合同中，该项权利系基于约定而发生，并不妨碍承包人根据《民法典》享有的法定请求权。虽然质量保修的规定来自于公法的强制，却经由当事人的约定发生效果，在相关公法规范强制的范围之外，当事人仍有私法自治的空间。

效果上，保修责任和质量瑕疵责任在工程验收后会有大量重合的作用空间，但是并不相互排除。首先，基于私法自治，当事人可以在建设工程合同中约定减轻或者免除承包人的质量瑕疵责任，但保修责任作为承包人提供的一项特别担保，发包人仍可据此主张权利；其次，保修责任的期间自工程验收时起算，就不同的建设工程内容，分别计算不同的期限，质量瑕疵责任自发包人发现瑕疵之日起计算，受一般诉讼时效的规制，诉讼时效期间为三年，该权利的取得和丧失，不以当事人再行提出特别保证或设定特定期间为前提，但自权利受到侵害之日起，最长保护期不超过二十年；最后，如前所述，保修责任期间内，当事人往往订有质保金的条款，自工程竣工验收之日起两年内，发包人瑕疵权利的实现将会得到极大的保障和简化。

第七章

工程验收迟延

一、验收的界定

（一）交付与验收的交错

我国《民法典》以《合同法》为基础形成第三编“合同”。合同编的承揽合同章基本保持原貌，[1]建设工程合同章也仅增加了两个来自于司法审判实践中的条文。[2]民法典时代，承揽合同的立法状况没有根本性改变，之前存在的问题，结合立法的方向和过往的学说、判例，仍有进行法教义学展开的必要。

承揽以完成一定工作为目的，系典型的结果债务。德国民法第631条第1项，瑞士债务法第363条，日本民法第632条，以及台湾“民法”第490条虽然在措词上有细微差别，[3]但均以承揽人完成约定工作、定作人支付约定报酬为合

---

〔1〕《民法典》承揽合同章仅修改了三个条文，分别是第781条、783条和第787条。第781条将原条文“定作人可以要求承揽人承担修理、重作、减少报酬、赔偿损失等违约责任”中的“要求”改为“合理选择请求”，第783条增加承揽人的抗辩权，第787条增加定作人任意解除权行使时间的限制。

〔2〕 分别是《民法典》第793条和第806条，均来自于最高人民法院2004年公布的《关于审理建设工程施工合同纠纷案件适用法律问题的解释》。

〔3〕 德国民法第631条第1款规定：“因承揽合同，承揽人负有完成约定的工作的义务，定作人负有支付约定报酬的义务。”瑞士债务法第363条规定：“基于承揽契约，承揽人负完成工作的义务，定作人负给付报酬的义务。”日本民法第632条规定：“承揽，因一方当事人约定完成某工作，相对人约定对其工作成果支付其报酬，而生其效力。”我国台湾“民法”第490条规定：“称承揽者，谓当事人约定，一方为他方完成一定之工作，他方俟工作完成，给付报酬之契约。”

同本旨。《民法典》第770条、第780条除规定承揽人按照定作人的要求完成工作外，尚须“交付工作成果”，因此，文献中多以“交付工作成果”为承揽人的主要给付义务。[1]

所谓“交付”，既有实现标的物占有转移的功能，又根据《民法典》第224条之规定，有服务于动产所有权变动的效果。德国民法第631条第2项规定，承揽合同的标的，既可以是某物的制作或变更，也可以是其他由劳动或者劳务所引起的结果。意即有待完成之工作不以有体物为限。我国法上虽然没有相同的规定，但通说认为，工作成果可以为有形，如装修，加工，修理等，也可以为无形，如宣传，演戏，评估，口译等。[2]无形的工作成果，因其特性而无法交付，此时难以认为承揽人有债务不履行。从立法的角度出发，所有权变动是典型的买卖合同的内容，承揽系以工作完成为目的，是否仍需强调“交付”语境下所有权变动之命题，值得推敲。根据《民法典》第782条之规定，当事人没有约定报酬支付期限的，定作人应当在承揽人交付工作成果时支付。从而确立了交付工作成果与支付报酬之间的给付交换关系。但是，如果承揽工作无法交付，又该如何确认报酬支付的时间？并且，参照买卖合同，[3]交付还会带来风险负担的转移，[4]无法交付时，承揽合同的风险负担规则又该如何确定？

《民法典》第780条强调，承揽人交付工作成果时，定作人应当验收该工作成果。验收之内涵，是否应等同于《民法典》第608条之收取？比较法上，验收在承揽合同中的功能性定位能否带给我们启发？又抑或可能成为现行法下解释论的方向，令承揽规则之适用更为通畅？笔者结合我国法中承揽合同、建设工程合同的现行规则以及相关司法解释，拟提出以验收为中心构建建设工程承揽的法律效果。

---

〔1〕 史尚宽:《债法各论》,中国政法大学出版社2000年版,327页;崔建远:《合同法》(第三版),北京大学出版社2016年版,第557页;杨立新:《合同法》,北京大学出版社2013年版,第472页;王利明:《合同法分则研究(上卷)》,中国人民大学出版社2013年版,第374页;郭明瑞,房绍坤主编:《民法》,高等教育出版社2017年版,第385页;魏振瀛主编:《民法》,北京大学出版社2013年版,第516页。

〔2〕 崔建远:《合同法》(第三版),北京大学出版社2016年版,第546页;李永军主编:《合同法学》,高等教育出版社2011年版,第310页。

〔3〕《民法典》第646条规定:“法律对其他有偿合同有规定的,依照其规定;没有规定的,参照适用买卖合同的有关规定。”

〔4〕《民法典》第604条规定:“标的物毁损、灭失的风险,在标的物交付之前由出卖人承担,交付之后由买受人承担,但是法律另有规定或者当事人另有约定的除外。”

（二）承揽合同交付的内涵

我国承揽合同的分类中包括定作合同(《民法典》第770条第2款)。定作合同是由承揽人提供主要材料制成工作物,供给定作人,定作人支付报酬的合同。传统民法区分一般承揽和制作物供给契约(Werklieferungsvertrag),后者即为我国法中的定作合同。就其属性而言,是承揽抑或买卖,素有争论。罗马法及德国普通法多数说认为,定作人供给主要材料时为承揽,承揽人供给主要材料时为买卖。[1]由于材料系承揽人提供,工作物制成后,首先由承揽人原始取得所有权、再由其转让给定作人,因此在法律适用上,定作合同兼具承揽和买卖的性质,区分工作物完成和工作物所有权转让两个阶段,前者主要由承揽的规则调整,后者适用买卖法。[2]此一规则,适用于德国2002年债法改革后,根据德民第651条的规定,合同系以交付尚待制造或生产之动产为内容的,适用关于买卖的规定。并同时指出,尚待制造或生产之动产为不代替物时,虽得适用相应的承揽规则,但在认定危险及负担转移时,以交付为核心的所有权变动时点取代承揽验收。由此可见,是否以所有权变动为合同的基本内容,系买卖和承揽的区分关键。"交付"语境下的所有权变动命题,在承揽中应不成立。因此,笔者所讨论的承揽,也相应排除制作物供给契约,只假定待制作或待改造的标的为定作人所有或其所有权可直接的、无需承揽人意思表示即可转移于定作人之情形。[3]本书所界定的建设工程合同,也是以承揽规则为基本规范框架,不考虑适用买卖法的装配式建筑形态。

承揽合同中,工作成果是有形的,则承揽人需要交付,工作成果是无形的,一般无须交付,仅涉及工作完成。因此,我国有学者提出,在理解承揽合同交付概念时,应将"交付"一词的含义理解为完成工作,令定作人接收到工作成果的利益,尤其对于那些依其性质无需交付的承揽工作,承揽人对约定工作的完成即视为交付工作成果。[4]相类似的观点如我妻荣教授,其认为,在承揽标的为有形工作时,工作完成义务中包含将完成之物交付给定作人的义务;此外,区分材料供给人不同、并结合加工添附的规则,认为承揽人在特定情况下

---

〔1〕 史尚宽:《债法各论》,中国政法大学出版社2000年版,第323页。

〔2〕 崔建远:《合同法》(第三版),北京大学出版社2016年版,第550页;李永军主编:《合同法学》,高等教育出版社2011年版,第312页、315页。

〔3〕 例如:定作人所有之物的修理或改造,定作人提供之原料的组装或缝合,以及在定作人土地上的建造等。Schmid,Das neue gesetzliche Bauvertragsrecht,Nomos,1. Auflage 2018,S. 15.

〔4〕 李永军主编:《合同法学》,高等教育出版社2011年版,第308页。

尚有移转所有权的义务。以无形工作为承揽标的的,则不要求交付,承揽人完成工作即清偿了债务。[1]但我妻教授同时认为,承揽工作的交付不仅是转移占有,还同时包含定作人在对工作成果予以检查、肯定其符合合同内容的基础上接受占有转移。[2]并再三强调,承揽人的主义务仍是完成工作,交付的作用仅在于令定作人能够检视工作、确认验收。交付原则上意味着定作人检查标的物、对工作已按照合同内容完成明示或默示地予以了解、接受直接占有。[3]由此,我妻教授对于交付的理解,更多着眼于定作人的角度,以其认可工作符合约定、接受占有转移为交付内容,从而令交付发生承揽人债务清偿的效果。

瑞士债务法以工作成果的交付(Übergabe)作为风险移转的时点(第376条第1款),但对于交付是仅为"占有转移"、抑或还包含定作人认可工作结果符合合同,存在争议。法国民法第1788条虽然规定在标的物"交付"以前承揽人负担风险,但亦有强有力的学说认为,该"交付"意味着检查并领取。[4]德国债法改革之前,旧民法承认过"交付"的概念,[5]承揽人交付义务的内容包含转移占有以及转移履行标的的所有权。[6]不过,这样的交付概念在债法改革之后不再见诸于承揽合同法。通说认为,除了从工作性质上来说不需要验收的情况外,定作人有验收义务(德民第640条第1款),并不强调承揽人的交付行为。德国法验收制度的根本核心在于其对工作的"认可功能"(Billigungsfunktion)。[7]因此多数学说认可所谓"二阶段验收概念"("zweigliedriger Abnahmebegriff"),[8]其构成上不仅要求定作人有实体上的受取(körperliche Entgegennahme),还要求认可工作基本符合合同(Billigung des Leistungsgegenstandes)。[9]

---

〔1〕[日]我妻荣:《债法各论(中卷二)》,周江洪,译,中国法制出版社2008年版,第85-87页。

〔2〕同上,第89页。

〔3〕同上,第97页。

〔4〕Colinet Captitant, II no.1091 et suiv.; Planiol, III no. 2077 et suiv. 转引自我妻荣:《债法各论(中卷二)》,中国法制出版社2008年版,第98页。

〔5〕债法改革之前,原德国民法第634条第1款第2句规定:"如果工作在交付(Ablieferung)之前存在瑕疵……"。

〔6〕Bamberger/Roth/Voit § 631, Rn. 46; MüKo/Busche, § 631, Rn. 59; Staudinger/Peters/Jacoby, § 631, Rn. 17 f.

〔7〕Bamberger/Roth/Voit § 631, Rn. 46; MüKo/Busche, § 631, Rn. 59.

〔8〕Jakobs AcP 183(1983), 145(158, 159).

〔9〕RGRK-BGB/ Glanzmann Rn. 3; diff. Erman/Schwenker Rn. 4; Soergel/Teichmann Rn. 6.

从比较法的观察可以看出，虽然有采行“交付义务”和“验收义务”两种不同的学说观点，但解释目的无外乎在于要求定作人明确认可工作结果符合合同。比较而言，在相对直观的归属于承揽人行为的“交付”中植入定作人认可工作、接受占有转移的内容，难免牵强。考虑到承揽工作与买卖标的的差异性，以有体物的占有转移为承揽人的义务内容、难以涵括承揽工作的多样性。承揽合同法律效果的发生，均以定作人认可工作基本符合合同为前提，在此意义上，毋宁参考域外立法的安排，以完成工作为承揽人之主义务，而将有体工作占有转移之内容规范入验收制度中。

（三）承揽合同验收的定义

《民法典》第780条除了规定承揽人有“交付”工作成果的义务外，亦规定定作人应当验收工作。我国学者多认为承揽人“交付”工作成果时，定作人有义务对工作成果进行验收，[1]有观点将受领和验收进行区分，认为定作人在受领工作成果的同时，有义务对工作成果进行验收，将验收理解为对工作成果数量质量的检验。[2]另外有观点进一步认为，验收虽然包括接受的含义，同时还有确认工作成果是否符合合同约定的意思，只有经验收合格的工作物，定作人才需要接受。[3]

依笔者见解，承揽人“交付”工作成果仅是以清偿为目的提出给付，更多的指向工作完成的宣告。验收在内容上首先包含定作人认可工作基本符合合同的意思，在其认可工作的前提下，如果工作能够实体受领，定作人还应该接收工作。[4]换句话说，在这种情况下，承揽工作占有转移的实现是通过验收来

〔1〕 崔建远：《合同法》（第三版），北京大学出版社2016年版，第563页；王利明：《合同法分则研究（上卷）》，中国人民大学出版社2012年版，第377页。

〔2〕 崔建远：《合同法》（第三版），北京大学出版社2016年版，第563页；杨立新：《合同法》，北京大学出版社2013年版，第472页。

〔3〕 王利明：《合同法分则研究（上卷）》，中国人民大学出版社2012年版，第377页。

〔4〕《民法典》第799条第1款明确指出：建设工程竣工后，发包人应当根据施工图纸及说明书、国家颁发的施工验收规范和质量检验标准及时进行验收。验收合格的，发包人应当按照约定支付价款，并接收该建设工程。

完成,验收的内涵在于定作人认可并接收工作成果。[1]对于经定作人认可、又能够实现占有转移的承揽工作,承揽人应按照合同约定的方式、地点将工作成果交付给定作人:如合同约定承揽人送交的,承揽人须将工作成果送至定作人住所;如合同约定定作人自提的,承揽人应通知定作人在合理日期提货;如合同约定托运代交的,承揽人应即时办好托运手续。[2]

根据承揽工作的不同类型,并非所有的验收都包含实体接收。典型的情况是,如果工作处于定作人持续占有之下,则不存在占有转移,在承揽人做出工作完成的宣告后,定作人仅需对工作成果是否符合合同做出表示。[3]另外,工作是无体物时,通常认为没有实体接收,但是如果经有形载体表现,比如设计图纸、书面的法律意见、鉴定意见等,则认为可以接收。此外,还有一部分无体工作,比如戏曲演出、口译等,以劳务提供为形态、却具有结果完成之特性,也不存在占有转移意义上的实体接收。但是,所有的承揽工作,包括不能被实体受取的工作,都能够被定作人认可。例如,顾客在搭车之后感谢出租车司机,在理发后感谢理发师,在听完音乐会或戏剧表演后鼓掌,所有这类情况,都没有发生所有权变动或占有转移,但却存在不被认可的可能,比如出租车司机绕道招致不满、理发不符合客户的品味以及戏剧表演偏离传统被投诉过度异化等。[4]

基于以上,笔者界定的工程验收内涵包括两个部分,其一是发包人认可承

---

〔1〕 日本民法将定作人认可工作、接受占有转移作为交付的内容,因此不以验收作为定作人的义务。瑞士债务法以工作成果的交付作为风险移转的时点(第376条第1款),但对于交付是仅为“占有转移”、抑或还包含定作人认可工作结果符合合同,存在争议。法国民法第1788条虽然规定在标的物“交付”以前承揽人负担风险,但亦有强有力的学说认为,该“交付”意味着检查并领取(Colinet Captitant, II no.1091 et suiv.; Planiol, III no. 2077 et suiv.)。德国立法和学说不强调承揽人的交付行为,通说采“二阶段验收概念”(zweigliedrigerAbnahmebegriff),其构成上不仅要求定作人有实体的受取(körperlicheEntgegennahme),还要求认可工作基本符合合同(Billigung des Leistungsgegenstandes)(Teichmann, Gutachten zum 55. DJT, 1984, Bd. I A 69f.)。

〔2〕 魏振瀛主编:《民法》,北京大学出版社2013年版,第516页。

〔3〕 有观点认为,关于何为持续占有这一前提是存疑的:例如在定作人房屋内的墙壁粉刷,该房屋事实上的支配在其被粉刷期间是转移于承揽人的,而粉刷人则在完成工作后才会表示移交房屋,在此之前则可以排除定作人干扰(vgl. Peters/ Jacoby, Kommentar zum § 633, in: Staudingers Kommentar zum BGB, 13. Aufl., Berlin: Sellier & de Gruyter, 2014, Rn. 79.)。因此这一论断仅在承揽工作存于定作人人身之时,该结论才是确定的,比如说理发。

〔4〕 Peters/ Jacoby, Kommentar zum § 640, in: Staudingers Kommentar zum BGB, 13. Aufl., Berlin: Sellier & de Gruyter, 2014, Rn. 8.

包人完成的工程成果，该认可功能是工程验收的核心，其二，由于建设工程能够发生占有转移，因此，发包人的验收义务还包含实体接收建设工程。只有实体接收的行为而缺乏明示的认可表示时，仅在根据发包人有决定性意义的行为能够判断或法律特别规定的情况下，始得视为验收。

（四）以验收为承揽人完成履行的前提

《民法典》第557条第1项规定，债务已经履行的，债权债务终止。解释上认为，所负担的给付必须对债权人发生效力才能构成债务的履行。不仅要有履行行为，更包含对履行结果的要求，如果欠缺履行结果，债务人即使实施了所负担的给付行为，仍未能完成合同的履行。[1]

承揽是典型的结果债务，只有承揽人达成结果，才能主张报酬。承揽合同履行过程中，承揽人完成符合合同约定的工作并提交定作人，尚未发生履行结果，直到定作人认可工作。换言之，承揽合同中承揽人的履行必须与定作人验收建立关联。承揽债务的履行除要求承揽人完成所负担的工作，还需要定作人认可工作基本符合合同。对承揽人而言，其债务履行阶段结束于验收，只有经过定作人验收才能发生承揽合同履行的效果。[2]定作人验收之前，承揽人已经完成其合同履行的全部必要工作，但尚未能消灭债。这种安排似有不公：承揽人仅有义务完成己方给付，而不应将其给付效果建立在他方的义务履行之上。这一利益失衡，可以由承揽合同的风险负担规则予以纠正。承揽人完成合同约定的工作，并向定作人提出验收请求，后者没有正当事由而拒绝验收，则给付风险连同对待给付风险均因受领迟延而转移于定作人。此外，建设工程承揽司法实践中认可拟制验收的规则，拖延验收会发生合同履行的效果。从这个角度上，虽然一方面承揽合同的履行有赖于验收，但另一方面又有众多规则软化了履行构成，现行规则的设计能够妥当兼顾当事人的利益平衡。

立法上，承揽合同的验收和买卖关系中的受领（《民法典》第608条）应存

---

〔1〕 我国法上，关于承揽合同之履行是基于完成交付或是通过验收，未有论证，因此，本章观点之建立，主要参考德国民法的规则。Pesek, Die Gefahrtragung im Werkvertragsrecht, Gießen: VVB Laufersweiler, 2015, S. 10; Larenz, Lehrbuch des Schuldrechts, Band I: Allgemeiner Teil, 14. Aufl., München: C.H.Beck, 1987, S. 235；德国学说和裁判通说采“事实上的给付效果论”（Theorie der realen Leistungsbewirkung），认为债务关系消灭的前提是债务人所负担的给付必须给债权人带来履行结果；同时参考BGH-Urteil vom 17.7.2007-X ZR 31/06=NJW 2007, 3488（3489）.

〔2〕 BGH-Urteil vom 19.12.2002-VII ZR 103/00=NJW 2003, 1450（1452）; BGH-Urteil vom 11.5.2006-VII ZR 146/04=NJW 2006, 2475（2476）.

在明确区分。买卖标的物主要涉及既有之物，因此仅强调买受人实体受取标的物；而承揽工作通常是根据定作人的设想和愿望所做的个性化订造，无论实体受取能否发生，通过定作人认可工作符合合同、即能实现验收。对承揽人而言，验收会带来法律的确定性和明确性，因为验收意味着定作人承认工作基本符合合同约定，承揽人完成合同履行。即便工作有瑕疵，只要经过验收，也导致合同履行的效果发生。通过验收，履行阶段终结，承揽人的先履行义务宣告结束。〔1〕

二、典型的工程验收

（一）验收的法律属性

由于我国法上并不以验收为承揽合同的特定核心概念，因此关于验收的讨论乏善可陈。〔2〕德国法上，关于验收的法律属性一直存在争议，有意思表示说〔3〕，准法律行为说〔4〕和事实行为说〔5〕。笔者采布舍（Busche）在《慕尼黑法学评论》中的观点，认为准法律行为的认识较为妥当。〔6〕准法律行为系无法效意思的表示行为，其法律效果之实现不取决于行为人意思，而为法律所直接规定。同时，准法律行为也区分于事实行为，后者无需有意思表达或宣告要件。〔7〕对验收而言，其相关法律后果，如承揽报酬的到期，风险转移以及相关期间的

---

〔1〕 Greiner, Schuldrecht BT, Berlin: Springer, 2011, S. 195; Thode ZfBR 1999, 116(116); Kniffka, ZfBR 1998, 113(113); Hartung, NJW 2007, 1099(1099); Hartmann, ZfBR 2006, 737(739); Christiansen, ZfBR 2010, 3(4); Joussen, BauR 2009, 319(324).

〔2〕 以史尚宽先生为代表，其仅讨论承揽工作受领与买卖标的物受领的差异性，并未对验收本身有明确的定义和定性。史尚宽：《债法各论》，中国政法大学出版社2000年版，327页。

〔3〕 意思表示说又分为需要受领的意思表示，Riezler, Der Werkvertrag nach dem Bürgerlichen Gesetzbuch für das Deutsche Reich, Jena: G. Fischer, 1900, S.135; 无需受领的意思表示，RGZ110, 404(406 f.); Böggering JuS 1978, 512; Ganten NJW 1974, 987; Hartung NJW 2007. 1099(1100); Hochstein BauR 1975, 221(222); Jakobs AcP 183(1983), 145(163)。

〔4〕 OLG Stuttgart NZBau 2011, 297(299); Kaiser, Das Mängelhaftungsrecht in Baupraxis und Bauprozeß, 7. Aufl. 1992, Rn. 37; BeckOK BGB/ Voit: Kommentar zum §640, München: C.H.Beck, 2019, Rn. 5。

〔5〕 Enneccerus/Lehmann, Recht der Schuldverhältnisse: ein Lehrbuch, Tübingen: Mohr Siebeck, 1958, § 63 II; Peters/ Jacoby, Kommentar zum § 640, in: Staudingers Kommentar zum BGB, 13. Aufl., Berlin: Sellier & de Gruyter, 2014, Rn. 25.

〔6〕 Busche, Kommentar zum § 640, in: Münchener Kommentar zum BGB, 7. Aufl., München: C.H.Beck, 2018, Rn. 4.

〔7〕 朱庆育：《民法总论》（第二版），北京大学出版社2016年版，第86页。

起算等，均基于法律规定直接发生，其中欠缺定作人的法效意思，非为法律行为，但毕竟验收仍属于表示行为，因此宜解释为准法律行为。

对于准法律行为，法律适用时，需类推与之相近规范，因之毕竟属于表示行为，故意思表示的规则原则上得适用于验收。当定作人亲自验收时，其应具备相应之行为能力；在第三人验收场合，需有定作人之授权，或构成表见代理。在总包分包的情形下，通常发包人向分包人作出表示不足以构成验收，但总包人可基于该验收表示主张报酬请求权到期。〔1〕验收表示应到达承揽人（《民法典》第137条第2款第1句）；同时，该表示行为还可以通过默示方式做出（《民法典》第140条第1款后段），前提是定作人有决定性意义的行为可视为以合理的方式对工作认可。

（二）验收的发生前提

1. 承包人完成工程建设

能够对建设工程进行整体验收的前提是工程达到验收标准。所谓达到验收标准，根据《民法典》第799条第1款第1句的要求，条件是建设工程竣工。承包人作为先履行义务的一方，对其完成建设工程负有举证证明责任，对此如未能提供证据或者证据不足以证明其事实主张的，应承担不利后果。〔2〕我国《民法典》第509条第1款确立了全面履行合同义务的原则，如果承包人没有全面履行合同义务，则工作未完成，尚未具备验收条件。

但是，承包人义务是否得到全面履行，在建设工程的履行中往往难以界定，例如隐蔽性的工程质量瑕疵可能经年始能显现，在工程竣工时往往难以判断；又如一些明显的、已经发现的质量瑕疵，如果完全不影响工程合同的目的实现，那么，拒绝验收对于承包人而言并不公平。因此需要反思，全面完工的原则在验收的前提判断上是否合理。

我国学者提出，如果工作成果仅存在微小瑕疵，定作人有权要求承揽人修补、替换，但在不构成根本违约的情况下，不应拒绝接受该工作成果。〔3〕一方面，承揽人需完成约定工作，始得申请验收；另一方面，如果工作仅有非重要瑕疵，定作人不得拒绝验收。该解释的旨趣在于，保护承揽人免受与具体合同目的无关的、不合比例的推迟验收的影响。至于如何认定非重要瑕疵，取决于

〔1〕 Schleswig NJW 14, 945/47, aA Köln NJW-RR 97, 756; Naumburg NJW 13, 2367.

〔2〕 参见上海市第一中级人民法院（2017）沪01民终6768号民事判决书。

〔3〕 王利明：《合同法分则研究（上卷）》，中国人民大学出版社2012年版，第377页。

个案中对合同当事人的利益衡量，并考虑到瑕疵的种类和范围。英美法系工程实务及判例中，建设工程完工一般采用“实质竣工”（practical completion，substantial completion）原则，其判断标准是工程已经能为实现业主利益、达到预期目的的使用。此时，即便有一些细微的项目尚未完成，实质竣工已经实现，业主不得拒绝对实质完工的工程付款。国际上，美国建筑师协会（AIA）契约条款规定的实质竣工是指，当全部或部分工作已按契约约定充分完成，使业主可以为预期使用目的而占有或使用该工作物。国际咨询工程师联合会《1999版FIDIC红皮书》标准施工合同契约条款第10.1条规定，当承包方认为工程已竣工时，应向工程司申请接收证书。工程司可以在工程存在对预期使用没有实质影响的少量未完成工作或缺陷的情形下向承包方颁发接收证书。

此外，为照顾承发包双方的利益均衡，既要考虑发包人有取得无瑕疵工程的利益，又要从承包人角度同时将瑕疵消除的费用及其对瑕疵产生的过错程度置于利益衡量之下；又如一项工作有多个瑕疵，由于验收涉及对整体工作是否符合合同的判断，因此不能割裂的判断单个瑕疵的重要性，而是要将若干瑕疵作为一个整体来观察。〔1〕一般来说，发包人可以认可工程基本符合约定而验收，同时基于《民法典》第801条的瑕疵权利获得保障；但如果瑕疵重大到影响工程效用的程度，则发包人可以拒绝验收。

2. 满足合同约定和法律规定的其他条件

为了便于定作人验收，《民法典》第780条第1句后段指出，承揽人交付工作成果时，应提交必要的技术资料和有关质量证明。技术资料主要包括使用说明书，结构图纸、有关技术数据。质量证明包括有关部门出具的质量合格证书、以及其他能够证明工作成果质量的数据、鉴定证明等。裁判观点认为，承揽人负有约定和法定的向定作人交付材质合格证、出厂证等义务。〔2〕承揽标的为软件开发时，承揽人在提供软件的同时，应提交相应的使用说明资料，后者同样属于工作完成的基本内容。〔3〕对于建设工程承揽，我国《建筑法》和《建设工程质量管理条例》分别具文规定了承包人在申请竣工验收时应当提供的文件和资料，〔4〕此外，《2017版示范文本》第13.2.1条也约定，申请竣工验收时，

〔1〕 Busche, Kommentar zum § 640, in: Münchener Kommentar zum BGB, 7. Aufl., München: C.H.Beck, 2018, Rn. 13.

〔2〕 参见最高人民法院（2016）最高法民申2431号民事判决书。

〔3〕 BGH NJW 1993, 1063; 1993, 2436.

〔4〕 参见《建筑法》第61条，《建设工程质量管理条例》第16条第2款第2项、第3项和第5项。

承包人需按合同约定的内容和份数备齐竣工资料，编制甩项工作和缺陷修补工作清单以及相应的施工计划。司法实践中认可提交工程竣工报告和竣工资料是承包方的法定义务。[1]承包人未提供必要的工程操作资料或施工文件，则认为工程未完成、未达到验收标准，此时，发包人的验收义务尚未发生。

3. 工程竣工的宣告

通常情况下，需要承包人宣告工程已竣工，未经承包人提出，发包人原则上不得验收。[2]承揽人申请竣工验收，应当向监理人报送竣工验收申请报告。监理人应当在收到竣工验收申请报告后一定期限内完成审查并报送发包人；如果经监理人审查后认为尚不具备验收条件的，应通知承包人、指出其还需进行的工作内容。承包人完成监理人通知的全部工作内容后，应再次提交竣工验收申请报告，直至监理人同意为止。[3]

需要特别指出的是，满足以上前提条件下，发包人有验收义务。但在此之前，不能谓发包人不能验收。验收作为发包人的一项权利，其在行使时，不受验收条件是否满足的制约。发包人可以选择在工程完成前即决定验收，但其要明确认识到，在工程尚未完成的情况下认可工作，会令相关的法律后果发生。例如，建设工程施工中常有甩项验收的约定：经发包人要求，合同当事人可以通过签订甩项竣工协议的方式，对已完合格工程进行结算，并支付相应合同价款。[4]除此之外，即使工程有重大瑕疵，或是承包人未按照合同约定为给付，定作人仍有认可工作的权利。[5]但是，私权的行使会受到公法强制的制约，承揽标的为建设工程的新建、扩建、改建等行为时，虽然竣工验收由发包人负责组织实施，但是由于受到国家强制性规范的约束，发包人实质上并无任意验收的权利。[6]

---

〔1〕 参见最高人民法院（2016）最高法民终484号民事判决书。

〔2〕 参见浙江省绍兴市中级人民法院（2011）浙绍商外终字第12号判决书。

〔3〕 参见《建设工程施工合同（示范文本）》（GF-2017-0201）第13.2.2条和《标准施工招标文件（2007年版）》第18.2条。

〔4〕 参见《建设工程施工合同（示范文本）》（GF-2017-0201）第14.3条。

〔5〕 Busche, Kommentar zum § 640, in: Münchener Kommentar zum BGB, 7. Aufl., München: C.H.Beck, 2018, Rn. 11.

〔6〕 参见《建设工程质量管理条例》第16条第2款，《房屋建筑和市政基础设施工程竣工验收备案管理办法》第4条，第8条。

（三）发包人对工程的认可

1. 认可工程基本符合约定的表示

所谓验收,在买卖解释为纯粹占有转移意义上的交付,但承揽中不仅包含接受占有转移,更有对工作基本符合合同约定的认可。确切的说,认可工作为符合合同的履行构成了承揽合同验收制度的基本内核。认可工作基本符合合同约定,并不意味着工作没有瑕疵。客观来讲,该种认可缺乏严肃性。一方面,定作人作为外行,无法对承揽工作作出适当评价;另一方面,即便定作人委托专业人员进行验收,其也只能表示当时未能发现足以拒绝验收的瑕疵。并且,如前所述,对于工作未尽之处,定作人尚有瑕疵救济制度可以援用。

我国有学者提出,验收意指检验加接收。[1]但笔者认为,验收系指定作人对工作的认可,并不以其检验工作为前提。[2]至于定作人是经过仔细检查、比对而验收工作,或者完全不检验而直接认可,在所不问,均能产生验收效果。换言之,与买卖法不同,定作人仅有义务进行验收、而不是检验;但是承揽人应当为定作人提供检验可能性(如上文所述,承揽人需发出工作完成的通知并提供必要的技术资料)。验收发生时,即便定作人不检验即验收,其仍得行使因瑕疵而发生的权利,不利后果仅在于,由于对工作完成时的状态没有确认,可能导致定作人证明交付时存在瑕疵、而不是由其使用而发生瑕疵的证明责任的加重;又或者,鉴于我国司法实践中对外观瑕疵和隐蔽瑕疵的区分,未经检验而验收时,推定定作人明知有外观瑕疵而未提出权利保留,从而发生瑕疵权利消灭的效果。[3]

2. 满足形式要求

《民法典》第799条没有规定验收的特殊形式要件。实践中,当事人为缓解举证困难,通常约定以书面方式作出验收记录。该书面记录应能够明确记载发包人的验收表示,以证明验收发生。在北京城建集团有限责任公司(简称"城建公司")与沈阳首开国盛投资有限公司(简称"首开公司")建设工程施工合同纠纷案中,[4]发包方首开公司与承包方城建公司签订盛京国际演艺中心一期主场馆工程合同一份,合同签订后,城建公司进场施工。后首开公司

[1] 李永军主编:《合同法学》,高等教育出版社2011年版,第324页。

[2] BGH NJW 1970, 421; BeckOK BGB/ Voit, Rn. 6; Heidland BauR 1971, 18.

[3] 王利明:《合同法分则研究(上卷)》,中国人民大学出版社2012年版,第377页。

[4] 参见最高人民法院(2020)最高法民终1042号民事判决书。

以工程方案有巨大调整为由与城建公司解除合同，双方对已完成工程款产生了纠纷。城建公司认为，相关完工部分工程质量符合要求，首开公司应当按约支付工程款；而首开公司认为工程相关部分并没有按图纸及施工方案施工，该部分金额不应当计取。经审理，法院认为在《单位工程质量竣工验收记录》中，综合验收结论为已完工程的工程质量符合设计要求和规范规定，已完结构工程验收合格，且该验收记录由首开公司、城建公司、监理公司、设计单位分别加盖了公章，可以认为相关完工部分工程质量符合要求，首开公司应当支付该部分费用。由此可见，书面的验收记录对于确认发包人的验收表示至关重要，有利于承包人主张验收完成、工程价款已到期。同时，书面验收形式的约定，也能保护发包人免受默示验收推定的拘束。装修合同中，当事人约定由发包人签署完工验收证明，在欠缺该证明文件的情况下，即便发包人接收钥匙交付、住进房屋，也不能推定承包人完全履行了合同约定。[1]

（四）默示验收

1. 概述

验收可以明示或默示的方式作出。发包人签署验收记录，即为明示的验收；缺乏明示的验收表示时，需要根据发包人的全部行为判断其是否通过默示方式认可工作基本符合合同约定，或者默示拒绝验收。

默示验收发生的前提包括，第一，从合同当事人的角度出发，承包人已经完成全部履行、而非部分履行，在工程仅有对其使用效能无重大影响之微小瑕疵时，认为已完成全部履行。一般来说，对于满足验收条件的工程，由于发包人已负有验收义务，承包人即可通过发包人相关的行为来主张默示验收。第二，原则上，发包人需要获得检验工程质量的可能性，承包应有必要根据交易习惯为发包人设定合理的检验期间。[2]

需要特别指出的是，默示验收并非是对发包人的沉默进行解释，而是将验收的效果建立在发包人的特定行为表征上。发包人实施具有决定意义的行为（schlüssiges Verhalten）、能够清楚表明其认可工作基本符合合同约定时，认为存在默示验收。[3]但是发包人的表示意思，特别是对其行为效果的认识并非

〔1〕参见河南省新乡市中级人民法院（2017）豫07民终3055号民事判决书。

〔2〕BauR 17, 1540; BGH NJW-RR 10, 748 Tz 22: Statik.

〔3〕BGHZ 207, 296 Rn. 30=NJW 2016, 634; BGH NJW 2016, 2878 Rn. 52.

必要。[1]

2. 支付报酬

发包人支付工程价款，可以表明其有验收意愿。此时，即便发包人根据合同预留一定金额作为可能存在的瑕疵修补费用，也不影响对验收的判断；[2]结合个案实践，如果发包人提出请求延期支付报酬、继续转让工程、或检查工程后在施工确认单上签字等，均可以构成默示验收。[3]但是，如果工程合同约定，承包人应对制造、安装的设备调试合格后交付发包人的，虽然承包人进行了多次调试，但双方没有办理设备验收手续，也没有其他证据证明已将设备调试合格，不能仅以发包人已陆续支付设备款的行为主张定作设备已调试合格、满足验收条件。[4]

3. 使用工程

除了支付工程价款外，发包人使用建设工程也被看作是一种常常发生的默示验收的表示。尽管没有发生合同约定的最终验收，但如果发包人一直在使用工程设备、且该使用系合于既定用途的利用，并非对设备的试运行，并且，经过了一个相当长的使用期间，那么，即便没有发包人的验收表示，也认为存在默示验收。[5]此时特别需要强调的是，默示验收要求承揽工作已经完成，可供发包人开展合乎目的的使用。[6]

司法实践中，如定作人和承揽人约定，未经验收、定作人提前使用或擅自动用承揽工作的，视为验收合格，则该约定有效，发生验收效果，定作人应当按照约定支付价款及逾期付款违约金。[7]《最高人民法院关于审理建设工程施工合同纠纷案件适用法律问题的解释(一)》(法释〔2020〕25号)第9条第3项规定，未经竣工验收，发包人擅自使用建设工程，以工程移转占有之日为竣工日期。司法实践中，往往将“竣工”和“验收”做了同质化的处理。在引据该

---

〔1〕 Breitling NZBau 17,393/95.

〔2〕 根据《建设工程质量保证金管理办法》第2条的规定，发包人可以与承包人在工程承包合同中约定，从应付工程款中预留、用以保证承包人在缺陷责任期内对建设工程出现的缺陷进行维修的资金。该笔资金仅作用于对可能发生的瑕疵责任的履行担保，并不有碍于验收效果。

〔3〕 Busche, Kommentar zum § 640, in: Münchener Kommentar zum BGB, 7. Aufl., München: C.H.Beck, 2018, Rn. 17.

〔4〕 参见最高人民法院(2002)民二提字第16号民事判决书。

〔5〕 参见上海市第一中级人民法院(2016)沪01民终10430号民事判决书。

〔6〕 参见江苏省高级人民法院(2017)苏民终2199号民事判决书。

〔7〕 参见江苏省南京市中级人民法院(2017)苏01民终10320号民事判决书。

条时，均以发包人擅自使用、工程占有转移之日为发包人工程验收之时。[1]在福建省桃源建设工程有限公司（简称“桃源公司”）与三明市锦浪新材料科技有限公司（简称“锦浪公司”）建设工程施工合同纠纷案中，[2]在关于工程竣工验收时间的争议问题中，法院指出：因桃源公司未能提供证据证明涉案工程何时进行了验收，根据《最高人民法院关于审理建设工程施工合同纠纷案件适用法律问题的解释》第十四条第（三）项（现法释〔2020〕25号第9条第3项）的规定“建设工程未经竣工验收，发包人擅自使用的，以转移占有建设工程之日为竣工日期”，故本案确定2017年12月31日为竣工日期。根据双方合同约定，工程款的7%为验收合格时支付，3%工程款为保修金，保修期一年。故尚有7%工程款236193元本应在2017年12月31日给付，未及时给付的，锦浪公司应从2018年1月1日起按年利率24%支付逾期付款违约金。

需要发问的是，如果发包人在使用工程前已经提出瑕疵异议，且该瑕疵足以令其有权拒绝验收，瑕疵未消除的情况下，其使用行为是否仍能满足默示验收的条件？对此，从上称司法解释的文义出发，因其未列举任何的除外情形，仍可得出肯定的结论。对此，笔者认为，即便发包人已经开始使用建筑物，但如果其已明确表示或者以行动表明（提出重大瑕疵异议）拒绝验收，则应当能够阻却默示验收的发生。[3]

此外还需要检讨，法释〔2020〕25号提出的一经使用、即告验收的规则，在实践中是否合理？比较法上，德国承揽合同默示验收效果发生的前提不仅包括投入使用的行为，还要求必要的使用期间。[4]其解释认为，不能以第一次可确定的使用行为发生的时间作为验收效果发生之时，因为通过短暂的演示和简单的外观检查无法确定工作的可用性以及瑕疵的有无，为验收一项工作，往往需要一段使用期间来检验工作的性能。并特别强调，必要的使用期间对于验收特别是无形工作的验收诚为必要。比如单纯受取一份法律意见书，在没有其他辅证的情况下，不能认定存在默示验收，合理的判断标准是，定作人利

〔1〕 参见贵州省安顺市中级人民法院（2019）黔04民终374号民事判决书，安徽省淮南市中级人民法院（2015）淮民一终字第00605号民事判决书。

〔2〕 参见福建省三明市中级人民法院（2018）闽04民终833号民事判决书。

〔3〕 BGHZ 207, 296 Rn. 30=NJW 2016, 634; BGHZ 146, 250（262）= NJW 2001, 818; NJW-RR 1999, 1246（1247）.

〔4〕 Vergabe-und Vertragsordnung für Bauleistung（VOB）B部分第12条第5款：未要求验收，而定作人开始使用全部或部分工作者，在开始使用后6个工作日后，除另有协议外，其工作视为已经验收。

用了该份意见书，沉默，并经过合理的期间。[1]使用期间的长短，可以在个案中综合衡量确定。总体而言，从规则设定的合理性考虑，该解释可资借鉴。反面论断是，在未经验收即行使用的场合下，一定期间内，定作人仍可提出工作瑕疵的异议，从而合理的拒绝验收。法释〔2020〕25号第9条第3项提出的一经使用、即告验收的结论应有商榷必要。概言之，笔者认为，如果发包人在使用建设工程前已经提出、或者工程使用后的合理期间内提出足以拒绝验收的瑕疵异议，则不能发生默示验收。

（五）不作权利保留的验收

作为准法律行为的验收，会发生特定的法律效果，但不包括排除承包人的瑕疵责任。[2]但是，如果发包人对于已经发现的瑕疵，未保留追究瑕疵责任的权利而予以验收，事后能否主张《民法典》第801条的质量瑕疵责任，不无疑问。类比买卖法的规则，《民法典》第621条指出，买受人应当在检验期间内将标的物的数量或质量不符合约定的情形通知出卖人，怠于通知的，视为标的物的数量或者质量符合约定。该条系买卖法中的失权性规范，或称权利消灭型的抗辩（Einwendung）。其所承载的请求权排除的制度思想和《民法典》第613条以及《最高人民法院关于审理买卖合同纠纷案件适用法律问题的解释》第24条一脉相承，基于关注债权人做出表示行为时认知的角度，禁止其采取互相矛盾的行为。这一思想，也应当贯彻到建设工程合同发包人的验收规范中。在发包人作出验收决定时，如果已经发现了工程瑕疵，但却未作权利保留、径行验收，那么事后不得主张瑕疵以及与此相关的法律上的权利。[3]不过，这一后果不适用于拟制验收的情形。权利损失所涉及的瑕疵，必须要是发包人在验收时有积极认知的瑕疵。没有发现的瑕疵，则不会面临失权。至于发包人是否发现瑕疵，判断上颇有疑异。有观点指出，工作成果的瑕疵如果可以通过检验而发现，而定作人在验收时未提出瑕疵抗辩，则表明定作人已经认可该瑕疵，承揽人不再对此瑕疵承担责任。[4]《民法典》第622条区分外观瑕疵和

---

〔1〕 Busche, Kommentar zum § 640, in: Münchener Kommentar zum BGB, 7. Aufl., München: C.H.Beck, 2018, Rn. 20.

〔2〕 魏振瀛主编:《民法》，北京大学出版社2013年版，第518页；崔建远:《合同法》（第三版），北京大学出版社2016年版，第563条。

〔3〕 可对比德国民法第640条第3款：定作人根据本条第1款第1句进行验收时，对于已知瑕疵，如未提出瑕疵权利保留，则不得主张第634条第1项至第3项的权利。

〔4〕 王利明:《合同法分则研究（上卷）》，中国人民大学出版社2012年版，第377页。

隐蔽瑕疵，而仅就外观瑕疵，如果买受人在（较短的）检验期内不提出主张，即发生失权效果。本条解释上，可以参考外观瑕疵的规则并借鉴比较法经验、对定作人有积极认知的瑕疵作出进一步界定：认为构成该类瑕疵，一方面需要定作人依工作性质在短期内根据其外观能够确认瑕疵的存在，另一方面，尚需要定作人能够清楚认识到该瑕疵对于工作的影响。[1]因此，仅能认识到外观瑕疵尚不足够。争议案件中，承揽人需证明定作人在验收时对于瑕疵有积极认知、且未作权利保留，如此才表明定作人已经认可该瑕疵，从而丧失相应的瑕疵权利。需要强调的是，定作人对瑕疵的积极认识应发生在验收时。同时，权利保留也需在验收时作出，不能在事前，也不能在事后。[2]

《最高人民法院关于审理建设工程施工合同纠纷案件适用法律问题的解释（一）》（法释〔2020〕25号）第14条规定，建设工程未经竣工验收，发包人擅自使用后，又以使用部分质量不符合约定为由主张权利的，人民法院不予支持。对于该条，教义学上应如何理解？如前所述，发包人擅自使用的行为能够发生验收效果（法释〔2020〕25号第9条第3款），那么，能否同时构成质量符合约定的推定？司法裁判认为，“涉案工程完工后，原告没有经过竣工验收即擅自使用，依据建设工程施工合同司法解释第14条第3款（现法释〔2020〕25号第9条第3款）规定之精神，可视为涉案工程已经竣工验收并交付使用，但不能排除被告在涉案工程保修期内的修复义务。即涉案工程交付使用后，原告在保修期内因被告施工质量而引起的渗漏问题仍有权向被告提出修复的请求。”[3]由此可见，以“擅自使用”作为认可默示验收发生的形态之一，除了在构成要件上有加强的必要外，可资赞同；但无论是明示验收还是默示验收，都应发生统一的效果。工程验收时，除非发包人对于已经发现的瑕疵未作权利保留，否则并不丧失追究质量瑕疵责任的权利，默示验收概莫能外。一经验收，发包人不得以质量瑕疵为由拒绝支付工程款。基于以上，笔者主张，对法释

---

〔1〕江苏省宿迁市中级人民法院（2018）苏13民终4772号民事判决书指出：“客厅移门一头存在尺寸偏差、移门花架工艺不完整、地砖缝隙不严合并存在破损、飘窗大理石缝隙太大、地砖不平、免漆板钉眼外露、大门有凹凸、客厅和阳台顶部有裂纹等问题，均是凭观察即可发现的瑕疵，……姜飞未提供证据证明其在本案起诉之前曾对上述问题提出异议，应认定其对上述瑕疵接受并予以认可。”同时BGH NJW 1970，383（385）；注16，BeckOK BGB/ Voit，Rn. 35.

〔2〕Peters/ Jacoby，Kommentar zum § 640，in：Staudingers Kommentar zum BGB，13. Aufl.，Berlin：Sellier & de Gruyter，2014，Rn. 57，60.

〔3〕参见上海市第一中级人民法院（2014）沪一中民二终字第1031号民事判决书。

〔2020〕25号第14条“以使用部分质量不符合约定为由主张权利的，人民法院不予支持”的文义做限缩解释，即限制解释为不得以质量不符合约定主张未验收，而不包括不得主张质量不符合约定的责任。

三、特殊的工程验收

（一）部分验收

我国《民法典》没有提到部分验收，但其第782条指出，工作成果部分交付的，定作人应当相应支付报酬。支付承揽报酬是验收当然的法律效果，在本文语境下，部分交付宜解释为工作成果部分完成，定作人部分验收。因此，可以确定，在《民法典》承揽合同框架内，可就全部工作（整体验收）或仅就部分工作进行验收（部分验收）。但是，仅有执行合同约定的部分支付的行为，并不能认为存在部分验收。〔1〕定作人能够自行决定在工作整体完工之前验收部分工作，但除非双方已经达成合意，否则承揽人无权要求部分验收。定作人部分验收的重要前提是，在一般的交易观念中，该部分工作能够独立存在，能够和工作的其他部分足够清晰的区分，其能够具备独立功能，有自身的可用性，并可以进行相应的瑕疵检验。〔2〕《2017版示范文本》第13.4条规定了单位工程的验收。所谓单位工程，是指具备独立施工条件并能形成独立使用功能的建筑物及构筑物，如一栋住宅楼、一个锅炉房、一个办公楼等。单位工程完工后，因为具备了独立的使用功能，可以根据发包人的需求先投入使用，在承包人向发包人交付该单位工程时，可以根据竣工验收的程序进行单位工程的验收，发包人应向承包人出具由其签认的单位工程接收证书。

根据《民法典》第782条的文义，部分验收时，能够发生与整体验收相同的法律效果，承揽人可主张相应的报酬。因此，部分验收应该仅指本文准法律行为意义上的验收，而不是技术上的“验收”。《民法典》第798条规定了隐蔽工程在隐蔽以前，发包人应当及时检查；《2017版示范文本》第5.3条约定了隐蔽工程的检查，经发包人（或其监理人）检查确认质量符合隐蔽要求，并在验收记录上签字后，承包人才能进行覆盖。此类隐蔽工程的检查，工程实务中或称

〔1〕 例如工程施工合同通常约定预付款和工程进度款等付款方式，执行该部分支付的行为，并不能证明存在部分验收。

〔2〕 Vgl. v.Berg, Kommentar zum §12 VOB/B, in: Fachanwaltskommentar Bau-und Architektenrecht, Köln: Werner Verlag 2011, Rn. 27.

"隐蔽工程的验收",并不具备法律上的验收效果,只是由于事后无法查验某些工作的前期阶段,需要发包人及时查看。[1]此类技术验收的法律效果仅在于,定作人认可工作前期阶段后,瑕疵证明责任由承揽人转移于定作人。[2]

(二)发包人任意终止合同时的验收

《民法典》第787条规定,定作人在承揽人完成工作前可以随时解除合同。就建设工程合同而言,无相反规定的情况下,应适用承揽合同的有关规定(《民法典》第808条)。问题是发包人任意终止建设工程合同后,是否有对承包人所完成的工作进行验收的义务?从《民法典》和施工合同范本的相关规定看,承包人完成工作,并提交必要的技术资料和有关质量证明时,发包人才有义务验收该工作成果。在逻辑上,承包人"完成"工程建设,是发包人验收的前提。但因为发包人提前终止建设工程合同,致使承包人在合同结束时仅完成部分工作,不能满足设定的条件;并且由于合同终止的功能仅在于结束合同,并不包含改变履行合同内容至终止之时的意思,因此,发包人没有验收义务。

可资赞同的观点认为,发包人的任意解除权仅向未来发生效力,不能溯及既往,双方不负有恢复原状的义务;但是发包人应当赔偿承包人损失,就承包人已经完成的工作成果部分,发包人有义务支付相应的报酬。[3]问题是,支付报酬是否仍应以验收为前提?发包人任意终止工程合同,并不令双方之前的合同关系溯及地归于消灭,对于承包人已经提供的给付,发包人在合同终止后仍可以行使工程验收前的履行请求权。已终止合同的履行阶段的终结,和正常履行的工程合同一样,都应当由验收来完成。区别仅在于,合同终止后的验收范围限于终止时承包人所提供的给付。需要注意的是,发包人行使任意终止权,并非当然发生验收效果,仍需要经过验收程序。如前所述,验收可以通过明示或默示的方式完成,但终止合同本身绝非默示验收,并不包含发包人认可已完工部分工作基本符合合同约定的意思。此外,合同终止后的验收应当与部分验收相区分。此时并不存在部分验收,而是最终的整体验收,只是验收仅限于承包人完成的工作部分而已。

---

〔1〕 Vergabe-und Vertragsordnung für Bauleistung(VOB)B部分第4条第10款:如部分工作,经由检验或确认之执行将不复存在,工作之部分现况,于有要求时,由定作人与承揽人共同确认之。

〔2〕 Vgl. v.Berg, Kommentar zum §12 VOB/B, in: Fachanwaltskommentar Bau-und Architektenrecht, Köln: Werner Verlag 2011, Rn. 63.

〔3〕 王利明:《合同法分则研究(上卷)》,中国人民大学出版社2012年版,第388页。

根据《民法典》第563条的规定，一方当事人严重违约时，守约方可以解除合同。第806条第1款和第2款分别具体规定了建设工程发包人和承包人的解除权，并在第3款指出，建设工程施工合同解除后，已经完成的建设工程质量合格的，发包人应当按照约定支付相应的工程价款；质量不合格的，参照第793条处理，即如果工程经修复后验收合格，发包人仍应按照约定支付价款，但由承包人承担修复费用；修复后的工程验收不合格，则发包人无需支付价款。根据该条，在合同解除的情况下，发包人仍有"验收"义务，并且价款请求权的发生，以"验收合格"为条件。对于因重大违约而发生的合同解除，有说服力的观点认为，合同解除后，尚未履行的债务自解除时归于消灭，已经履行的债务并不消灭，转化为新的恢复原状的返还债务，原物返还不能或没有必要返还时，原则上应负价格返还义务。[1]笔者认为，对于第793条的理解应同样遵循上述立场，对于质量合格的建设工程，发包人应负价格返还义务，该价款的计算遵从原合同的约定；经修复后质量合格的，发包人仍应按照上称标准支付价款，此时文义上的"验收合格"、应理解为"质量合格"，付款义务的发生，并非工程验收的效果，而是基于不当得利的返还义务；如果修复后的工程质量仍不合格，那么发包人未有获利，无需以任何标准返还价格。

（三）拟制验收

建设工程领域，除了作为准法律行为的验收外，司法实践中还可发现拟制验收的踪迹。《最高人民法院关于审理建设工程施工合同纠纷案件适用法律问题的解释（一）》（法释〔2020〕25号）第9条第2项规定：如果承包人已经提交竣工验收报告，发包人拖延验收的，以承包人提交验收报告之日为竣工日期。司法实践中，法院将根据该款确定的竣工日期作为验收的时间看待，并继而发生工程验收后的法律效果。[2]对此，《2007版招标文件》规定的更为明确：其第18.3.6条指出，发包人在收到承包人竣工验收申请报告56天后未进行验收的，视为验收合格。以上，即为我国在承揽司法实践中发展出来的关于拟制验收的规则。与作为准法律行为的验收相比，拟制验收不以发包人有验收的意思为前提。

---

〔1〕 韩世远：《合同法总论》（第三版），法律出版社2016年版，第526页，第536页。

〔2〕 参见甘肃省武威市中级人民法院（2017）甘06民终1028号民事判决书；最高人民法院（2018）最高法民申549号民事裁定书；河南省周口市中级人民法院（2017）豫16民终5096号民事判决书等。

1. 发生条件

验收是发包人的权利，其有权明确承包人履行义务是否符合合同约定。同时，由于验收也是承包人请求支付价款的前提，故而，最高人民法院认为，在工程履行过程中，如果承包人已经提交了竣工验收报告，而发包人为了达到拖欠工程款等目的，故意拖延验收，那么虽然本应以验收合格之日为实际竣工日期，为保护承包人的合法权益，制裁发包人的恶意行为，故以承包人提交验收报告之日为竣工日期。〔1〕但是，仅仅是因为发包人故意拖延验收，就能够认可发生验收效果吗？根据《2017版示范文本》第13.2.1条以及《2007版招标文件》第18.2条的要求，承包人申请建设工程竣工验收的首要条件是，除另有约定外，其应完成合同范围内的全部工程及有关工作、并符合合同要求。概言之，所谓验收，其实质是对"符合合同完成工作"的认可。因此，无论采用何种验收形态，一定要以工作已经完成作为前提。只有在承包人已提供了基本符合合同约定的给付时，验收义务才能够发生。此时，发包人才应该确认是否承担和验收相关的经济风险。此一前提，不独适用于准法律行为意义上的验收，拟制验收亦同，只有这样，风险转移于发包人才是正当的。

根据法释〔2020〕25号第9条第2项，拟制验收的发生以发包人拖延验收为前提。从承包人提交竣工验收报告时起算，《2007版招标文件》第18.3.6条规定了56天、《2017版示范文本》第13.2.3条规定了42天，发包人未验收的，视为验收合格，以承包人提交竣工验收报告之日为竣工日期。实践中，双方当事人也可以通过专用条款的约定设定验收期限及其效果。

我国司法实践中，往往将验收与检验（《民法典》第620条）做同一化处理。有判决认为，发包人未对工程予以验收，已逾两年半之久，超过了法定的检验期间，应视为工程项目已竣工验收合格。〔2〕又一则案例中，承揽人和定作人约定在设备完成后一周内进行验收，由于定作人原因不能进行验收的，超过两周视为验收合格。法院将该期限认定为质量异议期，由于承揽合同章未做规定，根据《民法典》第646条适用买卖合同的规则，以第621条为准用条款。参照该条，认为双方对定作产品的验收期限有了明确约定，定作人应在设备完成后一周内进行验收，并将标的物的数量或质量不符合约定的情形通知出卖

〔1〕 最高人民法院民事审判第一庭编著：《最高人民法院建设工程施工合同司法解释的理解与适用》2004年版，第139页。

〔2〕 参见上海市第一中级人民法院（2017）沪01民终3370号民事判决书。

人，怠于通知的，视为标的物的数量或者质量符合约定。[1]效果上，令定作人丧失追究瑕疵责任的权利，并未能直接指向验收。但其实，当事人约定的“超过两周视为验收合格”，正是暗合了拟制验收的规则。三一重能有限公司与河北华宇耐磨材料股份有限公司承揽合同纠纷上诉案中，[2]双方在合同中约定由承揽人将承揽工作送至定作人指定仓库，而后者并未告知前者明确的送货地点并通知供货；直至一审法院组织接收工作，距离约定交货的时间已间隔三年之久，导致承揽工作已发生严重锈蚀，北京市第一中级人民法院判决认为，承揽人未能送交承揽工作的责任在于定作人，因此其不得以工作存在质量问题进行抗辩，且应于承揽人处自行取回承揽工作。该判决虽未明确言及拟制验收，但认为在承揽人工作完成后、定作人应当验收而不验收时，验收的效果已拟制发生、且定作人应实体接收工作物。

2. 法律效果

有疑问的是，拟制验收情况下，发包人的瑕疵权利是否受到影响。司法实践大量将当事人约定的验收期间作为质量异议期看待，期间经过发包人未提出质量异议时，既发生验收效果，又令发包人丧失（外观）瑕疵请求权。对此，本文持不同见解，认为应该严格区分工程承揽合同拟制验收的效果与买卖合同中买受人检验义务的违反效果（不在检验期内检验或怠于通知）。后者的法律后果是“同意的拟制”（Genehmigungsfiktion），即标的物被拟制为受到买受人认可，从而令买受人失去所有的瑕疵担保权利。[3]但在工程合同中，验收意味着承包人履行阶段的终结，继而发生承揽合同上的交换关系。拟制验收规则旨在保护承包人，达成验收效果，解决因发包人原因导致的不确定和不明确性。此时虽然发生验收的法定效果，承包人可以主张报酬请求权，但是因为欠缺发包人的任何表示行为，法律并未拟制认为工作成果没有质量上的瑕疵，发包人基于《民法典》第801条的瑕疵权利不应当因为拟制验收的发生而受到影响；这一点应当与准法律行为意义上的验收作出区分。通常情况下，准法律行为意义上的验收发生时，如明知有瑕疵但仍然验收，且不做任何权利保留时，该类瑕疵的请求权消灭。

---

〔1〕 案例引自诸佳英、许晓倩：《承揽合同中质量异议期限的认定》，《江苏法制报》2012年12月31日，第2006版。

〔2〕 参见北京市第一中级人民法院（2017）京01民终3914号民事判决书。

〔3〕 Claus-Wilheim Canaris, Handelsrecht, 24. Aufl. München: C.H.Beck, 2006, S. 448.

四、发包人的验收义务

根据《民法典》第799条第1款第1句，发包人应当及时验收。验收首先是发包人的权利，发包人经承包人要求却不合理的拒绝验收时，陷于受领迟延；但是，单纯的债权人迟延规则不足以保护承包人，因为承包人履行效果的实现有赖于验收的完成，而验收制度的核心在于发包人认可工作，该意思表示仅在满足特别要件的前提下才能够被拟制，而我国法上尚缺乏系统完备的规则。欲令验收效果发生，需要发包人积极做出表示行为。故而，文献观点均认可发包人有验收义务。〔1〕本文进一步主张将验收义务确定为发包人的主义务，该义务应当与《民法典》第778条规定的协力义务区别开来。如果承包人完成工程建设，且无重大瑕疵，则有权请求发包人毫不迟延的履行其验收义务。有特殊约定时，承包人可以请求部分验收。

（一）验收义务的发生

只有当工程建设满足验收条件时，发包人才负有验收义务。其前提可包括：1、承包人完成建设工程合同约定的工程项目；2、工程质量符合合同约定和法律规定；3、承包人提出验收申请，并提交相关技术资料和质量证明。承包人完成的工程虽然有瑕疵，但瑕疵非为重要，则发包人无权拒绝验收，仍有验收义务。没有强行法介入的情况下，当事人可以通过约定自由安排验收的时间、验收的形式以及和法律规定不同的验收条件，从而提前或推迟法定的验收义务。

（二）拒绝验收

验收义务发生后，当事人不合理的拒绝验收时，发生验收义务的违反。和验收一样，拒绝验收也是一项准法律行为，有关意思表示的规则原则上得相应准用。拒绝验收需要发包人有积极的表示行为，但无需说明理由。发包人还可以用行动表明拒绝验收。但是发包人沉默不得视为拒绝验收，仅在满足拟制验收的前提条件下，直接发生验收效果。〔2〕

〔1〕 崔建远：《合同法》（第三版），北京大学出版社2016年版，第563页；王利明：《合同法分则研究（上卷）》，中国人民大学出版社2012年版，第377页。

〔2〕 Busche, Kommentar zum § 640, in: Münchener Kommentar zum BGB, 7. Aufl., München: C.H.Beck, 2018, Rn. 46.

（三）义务违反的后果

合同约定的验收期到来后，或经承包人要求、发包人在合理期限内没有正当理由而拒绝验收时，根据《民法典》第605条，付款风险在受领迟延时转移至发包人。发包人同时陷于债务人迟延，根据《民法典》第577条，承包人可以请求发包人履行验收义务或请求迟延损害赔偿。不过，在设定验收期限、符合拟制验收的情形下，并不涉及受领迟延或债务人迟延，因为此时没有迟延的发生、而是直接发生验收效果。如果发包人拒绝验收或消极反应，承包人原则上可以诉请验收。由于验收是不可替代的行为，在我国民事判决中，虽可判令发包人应为验收表示，但该验收表示却难以成立执行名义，因为我国《民事诉讼法》强制执行立法仅针对财产和行为。由此，该判决无法达成意思表示拟制的效果，验收效果无法自然发生，产生实践中的执行困难。司法裁判中往往回避验收表示效果的拟制，而是直接将其拆解为若干行为债务，判令发包人实体接收工程并支付约定的报酬。

在认可拟制验收规则的前提下，有疑问的是，诉请验收是否还有独立存在的价值？因为拟制验收给承包人提供了一条路径，即通过给发包人设定相应的验收期限，期限经过发包人不作表示时，即会发生验收的效果。对此，需要注意到，诉请验收对承包人而言还有其他的利益。诉讼过程中，如果法庭没有支持发包人以工作瑕疵为由而拒绝验收，那么判决结果就直接证明了工作无瑕疵，而拟制验收发生后，承包人并不能当然避免工作质量瑕疵的争议。因此，虽然引入拟制验收制度能够优化承包人的法律地位，但也没有必要就此切断已有的法律保护可能性，验收诉讼中，应肯定承包人应受法律保护的利益。[1]

五、工程验收的效果

无论是基于准法律行为的验收、还是拟制验收，都能发生验收效果。发包人作出验收表示的，在该表示到达承包人时发生验收效果；拟制验收时，验收效果发生在其法定条件成就时。到验收为止，合同履行阶段终结，承包人根据建设工程合同的第一次给付义务完成。鉴于验收被视为对合乎合同履行的接受，验收之后，发包人原生于《民法典》第788条的全部的履行请求权消灭，代之以第801条的瑕疵责任请求权，对于验收时已经发现的瑕疵，只有在发包人做出明确的权利保留的情况下，才能够主张。

---

〔1〕 Derleder NZBau 2004，237（241）；注16，BeckOK BGB/ Voit，Rn. 27.

（一）报酬请求权的到期和利息的起算

发包人的核心义务是支付约定的报酬，根据《民法典》第799条第1款第2句，没有特别约定时，验收合格的，发包人应当按照约定支付价款；工作部分验收的，发包人应支付相应报酬（《民法典》第782条）。发包人有合理理由拒绝验收的，无需支付工程价款。但是，《最高人民法院关于审理建设工程施工合同纠纷案件适用法律问题的解释（一）》（法释〔2020〕25号）第27条第2句却指出，当事人对付款时间没有约定或者约定不明的，如建设工程已实际交付，以交付之日为付款时间；如建设工程没有交付，以提交竣工结算文件之日为付款时间；建设工程未交付、工程价款也未结算的，以当事人起诉之日为付款时间，显然再次混淆了验收和交付在承揽合同中的地位和法律效果。回归承揽合同法的基本理论和《民法典》第799条第1款第2句的规定，应当以验收为承包人先履行义务的终结，在此时点上发生承包人的价款请求权。

理论上，以金钱所定的工程价款，除双方约定延期支付外，发包人应当自验收时起加付利息。但是，由于建设工程合同履行过程中，涉及复杂的问题，包括设计变更、工期问题、质量问题等，因此，工程价款的最终确定，往往需要承包人提供完整的结算资料进行计算。《2017版示范文本》第14.1条规定：除专用合同条款另有约定外，承包人应在工程竣工验收合格后28天内向发包人和监理人提交竣工结算申请单，并提交完整的结算资料。该竣工结算申请单的内容包括竣工结算合同价格、发包人已支付承包人的款项、应扣留的质量保证金（已缴纳履约保证金的或提供其他工程质量担保方式的除外）、以及发包人应支付承包人的合同价款。发包人应当在约定的期限内完成对竣工结算申请单的审批，并签发竣工付款证书。同样的，为防止发包人故意拖延结算、损害承包人的利益，《2017版示范文本》第14.2条第1项规定，发包人在收到承包人提交竣工结算申请书后28天内未完成审批且未提出异议的，视为发包人认可承包人提交的竣工结算申请单，并自发包人收到承包人提交的竣工结算申请单后第29天起视为已签发竣工付款证书。关于该条约定的效力，司法实践中曾发生过争议，最高人民法院在法释〔2020〕25号文件第21条中明确规定：当事人约定，发包人收到竣工结算文件后，在约定期限内不予答复，视为认可竣工结算文件的，按照约定处理。承包人请求按照竣工结算文件结算工程价款的，人民法院应予支持。根据《2017版示范文本》第14.2条第2项的规定，除专用合同条款另有约定外，发包人应在签发竣工付款证书后的14天内，完成对承包人的竣工付款。发包人逾期支付的，按照中国人民银行发布的同期同类贷款基准利率支付违约金；逾期支付超过56天的，按照中国人民银行发布的同期同类贷款基准利率的两倍支付违约金。以上，可以视为当事人通过约定确定了工程价款支付的时间和利息的起算。

无论是作为工程整体的竣工验收，还是作为单位工程的部分验收，验收完成后，发包人有权要求承包人移转工程的占有，但如果发包人拒付报酬，承揽人得享有《民法典》第807条规定的优先受偿权。

（二）风险转移

风险承担的规则上，验收有着决定性的意义。工程验收前，由承包人负担全部的履行风险和价金风险。根据建设工程合同，承包人有完成工程建设的义务，验收之前，无论工作是否完成，一旦损坏，除了在交易观念上认可工作的完成构成给付不能的场合，承包人仍有以其自身花费重新制作的义务，同时不得请求额外的承揽报酬。[1]验收虽然是发包人的义务，但实体收取却是在承包人移交工程时发包人的权利，发包人并无接收义务，仅得陷于受领迟延，由此而发生的工作毁损、灭失的风险由发包人负担，同时价金风险也随之转移于发包人。部分验收的情况下，该部分工程的风险相应发生转移。

（三）期间起算

在工程合同没有特别约定的情况下，自验收时起，承包人报酬请求权到期，诉讼时效开始起算。我国的建设工程实行质量保修制度。建设工程的保修期，自竣工验收合格之日起计算（《建设工程质量管理条例》第40条第3款）。如果发包人和承包人在建设工程承包合同中约定，从应付的工程款中预留质量保证金，用以保证承包人在缺陷责任期内对建设工程出现的缺陷进行维修，该缺陷责任期也是从工程通过竣工验收之日起计（《建设工程质量保证金管理办法》第8条）。缺陷责任期经过，定作人应向承揽人返还质量保证金。[2]

（四）举证责任移转

验收完成的证明责任由发生权利的一方承担，通常情况下，由承包人承担举证责任。[3]为避免默示验收的发生，发包人需要证明使用建设工程是不可

---

〔1〕 王利明：《合同法分则研究（上卷）》，中国人民大学出版社2012年版，第384页；魏振瀛主编：《民法》，北京大学出版社2013年版，第518页；我妻荣：《债法各论（中卷二）》，中国法制出版社2008年版，第99页。

〔2〕 参见浙江省杭州市中级人民法院（2016）浙01民终3108号民事判决书。

〔3〕 参见江苏省南通市中级人民法院（2016）苏06民终2703号民事判决书。

避免的，同时需要抗辩自己没有认可工作的表象。此外，工程质量的证明责任会随着验收转向有利于承包人的方向：验收之前，承包人应当对工程没有瑕疵承担举证责任，验收之后，证明工作有瑕疵的责任转由发包人承担。[1]

六、工程验收规则的确立和解释论方向

《民法典》建设工程合同章中，第799条指明，建设工程竣工后，发包人应当验收。验收合格的，发包人应当按照约定支付价款，并接收该建设工程。第793条更是以验收合格作为支持无效合同的承包人请求支付工程价款的依据。由此可知，工程建设完成后，只有经过发包人验收，才意味着承包人履行行为的终结，承包人可以向发包人主张工程价款。此时并不强调承包人的交付行为，而与占有转移相关的接收则处于发包人的义务范围内。

我国法上，一直以来，因"交付"一词的不当使用，令法律人模糊了承揽合同双方给付交换发生的时点，从而淡漠了验收在承揽合同法中的功能性定位。尤其是从《民法典》第770条、第782条的文义出发，承揽人交付工作成果和定作人支付报酬之间形成了履行上的给付交换关系，导致整个承揽合同法体系中强调交付，而漠视验收，验收在效力上一直未能展开。一方面，承揽工作未必能够实现交付，以交付为承揽人义务、不能涵括承揽工作的多样性；另一方面，即便在能够发生占有转移意义上的交付场合下，欠缺定作人认可工作的表示，也难谓承揽人完成清偿提供、从而消灭承揽之债。

《民法典》框架内，验收应当成为承揽合同法的中心概念，从而统领承揽合同的效果发生。实践中，建设工程相关争议处理的规则对理论发展有积极的影响，在承揽合同规定不足的情况下，建设工程合同的处理范式可以为解释学提供出路。

就验收的内涵而言，其最重要的内容在于定作人对工作的认可，而不在于实体上的受取。正是在此基础上，承揽合同法区别于买卖法，后者以有体物的所有权变动为核心内容，整个给付交换发生在出卖人交付标的物于买受人并使其取得该物的所有权，买受人应同时支付约定的价金给出卖人。而对于承

〔1〕 黄立主编：《民法债编各论（上）》，中国政法大学出版社2002年版，第412页；另《德国民法典》第363条：为清偿而提出之给付，经债权人受领者，如债权人主张给付与应为之给付不同，或给付不完全，而反对给付发生清偿效力时，负举证责任。BGH NJW 2009, 360 Rn. 15; BGHZ 61, 42（47）=NJW 1973, 1792; BGHZ 48, 310（312）=NJW 1968, 43; BGHZ 42, 16（18）=NJW 1964, 1791; Christiansen ZfBR 2010, 3（5）; Peters NZBau 2009, 209（210）.

揽，仅在定作人认可工作成果时，才发生承揽人的报酬请求权。

由于承揽人的给付效果取决于验收，而验收及其法律效果的发生原则上都依赖于定作人的行为，因此可以说，验收是一件服务于定作人利益的工具。这种认识基础上，对于验收制度的认知和发展，其方向应在于限制定作人的行为，在定作人沉默或者不合理的拒绝验收时，需要思考其结果的妥当性，从而配置合理的规则，平衡双方当事人的利益。传统验收模式是一种积极的认可模式，要求定作人作出验收表示，该表示可以通过明示或默示的方式进行，但同时也意味着，如果定作人未予表达，则验收不成立，单纯的沉默不能构成认可验收。这样一来，定作人的地位过分优越，而相对的，承揽人则越发被动。因此需要在积极认可模式中增加一项额外的措施，以补偿定作人的沉默，这就是拟制验收的在法价值上的正当性基础。民法典时代，在现有立法框架内，以建设工程合同实践中发展出来的验收规则推动承揽合同法的发展，其解释论应当走向全新的方向，体现完全不同于买卖法的规则设计和价值评判。

第八章

工程变更与价款调整

一、问题的提出

在白银市住房和城乡建设局（简称“住建局”）与白银五洲房地产开发有限公司（简称“五洲公司”）建设工程施工合同纠纷案中，[1]五洲公司与住建局签订《白银市文化广场及周边改造项目开发建设协议书》，由五洲公司对白银市文化广场项目进行建设开发，约定“本协议在履行过程中，因国家政策或具体情况发生变化，需要进行修改、变更和补充时，必须在协商一致，达成共识的情况下，以书面形式进行修改、变更和补充。任何一方均无权单方修改、变更和补充本协议。”五洲公司认为，在合同履行过程中，住建局对于工程量进行了单方变更，超过了招投标文件中可预见的范围。住建局则认为，任何工程施工都不可能完全和投招标文件确定的数额完全一致，实际施工过程中总有工程量的增减，增减工程量也不一定必须有签证，没有签证不代表没有增加或减少工程量，只要实际增加或减少了工程量，就要根据约定进行结算。经审理，法院认为，合同履行中，需要对合同内容进行变更，双方应协议一致，未经双方协商，合同一方单方变更合同内容的，变更行为对合同另一方不产生法律效力，故本案住建局并不享有对于工程量的单方变更权，其变更行为对五洲公司并不产生效力。在该类案型中，当事人双方对于发包人是否有合同单方变更

---

〔1〕 参见甘肃省白银市中级人民法院（2019）甘04民终1104号民事判决书。

权以及价款确定等方面都产生了争议，故本章将对工程变更以及价款调整进行研究。

合同变更，有广义和狭义之分，广义的合同变更，包括合同内容的变更与合同主体的变更。合同内容的变更，指的是当事人不变，合同权利义务发生改变；合同主体的变更，是指以新的主体取代原合同关系中的主体，但合同内容保持不变。狭义的合同变更仅指合同内容的变更。[1]我国《民法典》严格区分了合同转让和合同变更，合同当事人的变更属于合同转让的范畴，而仅有合同内容的变更属于合同变更。在工程合同实践中，虽然存在有业主将工程项目转让给第三人或者因为企业的分立或合并会引起合同主体发生变化的情况，但是合同主体变化会涉及对变化后的主体的资质及能力的判断问题，所以在工程合同当中一般会规定工程不得转让或转包的规定，或者规定须经业主同意。基于以上两点的原因，工程合同的变更一般不会涉及合同主体的变更。

但是，在建设工程施工合同实践中，却大量存在发包人直接单方变更合同的情况。为了应对合同履行中的复杂情况，建设工程施工合同中往往包含变更约款，其中关于发包人单方变更权的条款，规定发包人为了自己的利益可单方面下达变更指令，而承包人需遵照执行。此类约款见诸我国建设工程常用之合同范本，如《2017版示范文本》《2007版招标文件》《1999版FIDIC红皮书》等。实践中，大量的建设工程合同履行中发包人行使了单方变更权。对于发包人的此项权利，理论界鲜有探究，以至于该权利的基本面尚不清晰。诸如该项权利的性质、权利的范围、权利行使的效果，以及权利的合理限制等，均缺乏深入的讨论。

二、工程合同变更分类

合同变更权在我国民法中受到严格的限制，根据《民法典》第543条的规定，合同双方协商一致时，可以变更合同。而原《合同法》规定的单方变更权均需以提请法院或仲裁机构决定的方式来行使，[2]《民法典》改变了《合同法》的规则，取消了原先可以申请变更的情形，[3]仅在新增的关于情事变更的规则

---

〔1〕 崔建远：《合同法》，北京大学出版社2012年版，第212页。

〔2〕 根据原《合同法》第54条规定，可变更、可撤销合同中当事人享有的仅是请求法院和仲裁机构变更或撤销合同的权利。

〔3〕 参见《民法典》第147条-151条。

中保留了当事人可以请求人民法院或者仲裁机构变更合同的权利。[1]工程合同实践中，因为工程项目的实施具有复杂性、长期性和动态性的特征，任何工程承包合同都不可能预见工程实施过程中所有可能的变化，工程变更因此而变得不可避免。

（一）依法律行为变更

《民法典》第543条赋予了当事人双方变更合同的自由权利，只要合同双方协商一致，就可以变更合同的内容，任何一方未经协商不得单方变更合同内容，否则构成违约。

但由于工程合同的特殊性，其合同内容除可以通过当事人双方协商变更外，发包人还可以单方指示变更，即发包人的单方变更权。为了应对合同履行中的复杂情况，相关建设工程合同范本中往往包含变更约款，其中关于发包人单方变更权的条款，规定发包人为了自己的利益可单方面下达变更指令，而承包人需遵照执行；而承包人无单方变更权，承包人可以提出合理化建议，经发包人的同意后，方可进行变更。因发包人单方变更权在施工过程中的问题更为复杂和频繁，下文将对此进行详细讨论。

（二）情事变更

在湖北乡友建设有限公司（简称“乡友公司”）与兴山县峡口镇泗湘溪村村民委员会（简称“村委会”）建设工程施工合同纠纷案中，[2]双方签订《峡口镇泗湘溪村农村公路硬化工程施工承包合同书》，约定将峡口镇泗湘溪村中尖岭至堰坎下果园公路路面硬化工程发包给乡友公司。合同签订后，该地降雨较多，阴雨天为保证工程质量无法施工，后该地村级公路因连续阴雨山体多处坍塌导致毁损，无法通行及施工，村委会要求乡友公司停工。公路修通后，正值当地柑橘销售旺季，村委会为确保柑农销售运输畅通，便要求原告暂缓施工，加上冬季天气寒冷不适宜进行道路硬化，直至次年春天乡友公司才得以施工。施工期间，又因同期施工的该村农村移民安置区精准帮扶项目对村级公路黄家沟路段进行道路硬化作业，致使案涉工程施工所需原材料不能进场，为此乡友公司又停止施工近三个月后，才得以进场施工。乡友公司主张因上述情事变更导致其施工期间水泥、砂、碎石等原材料价格大幅度涨价，要求村委会承担材料价差；而村委会则认为，上述情况为可以预见的商业风险，不应视

〔1〕参见《民法典》第533条第1款。

〔2〕参见湖北省兴山县人民法院（2019）鄂0526民初259号民事判决书。

为情事变更,拒绝变更合同约定的工程款。本案中,是否发生情事变更为双方争议焦点,如果构成情事变更,则乡友公司能够就工程材料款与村委会进行重新协商。

情事变更原则又称交易基础制度,在德国法上有着百年的演进史,最初由温德沙伊德(Windscheid)提出了前提条件说,继承发展了早期普通法的情事不变理论(clausula rebus sic standtibus),认为一个债务关系合同有拘束力的前提在于,订约时具有重大意义的基础关系未发生根本性的变化。一方当事人在缔约时对当时情事的认知,是其订立合同的前提条件,是合同保留,当该前提条件未得满足时,则作出保留的一方得据此退出合同关系。[1] 两次世界大战期间,厄特曼(Oertmann)提出了自己的交易基础理论,将交易基础定义为:合同订立时为他方当事人所明知并且未提出异议的一方当事人对特定情况的存在或发生的想法,或是多个合同当事人对特定情况的存在或发生有共同的想法。[2]后经拉伦茨(Larenz)、埃塞尔(Esser)等法学家的发展,到2002年德国债法修订时,最终被立法化。

我国《民法典》确立了情事变更制度,第533条规定,合同成立后,合同的基础条件发生了当事人在订立合同时无法预见的、不属于商业风险的重大变化,继续履行合同对于当事人一方明显不公平的,受不利影响的当事人可以与对方重新协商;在合理期限内协商不成的,当事人可以请求人民法院或者仲裁机构变更或者解除合同。人民法院或者仲裁机构应当结合案件的实际情况,根据公平原则变更或者解除合同。情事变更制度面对的基本问题是外部环境的变化导致给付和对待给付的价值严重失衡、超出一方当事人风险负担的范畴时,仍维持合同的拘束力,要求遭受不利益的一方继续承担履行原有合同的义务,将与人们的正义观念相冲突。此时,通过合同变更权、解除权的赋予,可以为当事人提供适当的保护。

工程合同履行中,也会发生非当事人可以预见的重大情事之变更,从而挫败当事人订立合同的目的,使当事人利益失衡。虽然,像《1999版FIDIC红皮书》格式合同第13条置入的诸如成本改变的"调整数据表"之类的措施,可以

---

〔1〕 Windscheid, Die Lehre des römischen Rechts von der Voraussetzung, 1851; AcP 78(1892), 161.

〔2〕 Oertmann, Geschäftsgrundlage, S. 37.

减少情事变更规则适用的必要性,[1]但必然还会有许多案型中需要适用该规则的适用。情事变更规则的适用,需要具备以下条件:须有情事变更的事实发生、情事的变更须在合同订立之后发生、须非基于可归责于当事人的事由而发生情事变更、情事变更非当事人所可预见、合同履行将导致利益失衡。情事变更的法律效果为,遭受不利影响的一方当事人可以请求司法机关变更或者解除合同,通过变更合同矫正失衡的利益,或者通过解除合同防止利益失衡的发生。

三、发包人单方变更权的内容及界定

建设工程规模较大、历时较长,往往处于不确定的自然和社会环境之中,并且极易受环境的影响而产生情事的改变,经常会需要变更合同的内容以更好的履行合同。工程合同属于承揽合同的一种,承包人必须按照发包人的要求完成工作,此乃履行其给付义务,并且在相关的工程合同范本中也认为承包人无单方变更权。[2]故单方变更权是仅可由发包人行使的权利,发包人并不需要承包人的同意即可进行变更指令,且一般情况下承包人不得拒绝。但同时给予承包人可以据此要求延展工期和调整合同价款的权利,使双方处于比较公平的地位,以便在合同履行过程中更好地实现原工程合同目的,诸如此类的条款见诸于我国建设工程常用之合同范本之中。

(一)发包人单方变更权的范围与内容

1. 我国合同范本的约定

虽然在工程合同之中规定了发包人具有单方变更的权利,但并不意味着发包人可以随意要求承包人实施变更指令,因为发包人的单方变更权利来源于合同,何种情形下得以行使单方变更权,必须符合合同和相关法律规范的要件。目前,在各个标准合同范本中对工程变更事项的规定并不一致。《1999版示范文本》区分工程设计变更[3]和其他变更,前者是指发包人遵照特定的程序,可以更改工程有关部分的标高、基线、位置和尺寸;可以增减合同中约定的工程量;改变有关工程的施工时间和顺序以及增加工程变更需要的附加工

[1] 参见《1999版FIDIC红皮书》第13条变更与调整的内容。实际上,其中的调整措施与情事变更中的变更合同,没有根本性的区别。

[2] 参见《1999版FIDIC红皮书》第13.1款第3项,第13.2款。

[3] 参见最高人民法院(2019)最高法民终379号民事判决书。

作。而其他变更则是指发包人不能单方面指示变更的情形，主要包括变更工程质量标准和其他实质性变更。[1]《1999版FIDIC红皮书》第13.1款罗列的指示变更包括施工工作量的改变，工作质量或其他特性上的变更，工程任何部分标高、位置和尺寸上的改变，工程施工顺序或时间安排的改变等。《2007版招标文件》第15.1款规定的变更内容包括，取消合同中任何一项工作，改变工作的质量或其他特性，改变工程的标高、基线、位置和尺寸，改变施工时间或施工工艺以及为完成工程追加额外工作。《2017版示范文本》第10.1条指出，除专用合同条款另有约定外，合同履行过程中发生以下情形的，应按照本条约定进行变更：(1)增加或减少合同中任何工作，或追加额外的工作；(2)取消合同中任何工作，但转由他人实施的工作除外；(3)改变合同中任何工作的质量标准或其他特性；(4)改变工程的基线、标高、位置和尺寸；(5)改变工程的时间安排或实施顺序。

《1999版示范文本》第30条规定合同履行过程中业主要求变更工程质量标准，由双方协商解决，即经双方合意才能变更工程质量标准，而在《2017版示范文本》第10.1条及《2007版招标文件》通用合同条款第15.1款中将改变合同中任一项工作质量标准作为业主的权利，这也从一个侧面反映出业主单方变更合同的权利的权源来自合同约定。当然，工程质量与工作质量并非相同概念。工程质量是指在合同协议书中规定的整个工程的质量要求，而工作质量是在技术规范与要求中规定的某个分项工程的质量要求。由于现行工程验收规范和评定工程质量标准的评定程序限制，在工程施工合同履行过程中，要改变工程质量标准往往客观上已不可能，即使可以协商变更，也属于对合同标的的变更，导致合同实质性的改变。

2. 德国VOB/B规则下的单方变更权内容

(1) 建筑设计的变更(VOB/B第1条第3款)

德国工程建设发包委员会(DVA)制订的VOB/B第1条规范的是工作的种类和范围，其中第3款和第4款包含了两项关于发包人变更权的重要规定。VOB/B第1条第3款规定：发包人保留变更建筑设计的权利。究竟“建筑设计”(Bauentwurf)的范围如何，一直存有争议。不过通说认为，“建筑设计”是“在具体的建设工程施工合同中，形成承包人工程施工合同给付义务内容的全

---

〔1〕 参见《1999版示范文本》第29款，第30款。

部”,[1]包括工程图说,全部的规划文件,特别是对建筑物的规划图纸(平面图,鸟瞰图,外观)并包括所有书面的和口头的解释(估算、试验等)。[2]对此,最大的争议在于“建筑设计”是否包括履行的方式方法、施工的时间等其他“建筑情事”(Bauumstände)? 持否定态度的观点认为,如果二者都包含的话,则发包人的单方给付变更权范围将会无限扩大,而本条款的目的不在于扩展给付,仅是变更约定的、透过价格约款被确定的给付。[3]相反的,肯定的观点认为,正是因为争议焦点在于待建工程和工程价款之间的给付均衡关系,应在双务合同给付与对待给付之有偿衡平框架下确定双方的权利义务。由施工合同确定的承包人的给付包括所有涉及待建工程形式和内容的约定,即包括工程的内容、如何施工、由谁施工、以何种方式施工、何时施工以及多久完工等众多方面。上述给付内容是与发包人的工程款支付义务相适应的,二者构成恰如其分的给付均衡关系。[4]

以笔者对德国相关文献的考察来看,德国法主张区分构成建筑设计本身的建筑内容和与其相关的所谓建筑情事,其原因在于,如果没有合同的特别约定,通常认为,承包人使用何种施工方式、选择何种施工时间(正常工作日工作、周末工作或者晚间工作等),应当由其自主决定,不应当被发包人干涉。[5]但是根据VOB/B第1条第4款的规定,即使不考虑本条第3款“建筑设计”概念的内涵和外延,仅考虑双方的履行约定,则虽然承包人得拒绝非由原合同约定之给付,但为完成合同约定之建设目标的额外给付不在此限。这一规定的后段无疑为发包人干涉施工方式提供了支撑,这样一来,原则上应当由承包人自主决定的领域、即采用何种方式达成给付效果,也被纳入了发包人的变更空间。如此一来,精确定义第3款中“建筑设计”的内涵,似乎已经没有太大的意义了。比较来看,在我国常用的合同范本中,变更权的内容也明确包含了改变施工方式和施工时间等方面,对承包人的保护和利益的平衡则是通过变更价

---

〔1〕 Keldungs, in: Ingenstau/Korbion, § 1 Nr. 3 VOB/B Rd. 7; Heiermann/Riedl/Rusam, VOB, 10. Aufl. (2003), § 1 Rd. 31; Leinemann/Schoofs, VOB/B, 2002, § 1, Rd. 25.

〔2〕 Nicklisch/Weick, VOB/B, § 1 Rn. 25.

〔3〕 Thode, ZfBR 2004, 214 ff.

〔4〕 Zanner, Keller, NZBau 2004, 353 ff.

〔5〕 Kapellmann/Messerschmidt, VOB/B, § 1 Rn. 54; Thode, BauR 2008, 155, 158; Ingenstau/Korbion/Keldungs, VOB/B, § 2 Nr. 5 Rn. 18; Jagenburg in: Ganten/Jagenburg/Motzke, VOB/B, § 1 Nr. 3 Rn. 10 f.; Leinemann/Roquette, VOB/B, § 1 Rn. 44 f.; Riedl, in: Heiermann/Riedl/Rusam, VOB/B, § 1 Rn. 31a; Nicklisch/Weick, VOB/B, § 1 Rn. 25 f.

款来体现。

具体来说，VOB/B第1条第3款所确立的变更范围包括进入工程图说或工程清单中的全部履行内容，既可以是目标数据（Zieldaten）的变更，如房屋的空间划分，窗户设置的数量及其开合度等；也可以是施工数据（Ausführungsdaten）的变更，比如在翻修桥梁的建设项目中，为路面建设而增加玻璃纤维工艺，[1]在排水工程中采用特定的排水设施，[2]以及在隧道工程中用所谓的掘进设施取代钻机工序等。[3]

理论上认为，变更权的范围应限于建筑设计的“变更”、而非“重新规划”（Neuanfertigung）。不过，这一界定在个案中并不十分明确。如果发包人的变更指令完全不涉及履行义务根本性的形式和内容，这毫无疑问是关于建筑设计的简单“变更”；但如果发包人指令将待建工程由独户房屋变更为多户房屋、或者要求其符合完全变更了的技术要求，此时即显然超出了单方变更权的范围。[4]

同时，界定变更权行使的范围并非仅是为了顾及承包人的利益。[5]因为，在规则的整体架构中，并无需要对承包人施以特别之保护。对应发包人的单方变更权，第2条第5款相应设置了承包人增加价款的请求权，完全能够体现承包人的主要利益。不排除在一种情况下，认为承包人的利益取决于实施原计划的工程任务，但这显然非常罕见。并且，即使根据合同的明确约定或是推定认为确实存在这种利益，也可以根据由诚信原则产生的关于单方变更权的一般限制而得到充分的保护，比如基于“可苛求性”理论（Zumutbarkeit）。通过诚信原则的运用，能够妥当平衡合同当事人的合理利益；同时，因为规则本身的格式条款性质，发包人也需谨慎注意到合同相对方的认识可能性，在发生异议时，应采用通常的客观解释、考虑到在同种行业背景下合同参与人的利益安排和认知标准做出判断。[6]

（2）追加的给付（VOB/B第1条第4款）

---

〔1〕 BauR 2004, 135, 136 f.

〔2〕 BauR 1988, 338 ff.; BauR 1992, 759 ff.; BauR 1994, 236 ff.

〔3〕 OLG Koblenz, NJW-RR 2001, 1671, 1672.

〔4〕 Bau-und Architektenrecht/Glöckner. v. Berg, VOB/B, § 1 Rn. 23.

〔5〕 Ingenstau/Korbion/Keldungs, VOB/B, § 1 Nr. 3 Rn. 11; Leinemann/Roquette, VOB/B, § 1 Rn. 48.

〔6〕 Nicklisch/Weick, VOB/B, § 1 Rn. 28 f; BGHZ 84, 268, 272; 22, 90, 98; BGH NJW 1990, 1059, 1060; 1389, 1390.

VOB/B第1条第4款规定的发包人变更权指向合同没有约定的额外的给付,其实现条件有三:一为该附加的给付对于合同目的的实现有必要性;二为所涉及的给付,非为合同约定承包人之任一项履行内容;三是承包人须得具备完成给付之必要专业技能。很明显,本款所针对的情况与第3款有所区分。虽然第3款中建筑设计的变更同样会带来额外的工作,但第4款规范的却是不涉及原建筑设计的追加给付、完全是在原计划范围之外的补充元素。如果发包人指示对原建筑设计进行变更,那么只能适用第3款的规定。[1]施工过程中常因种种情事发生工程的延误,但是由于工程项目的特定用途(比如奥林匹克赛场、世界杯足球场或者待租赁的房屋),在合同原定工期内完工诚属必要,如果此时发包人要求承包人采取赶工的措施,此一变更指令应属于第4款规定的范畴。[2]

对于发包人要求的其他额外给付,根据第4款第2句,只能在承包人同意的前提下才能够发生。此时,如果承包人同意,则无关发包人行使变更权的问题,更多的是双方达成了事后的补充协议,双方可以另行约定价金、而无需受到原定合同计价的限制。

台湾工程业界亦有"额外工程"的类似表述,指出虽然变更应限于"工作范围"之内,但该工作范围并非仅为工程图说或其他设计材料上所明确记载的工作项目,"凡与本工程有关联性的工作,如功能上或地域上关联,且在承包商可以合理预期的范围之内,所增加的工程应属契约变更的范围。"[3]此一强调与本工程"关联性"的表述,与德国VOB/B第1条第4款体现了相似的价值判断。

(二)发包人单方变更权的权利属性

1. 强制缔约说

在德国的文献和司法实践中,对于VOB/B第1条第3款和第4款规定的发包人单方变更指令的法律属性有两种理解,一种观点认为属于"强制缔约"(Kontrahierungszwang),[4]另一种意见认为构成《德国民法典》第315条意义

〔1〕 Nicklisch/Weick, VOB/B, § 1 Rn. 31.

〔2〕 Vygen: Bauvertragsrecht nach VOB, 5. Aufl. 2007, S. 48.

〔3〕 谢哲胜、李金松:《工程契约理论与求偿实务》,台湾"财产法暨经济法"研究协会2005年版,第456页。

〔4〕 Staudinger/Peters, BGB, §633 Rn. 52; OLG Dresden BauR 1998, 565; LG München I, Vorentscheidung zu BGH NJW 1996, 1346.

上的单方给付确定权。[1]这两种理论有明显的差异。对于承包人而言,"强制缔约"指其有缔结合同的义务。发包人单方指示变更是变更合同的要约,承包人因原合同条款中的约定而负有承诺的义务,拒绝缔约,意味着对原施工合同的违约并要承担损害赔偿责任。在拒绝缔约的时点上,变更合同并未成立。单方给付确定权所指的情况是,发包人有确定具体给付的权利,该权利的行使,仅需发包人向承包人以意思表示为之,后者有义务继续履行变更了给付内容的已签订的合同。换言之,此时涉及的仍是承包人的合同履行义务,虽然具体内容上有所变化,但在本质上并没有脱离原合同。

强制缔约的约款通常针对大量发生的交易行为,标志特征在于其与公共事业的关联性,比如强制运输、强制供给、制定强制价目表等。有强制缔约义务的一方当事人通常为特定的有垄断地位的经营者,或是公共服务的提供者。在建设工程施工合同中,如果承包人对发包人的变更请求不予理会,会造成发包人所要求的工程性能不能完全实现;或者如果发包人另行寻找承包人,则会导致工程延期或增加成本等后果,但以此为由将承包人置于受强制缔约约束的地位,与强制缔约义务脱胎于由公法关联性所延伸的供给义务不相当。因此,有学者认为,应当排除发包人单方变更权的强制缔约性质。[2]

2. *单方给付确定说*

德国理论界和司法实务中的通说认为,VOB/B第1条第3款规定的发包人的变更权是《德国民法典》第315条意义上的单方给付确定权。[3]根据合同的约定,工程发包人有权通过单方的意思表示确定合同的给付,包括对给付内容的变更和扩大。发包人行使该权利时,完全不需要再有双方的补充协议,权利的正当性基础存在于合同做出的授权。一般认为,《德国民法典》第315条为这一条款的设置提供了教义学背景。《德国民法典》第315条仅针对一次性的形成权的行使,而VOB/B第1条第3款规定的变更权可由发包人多次主张,认为对VOB/B第1条第3款的理解应准用第315条的规则。

---

〔1〕 BGH NJW 1996, 1346, 1347; Leinemann/Roquette, VOB/B, § 1 Rn. 40; Quack, ZfBR 2004, 107, 108; a.A.: Ingenstau/Korbion/Keldungs, VOB/B, § 1 Nr. 3 Rn. 1; OLG Dresden, BauR 1998, 565, 566 f.; Rehbein, Die Anordnung des Auftragsgebers S. 40 f.

〔2〕 Siehe Quack, ZfBR, 2/2004, 107, 108.

〔3〕 BGH NJW 1996, 1346, 1347; Leinemann/Roquette, VOB/B, § 1 Rn. 40; Quack, ZfBR 2004, 107, 108; a.A.: Ingenstau/Korbion/Keldungs, VOB/B, § 1 Nr. 3 Rn. 1; OLG Dresden, BauR 1998, 565, 566 f.; Rehbein, Die Anordnung des Auftragsgebers S. 40 f.

在德国的工程私法中，将VOB/B第1条第3款规定的单方变更权定位于《德国民法典》第315条的单方给付确定权意义重大。因为VOB/B是一般交易条款意义上的事先拟定的合同条件。德国债法改革之前，根据联邦高等法院的判决，如果合同当事人将VOB/B作为一个整体纳入建设工程施工合同中，则认为VOB/B关乎工程合同的特殊性、并在整体上充分平衡了合同双方的利益，因此不再受到一般交易条件法内容控制（Inhaltskontrolle）的约束。[1]但是债法改革之后，VOB/B在司法实践中丧失了其整体优先性地位，需要就其条款的适当性接受民法典的审查。[2]对于VOB/B第1条第3款规定的发包人的单方变更权，也应当在具体情况下受到一般交易条件法的内容审查。由于第3款仅规定发包人保留变更建筑设计的权利，而未有任何限制，显然与《德国民法典》第308条"有评价可能性的条款禁止"第4款相冲突，该款明确规定，如果一般交易条款中有"变更权保留"的内容，则不生效力。正是基于此点认识，德国有学者直接提出，VOB/B第1条第3款因违反《德国民法典》第308条第4款的规定，事实上应作无效处理。[3]不过，由于发包人变更权的权利属性在于《德国民法典》第315条意义上的单方给付确定权，根据该条款，虽然一方当事人有确定给付义务的权利，但有疑义时，必须确认该确定系依照公平裁量做出，所做出的确定只有合乎公平，才对另一方有拘束力。因此，对VOB/B第1条第3款的解释认为，虽然发包人可以单方面指令变更建筑设计，而承包人应当遵照履行相应的变更，但必须在《德国民法典》第315条明确的可期待的范围内进行，这已然又符合了《德国民法典》第308条第4款但书中的条件，该但书指出，关于使用人变更或偏离所约定的给付的权利的协议，在考虑到使用人的利益的情况下，该项变更或偏离对于合同当事人另一方是可以合理期待的除外。

根据VOB/B第1条第4款，如果事后出现合同没有约定的、但却必要的给付需要，则发包人可以做出相应的变更指示。这里涉及单方给付确定权意义上的给付目的的要求。据此，以给付对实现合同既定目的系属必要为限，发包人可以要求承包人实施合同未予约定之给付，除非承包人不具有施行相应给付之能力。除此之外的其他给付，需要取得承包人的事先同意。有观点认为，

〔1〕 BGH v. 16.12.82-VII ZR 92/82，BGHZ 86，142.

〔2〕 BGH v. 22.01.04-VII ZR 419/02.

〔3〕 Bruns，ZfBR 2005，525，526.

此处表达为“未约定的给付”有不妥，认为根据一般承揽合同规则，对于达成建设目标所必要的给付，仍应认定其为承包人根据合同所负担之给付，只是未有相应的报酬约定，因而可据此请求增加相应价款。[1]该款设置的并非发包人的给付加重权，只是为其提供了一种可能性，通过单方形成权的行使、为承包人设置为必要履行的义务，同时根据双务合同规则，向承包人支付增加的工程款。

3. 我国法上的定性

我国现行法上没有类似于《德国民法典》第315条的规定，故教义学上不能因循德国法的路径。就强制缔约而言，现行法上仅《民法典》第810条就公共运输设有规定。理论上就发包人单方变更权行使效果，归入强制缔约的范畴，也颇为牵强。从发包人单方变更权的构造来看，实质上便是一种单方改变法律关系内容的权利，故可定性为形成权。该形成权并非由法律直接规定，而是由当事人约定而发生，这也符合私法自治的精神，当事人的合意安排为该权利提供了坚实的基础。但是，形成权关系中，一方居于主动地位，一方却是束手待命，此项形成权若无必要的限制，必将沦为发包人侵害承包人正当利益的工具。故关键的问题在于，应如何限制此种单方变更权。

四、发包人单方变更权的限制

（一）受法律规定和合同约定的限制

发包人的单方变更权应当受到其权利的来源法律规定和合同约定的变更条款规定的范围、程序的拘束，业主的变更指令不能超越订立原合同时所能预计的合理工作范围，不能对合同约定的权利义务进行实质性的变更以确保所订立的合同目的的实现。发包人在行使权利时要受到衡平法理的拘束、不得滥用权利。发包人的指令必须在不违反法律、行政法规的前提下，在承包人的生产能力范围内才能够得以遵照执行。

契约必须严守是民法的规则之一，在合同法领域单方变更权的行使受到严格限制，非经法院或仲裁机构裁决不得行使。可以突破合同拘束力的为情事变更原则，即在合同履行过程中发生了在订立合同时双方无法预料的且作为合同基础的变化，继续履行将会对一方明显不公。根据契约拘束力理论，经双方合意有效成立的合同，当事人应受其拘束，非当事人同意或存在解除原因

---

〔1〕 Voit, ZfIR 2007, 157 ff., Althaus, ZfBR 2007, 411, 413.

外，任何一方不得单方面地变更、撤销、解除合同。[1]虽然基于建设工程本身的特殊性，工程合同多订有变更条款，但是建设工程施工合同仍属于承揽合同的一种，属于《民法典》合同编的范畴，应受到合同编的规制。若业主单方变更权的行使未受到相应限制，将会使合同内容处在不确定的状态，进而使承包人置于极端不利益的境况。因此，基于合同拘束理论，在建设工程施工期间，业主的单方变更权亦需受到一定限制。

（二）受合同同一性的限制

合同变更是指合同成立后，尚未履行或者尚未完全履行前，当事人就合同内容达成修改或者补充的协议。[2]合同同一性是指在变更前后，合同关系的性质本身并未曾发生改变，合同的实质性内容仍然能够得以继续存在。若合同的变动程度过大，将会使得原合同消灭，突破合同同一性，其属于合同的更改。《1999版示范文本》第30条中确立的实质性变更，系指触及到对施工合同根本的性质上的变更，这需要由当事人双方协商确定。故业主的单方变更权应受合同同一性的限制，应是合同的非实质性变更。同时，业主的单方变更权的行使也应接受我国的工程管理制度的限制。

在工程合同中究竟何种程度的变更会造成合同同一性的改变，实为值得探究的问题。在我国工程实务中，出于控制投资的目的，严格执行经批复的设计概算，禁止工程出现使用功能、质量标准、结构形式和建筑面积的变化。对照同一性的概念，若业主指示上述变更，应认为是对合同标的物的改变，属于债之更改，造成合同实质变更，承包商有权拒绝。[3]

（三）受诚信原则的限制

参考德国法的解释，发包人行使变更权还应在诚信原则的限度范围内。这意味着，所有不可期待的、权利滥用的变更指令都是不被允许的。[4]《德国民法典》第315条中的单方给付确定权，规定了对履行标的的变更，透过该条款所体现的价值判断可得出同样的结论。[5]即便给付的确定处于一方自由处

---

〔1〕 王利明主编:《判解研究》2004年第2辑，人民法院出版社2004年版，第180页。

〔2〕 王利明主编:《判解研究》2004年第2辑，人民法院出版社2004年版，第180页。

〔3〕 徐伟:《工程承包合同变更的限制》，《东南大学学报（哲学社会科学版）》2012年第3期。

〔4〕 BGHZ 92, 244, 249 f.

〔5〕 MüKo-BGB/Gottwald, § 315 Rn. 23.

置的空间,但是,在有明显不公正,[1]或甚至是任意专断的情况下,[2]给付确定依然是无效的。为符合公平的衡量,应当在充分考虑到双方当事人的利益和相似情况的处理而确定通常的做法。[3]换句话说,此时需要考虑的问题是,如果站在一个理性第三人的立场,如果原合同条款中包含了事后的变更时,承包商是否仍会以相同的内容签订合同。

变更指令的"不可期待性"(Unzumutbarkeit)通常表现在下列情况中:如果发包人指示变更VOB/B第1条第3款意义上的"建筑设计",但该变更却动摇了原合同的履行基础、致使合同内容发生根本性改变,[4]此时认为要求承包人完全听从发包人的指令行事即为不可期待;同样的情况还发生在当变更必然引发建筑瑕疵[5]或直接违反法律、行政法规的强制性规定、更甚者构成对第三人的身体和生命威胁时[6];除此之外,如果发包人对于承包人提出的专业性的异议完全不做回应,并且毫无理由的拒绝免除承包人的瑕疵担保责任,也因此要受"不可期待"理论的约束,构成对发包人指令变更权的限制。[7]

(四)重大变更的排除

在武汉第四建设集团有限公司(简称"四建公司")与武汉市后湖发展区物业有限公司(简称"后湖公司")建设工程施工合同纠纷案中,[8]后湖公司与四建公司签订建设工程施工合同,由四建公司承包后湖公司楼盘项目。在合同履行过程中,案涉项目中嘉锦苑3#楼工程由约定的原建筑结构为地下2层、地上1层,改为地上5层,后双方因工程变更价款问题产生争议,诉至法院。四建公司认为,嘉锦苑3#楼工程的变更是从建筑物类型到建筑面积、容积率、施工工期、建设成本等的重大变更,实际施工范围已经超出原合同的承包范围,不应适用原合同关于计价方式的约定,而应按实结算。后湖公司认为,案涉3#楼虽然存在设计变更,但是并无重大与否的规定,具体的变化仅体现在工程量的变化上,仍应受到双方签订的案涉合同的约束,按清单计价。经审理,

---

〔1〕 RGZ 99, 105, 106; BAG DB 1982, 1939.

〔2〕 Palandt/Grüneberg, BGB §315 Rn. 10.

〔3〕 BGHZ 41, 271, 273.

〔4〕 Ingenstau/Korbion/Keldungs, VOB/B, § 1 Nr. 3 Rn. 11.

〔5〕 OLG Hamm, BauR 2001, 1594, 1596; Ingenstau/Korbion/Keldungs, VOB/B, § 4 Nr. 1 Rn. 95; Staudinger-BGB/Peters, § 633 Rn. 50.

〔6〕 OLG Karlsruhe, IBR 2004, 684.

〔7〕 BGH MDR 1985, 222, 223.

〔8〕 参见最高人民法院(2018)最高法民再166号民事判决书。

法院认为，3#楼工程在设计规划、施工面积、工程量、工期上均超出了原合同约定的范围，应当认定为重大设计变更。因此，除非合同明确约定由施工方承担合同外风险，从公平的角度来看，对于3#楼的工程价款，应予以适当调整。

当变更发生时，在何种情况下构成重大变更？业主的单方变更权不同于重大变更，前者是业主的合同权利，后者是业主的违约行为。一般变更一般多受通常工作范围的限制，当业主行使单方变更权时超越了此限制即应构成重大变更。一般变更应受到法律法规和合同条款限制，重大变更相较于一般变更，其所造成的工程影响与风险也更大，因此更应受到限制，究其实质也是对业主指示承包人变更的权利的限制。

重大变更（Cardinal Change）起源于美国联邦赔偿法院的政府合同案件。[1]该案联邦赔偿法院通常认为在以下两种条件下是可以构成重大变更的：（1）业主发布变更指示使承包商去实施原合同规定范围之外的一项变更；（2）业主发布了众多或重大的变更指示，使得承包商将要完成的工作的性质与合同双方在订立合同时具有本质的区别。[2]与第二种情况较为相似的是累积影响理论，但是其在美国并不是一个独立的理论，而被认为是构成重大变更理论的一种情况。美国也有相关的文献对如何量化累积影响的研究。[3]至20世纪60年代，法院适用联邦合同法已接受重大变更原则。[4]因而重大变更理论可以理解为当业主发布的单个或众多的变更指示在实质上超出了可以合理预期的范围，导致合同同一性的丧失，本质上是对原合同的改变，导致原有的合同有关单方变更权的处理模式将不能再继续适用，否则承包商的权益将会有受侵害之虞。但适用重大变更理论是有严格限制的，尤其要考察承包人能否合理预期，如果变更是可以合理预见的，即使对于成本或者工期有重大影响，也不产生重大变更的后果。比如在Wunderlich Contracting Co. V. United States.一案中，法院认为虽然业主以合同变更条款指令修改图纸多达35次，追加合同价款435720美元，但由于合同变更次数与程度相对于工程的复杂性与规模

〔1〕 Atlantic Dry Dock Corp.v.U.S.，773 F.Supp.335（M.D.Fla.1991）.

〔2〕 易波、徐伟：《论国际工程合同重大变更的判定与法律救济》，《求索》2012年第10期。

〔3〕 Hanna A S，Camlic R，Peterson P A，Lee M J. Cumulative Effect of Project Changes for Electrical and Mechanical Construction，ASCE：Journal of Construction Engineering and Management，vol.130，No.6（2004），P.761-762.

〔4〕 Aaron P. Silberman. BEYOND CHANGES：ABANDONMENT AND CARDINAL CHANGE. 22~FALL Construction Lawyer .2002.5.

而言，属于承包商投标时可合理预见范围之内，不构成重大变更。[1]在General Dynamics Corp. v. United States.案中，虽然因为变更增加履约成本达165%，且工期因此展延三年，但法院认为，承包人在建造核子潜艇的契约中应该能够预期到这样的变更，因此并不构成重大变更。[2]

我国台湾地区的审判实践中，有依据“债的同一性”理论区分“重要部分之变更”为“债的更改”，而非“债的变更”，判断是否有重要部分的变更，也并非仅从“工作性质”上观察，尚应从“工作数量”上加以判定，因为后者是承包人投标报价时的重要参考基准，工程数量变动过巨，自然会影响到施工合同约定的基础条件，构成重大的变更。在法律后果上，以重大变更为抗辩，承包人可主张终止契约、请求赔偿损失，从而避免引用契约条款中对其不利的争议解决条款和损害赔偿的限制。黄立将其定义为：系基于变更工作的规模或性质，契约变更已超出契约通常范围，亦即超出定作人（主办机构）与厂商在订约时合理预期之范围。当厂商施作之工作，其实质同一性被变更，或当预期施工的方法或方式大幅地、无预期地被变更，以至于实质内容上是一个新的契约时，即构成重大变更。[3]

我国工程实务界并没有普遍接受重大变更这一概念，法律上也并无此概念和相应规定，但在工程量清单计价方式下，由于管理费和利润分摊到每一个分项工程上，若业主依变更条款规定任意大幅删减合同中的工作，将使承包商承担无法预料的风险，实际发生的管理费无法获得补偿和可能获得利润无法实现，造成重大损失。在这种情况下，构成重大变更应无太大疑问，此时业主显然有滥用权利违反诚信原则之嫌，构成违约，应承担损害赔偿的责任。而目前在某些部门规章和地方规范性文件以及上述案件中，[4]出现过与重大变更有关联的一个词，即重大设计变更，如《公路工程设计变更管理办法》（交通部令2005年第5号）第5条规定：“公路工程设计变更分为重大设计变更、较大设计变更和一般设计变更。重大设计变更包括：连续长度10公里以上的路线方案调整的；特大桥的数量或结构型式发生变化的；特长隧道的数量或通风方案发生变化的；互通式立交的数量发生变化的；收费方式及站点位置、规模

---

〔1〕 Wunderlich Contracting Co. v. the United States, 173 Ct. Cl. 180, 351 F, 2d 956.

〔2〕 Bau-und Architektenrecht/Glöckner. v. Berg, VOB/B, § 2 Rn. 46; Bruns, ZfBR 2005, 525, 527.

〔3〕 黄立：《重大变更在工程承揽契约的问题》，《政法大学评论》2010年第116期。

〔4〕 参见最高人民法院（2018）最高法民再166号民事判决书。

发生变化的；超过初步设计批准概算的”。颁布该部门规章的目的是为了规范业主变更设计的行为，控制投资规模，似乎与上述的重大变更没有关系，但对照美国法院的判例，路线方案调整、特大桥的数量或结构形式以及特长隧道的数量变化无疑也构成重大变更。

当发生变更的情事构成重大变更时，根据原合同的变更估价条款的相应规定已不能使承包人的权利得到合法的维系，因此工程变更的估价相关规定不能继续在重大变更的相关索赔中得到适用，承包人则可以按照“按劳计酬”的原则寻求合同之外的补偿，原合同中的变更估价条款不再继续适用。也就是说其实质上允许承包人突破原合同的相关规定，可以向业主要求其支付由于重大变更而产生的在订立合同时所不能合理预见的工作而产生的相关费用及利润，而不用受工程变更估价三原则的限制，使其能够获得相应的补偿。在此种情况下，双方可以通过协商一致来确定相应的估价方式，如果无法协商达成一致的意见，则其可参考建设工程施工合同签订地相关行政主管部门发布的关于计价标准和方法的文件规定来进行工程款的结算。

五、变更后的价款调整

（一）变更的提出

德国VOB/B第2条第5款对发包人变更指令的行使作出了限定，根据该款，变更指令应当是由发包人发出的、明确的变更或扩展承包人履行义务的意思表示。〔1〕该意思表示可由发包人的代理人（工程师等）做出，并需要承包人受领。〔2〕形式上对于变更指令并无特定的要求，可通过明示、默示或其他可推知的方式做出，不过需要有发包人积极的行为为佐证。〔3〕承包人单纯的懈怠行为（对发包人的变更指令不作回应）并不意味着对变更指令的接受。〔4〕如果承包人考虑到变更工作难以施行而继续履行了原合同给付、并且为发包人所接受，则认为此时不存在变更。〔5〕我国《1999版示范文本》第29.1款约定，施工中发包人需对原工程设计变更，应提前14天以书面形式向承包人发出变

〔1〕 BGH, Urt. v. 09.04.1992-VII ZR 129/91, BauR 1992, 759.

〔2〕 Vgl. BGH, Urt. v. 27.11.2003-VII ZR 346/01, BauR 2004, 495; Ingenstau/Korbion/Keldungs, VOB/B, § 2 Abs. 5 Rn. 27.

〔3〕 Bau-und Architektenrecht/Glöckner. v. Berg, VOB/B, § 2 Rn. 77; Herig, , § 2 VOB/B Rn. 82 ff.

〔4〕 OLG Düsseldorf, Urt. v. 20.01.2009-23 U 47/08, IBR 2009, 255.

〔5〕 OLG Frankfurt, Urt. v. 25.05.2007-19 U 127/06, Beschl. v. 14.02.2009-VII ZR 125/07, BauR 2008.

更通知。《2007版招标文件》第15.3款对变更程序做出了更为详细的约定，认为在三种情形下，可产生变更，其分别是监理人认为可能要发生变更、监理人认为肯定要发生变更以及承包人认为可能要发生变更的情形，并在程序上区分变更意向书与正式的变更指示，特别指出的是，发出变更指示的只能是监理人，且应说明变更的目的、范围、变更内容以及变更的工程量及其进度和技术要求，并附有关图纸和文件。根据《2017版示范文本》第10.3款，监理人发出变更指示前，要经由发包人同意，发包人不同意变更的，监理人无权擅自发出变更指示。根据《1999版FIDIC红皮书》第13.3款的规定，应由工程师向承包商发出执行每项变更并附做好各项费用记录的任何要求的指示，承包商应确认收到指示。

（二）变更估价

工程变更，对于既定的合同价格和合同工期都具有破坏性，如何在工程变更的情况下协调合同双方当事人的权利义务关系，成为实务中的难题。建设工程合同作为等价有偿的双务合同，一方面赋予发包人单方面变更合同内容的权利，另一方面，承包人得就变更的给付主张增加或变更工程价款。在德国VOB/B规则中，对应第1条第3款和第4款的发包人单方变更权，分别在第2条第5款和第6款中规定了承包人不同的价款变更请求权。如果变更仅涉及原工程清单中相同或类似的工作量的增减，相应的变更估价按照原计价清单上约定价格计算即可，此点应无疑问。但是由于确立合同价格的基础在于原合同约定的给付，给付的变更可能导致原计价因素发生改变，发生这种情况时，按照VOB/B第2条第5款，双方有义务考虑到费用增减的状况重新做出价格约定。不过此时需要区分不属于VOB/B第2条第5款变更行为的情形：比如，发包人指示承包人检查其施工行为，但该意愿没有拘束力；[1]或者，在承包人应当履行合同义务的范围内，发包人为实现合乎合同的履行而提出具体的要求；[2]再有，如果工程清单中包含有发包人在不同情形下的选择权，则发包人行使选择权的行为也不视为变更；[3]最后，如果工程图说中有遗漏或者前后冲突，那么发包人对于履行内容所做出的解释也不是变更。[4]就最后一种

〔1〕 BGH，Urt. v. 09.04.1992-VII ZR 129/91，BauR 1992，759.

〔2〕 BGH，Urt. v. 09.04.1992-VII ZR 129/91，BauR 1992，759.

〔3〕 Ingenstau/Korbion/Keldungs，VOB/B § 2 Abs. 5 Rn. 28.

〔4〕 BGH，Urt. v. 09.04.1992-VII ZR 129/91，BauR 1992，759，760.

情形，如果作为施工合同基础的工程图说被证明是不完善的或是有矛盾的，则需要解决的问题是，承包人应在多大范围内完成施工义务、其相应的工程款为何？如上文所述，此时发包人所做出的解释、不应当视作VOB/B第2条第5款的变更，承包人不得据此就增加的工程给付而主张工程款，在此情况下，需要透过合同的解释规则来明确承包人根据合同所应负担的义务范畴、以及与此相应的价金范围。[1]如果确定承包人应承担履行的义务、却不可根据VOB/B第2条第5款的规定主张相应的工程款，当工程图说的疏漏可归责于发包人时，承包人得主张民法上通常的损害赔偿。[2]此外，根据第2条第6款，如果产生合同中没有约定的给付，则承包人可以主张相应的价金，……价金之确定应基于原合同给付的价金计算和增加给付的特别费用。

需要特别提出的是，决定一项建设工程价款的因素除了实际的支出外，就是工期的长度。双方当事人约定的完成合同给付所需要的期限，特别是工期的开始和结束，首先决定了工程价款的基础，并进而成为待建工程的组成部分。对于工期变更应当区分两种情形：一是发包人直接指令变更工期；二是发包人事后要求变更或增加给付、影响到原定的合同内容，继而间接的导致工期的变化。德国的司法实务和文献均认为，发包人指令变更工期属于VOB/B第2条第5款的“其他变更”范畴（非为建筑设计的变更）。这里特别指向那些原定工期的展延，并由此引发原合同价格基础的改变。[3]变更工期既包括开工日期的变化，也有完工日期的提前或后延，还有所谓发包人指示赶工（Beschleunigungsanordnung）的情况，要求承包人不仅在正常的工作时间、还需要在夜间或周末加班。这样一来，就相同的给付，原合同约定的工期缩短了，因此承包人得请求发包人增加给付相应的工程价款。[4]

此外，如果遭遇施工障碍，承包人本得请求延长工期，但发包人却坚持合同原定的完工日期、在知道障碍发生的情况下仍要求承包人在原定工期范围内完成工作。此时认为发包人发出的是有关变更工期的指令，应适用第2条

〔1〕 KG, Urt. v. 15.07.2004, 27 U 300/03, BauR 2005, 1680; Kemper, in: Franke/Kemper/Zanner/Grünhagen, VOB/B, § 2 Rn. 84.

〔2〕 BGH, Urt. v. 11.11.1993-VII ZR 47/93, BauR 1994, 236.

〔3〕 KG, Urt. v. 12.02.2008-21 U 155/06/BGH, Beschl. v. 27.11.2008-VII ZR 78/08, BauR 2009, 650.

〔4〕 OLG Jena, Urt. v. 11.10.2005-8 U 849/04, IBR 2005, 658; KG, Urt. v. 12.02.2008-21 U 155/06/BGH, Beschl. v. 27.11.2008-VII ZR 78/08, BauR 2009, 650; Ingenstau/Korbion/Keldungs, VOB/B, § 2 Rn. 22, Rn. 3 ff.

第5款的规定。[1]通常来说,变更建筑设计、增加或减少原定的给付内容,都会导致工期的变化,尤其在工期展延的情况下,需要考虑到具体延长的时间以及因工期展延而进入相对不利的施工季节的因素。根据VOB/B第6条的规定,因为发包人指示变更而间接导致工期延长,就增加的费用损失承包人应可向发包人主张损害赔偿,同时,VOB/B第2条第5款也指向相同的情事,承包人或可主张增加工程款。联邦高等法院在其早期的判决中认为,VOB/B第6条第6款和第2条第5款在原则上可以选择适用。根据VOB/B第2条第5款,承包人行使增加给付的请求权、可无需在交错的事实关系中特别计算与工期相关的费用。而在1989年12月21日上诉审[2]中,联邦高等法院明确支持了科布伦茨州高等法院的意见,认为合同约定的履行义务范围的变更以及额外工作的增加都可以被看作是VOB/B第6条意义上的障碍,由此引起的施工迟延和履行期限的展延应作为可归责于发包人之情事看待,因而承包人得根据VOB/B第6条第6款主张损害赔偿。根据早期的司法实践,承包人可先根据第2条第5款主张与合同内容直接相关的价款请求权、在必要的情况下根据第6条第6款再行主张因履行障碍而产生的费用。[3]近期Hamm州高等法院有新的见解认为,在发包人违反合同约定做出变更指令的情况下,承包人仅得根据第6条第6款主张损害赔偿。[4]此时首先要判断的问题又回归到发包人变更权的范围上,需要对合同约定的内容进行明确。

主张VOB/B第2条第5款或第6条第6款的请求权,其根本区别在于,前者要基于原定的核算标准来计算(在其标准基础之上的增加或减少)、而后者可以在证明损害的范围内不考虑原始核算;相应的,如果承包人援用前者、则可免去证明损害范围的必要。如果承包人基于第2条第5款和第6款与发包人达成新的价格约定,则由于工期影响而产生的其他请求权消灭,[5]因为此时双方当事人通过签订事后补充协议的方式、已经就新的事实关系达成了约定,

---

〔1〕 Kemper, NZBau 2001, 238, 239.

〔2〕 BGH, Urt. v. 21.12.1989-VII ZR 132/88, BauR 1990, 210, 211.

〔3〕 OLG Nürnberg, Urt. v. 13.10.1999-4 U 1683/99, BauR 2001, 409; OLG Düsseldorf, Urt. v. 30.05.2000-22 U 214/99, BauR 2000, 1336; KG, Urt. v. 17.10.2006-21 U 70/04, BauR 2007, 157, IBR 2006, 665.

〔4〕 OLG Hamm, Urt. v. 14.04.2005-21 U 133/04, BauR 2005, 1480.

〔5〕 OLG Karlsruhe/BGH, Urt. v. 22.12.1998-17 U 189/97/Beschl. v. 17.02.2000-VII ZR 43/99, IBR 2000, 155.

该约定应当是终局的、有约束力的。[1]只有在补充协议中有相应的保留条款时，或者当承包人适时发出可被视作保留声明的障碍通知时，承包人才可继续主张第6条第6款的因履行障碍而生的损害赔偿请求权。[2]

我国工程实务中，对于变更后价款的估定，《1999版示范文本》《2007版招标文件》《2017版示范文本》均做出了原则性的约定，承包人应在工程变更确定（或收到变更指示）14天内（或专用条款另有约定），向监理人提出变更工程价款的报告；变更工作影响工期的，还应当调整工期。同时，范本文件中都对变更工程的价款约定了估价的方法，也被称作工程变更估价三原则，其中各范本文件的前两条原则基本是一致的：合同中已有适用于变更工程的价格（或已标价工程量清单中有适用于变更工作的子目的），按合同已有的价格变更合同价款；合同中只有类似于变更工程的价格（或已标价工程量清单中无适用于变更工作的子目，但有类似子目的），可以参照类似价格进行变更。有区别的是，在原合同约定中既无可直接适用的价格也无可参照适用的价格时该如何估价？《1999版示范文本》第31.1条规定，由承包人提出适当的变更价格，经工程师确认后执行；《2007版招标文件》第15.4条要求按成本加利润的原则协商新的价格，由监理人商定或确定；而《2017版示范文本》第10.4条规定，已标价工程量清单或预算书中无相同项目及类似项目单价的，按照合理的成本与利润构成的原则，由合同当事人商定确定变更工作的单价。《2007版招标文件》中对于变更估价的原则做了进一步的解释，以已标价工程量清单为主要依据，按第15.4.1项约定，变更工作直接采用适用的子目单价的前提是其采用的材料、施工工艺和方法相同，亦不因此增加关键线路上工程项目的施工时间；按第15.4.2项约定，变更采用适用的子目单价的前提是其采用的材料、施工工艺和方法基本相似，不增加关键线路上工程项目的施工时间，可仅就其变更后的差异部分，参考类似的子目单价协商新的子目单价；按第15.4.3项约定，变更工作无法找到适用和类似的子目单价时，按成本加利润的原则协商新的变更单价。最后，在双方对于变更价款不能达成一致意见时，承包人应当先实施变更，变更价款通过争议程序解决。《2017版示范文本》第10.4.1条做了更进一步的规定，不仅限于已标价工程量清单或预算书中没有相同项目

〔1〕 Kemper, in: Franke/Kemper/Zanner/Grünhagen, VOB/B, § 2 Rn. 114.

〔2〕 OLG Düsseldorf, Urt. v. 24.10.1995-21 U 8/95, BauR 1996, 267, 269; OLG Karlsruhe/BGH, Urt. v. 22.12.1998-17 U 189/97/Beschl. v. 17.02.2000-VII ZR 43/99, IBR 2000, 155; Kemper, NZBau 2001, 238.

及类似项目单价的，按照合理的成本与利润构成的原则来确定工程价款，还包括变更导致实际完成的变更工程量与已标价工程量清单或预算书中列明的该项目工程量的变化幅度超过15%的情况，也适用合理的成本与利润构成的原则。本文认为《2017版示范文本》第10.4.1条的补充是值得赞同的。联系前述"重大变更"理论，我们意识到，在工程量清单计价方式下，当发生变更的情事构成重大变更时，如果仍根据原合同相同或相似单价计价，那么承包人实际发生的管理费和预期利润则难以实现，不能合理维护承包人的合法权益。《2017版示范文本》中以变更幅度达到15%为标准，超出这个界限，就适用成本加利润的原则，不再参考原约定的合同计价。

针对司法实践中的争议案件，最高人民法院就变更后价款的确定也作出了原则性的规定，法释〔2020〕25号第19条第2款规定："因设计变更导致建设工程的工程量或者质量标准发生变化，当事人对该部分工程价款不能协商一致的，可以参照签订建设工程施工合同时当地建设行政主管部门发布的计价方法或者计价标准结算工程价款。"本条司法解释的原则是：如果当事人在施工合同中对于建设工程的计价标准或计价方法有约定的，从其约定；没有约定，但发生变更后协商一致的，以当事人的约定办理；事先未定有标准、事后又不能协商一致的，则可以参照签订建设工程施工合同时当地建设行政主管部门发布的计价方法或者计价标准结算工程价款，也就是按照市场价格信息予以确认。在上文提及的四建公司与后湖公司建设工程施工合同纠纷案中，[1]最终法院就是依据该规定，参照市场价格酌定处理工程变更后的价款调整。

但如果双方当事人对工程变更后的价款调整另有约定，则不应当适用司法解释的规定，而应当遵循当事人真实的意思表示。在郓城县建筑公司（简称"郓城建筑"）和山东宏领地产开发有限公司（简称"宏领公司"）建设工程施工合同纠纷一案中，[2]宏领公司与郓城建筑签订建设工程施工合同一份，由郓城建筑承包宏领公司楼宇工程，合同约定案涉工程采用依据定额管理办法竣工结算，执行96定额、36元/工日，并未选择可调价格计价方式，合同价格调整因素包括设计变更、洽商记录、经济技术签证等。后宏领公司与郓城建筑又签订《补充协议书》对工程范围、工期等进行变更。完工后，双方对工程价款

〔1〕 参见最高人民法院（2018）最高法民再166号民事判决书。

〔2〕 参见最高人民法院（2019）最高法民申2765号民事裁定书；山东省高级人民法院（2018）鲁民终1265号民事判决书。

的计算产生了争议。郓城建筑认为，工程存在设计变更等情况，工程量也发生变化，主张实际开工时工程计价标准应该适用03定额，人工费单价应按53元／工日计算；宏领公司认为，变更96定额和人工费只是郓城公司的单方主张，宏领公司从未同意郓城公司变更定额和人工费的要求，在《补充协议书》中并未对调整定额和人工费进行确认，而是一致同意按原合同约定继续履行。法院认为，郓城建筑并未对其提出变更工程计价标准的请求充分举证，故认为《补充协议书》为双方真实意思表示，并不属于法释〔2004〕14号第16条第2款（即法释〔2020〕25号第19条第2款）规定的当事人对部分工程价款不能协商一致的情形，故不支持郓城建筑的诉讼请求。

综合以上，建设工程施工合同订立之时，发包人于待建工程项目之思虑往往未能周全，且工程建设历时持久，客观情事发生改变亦属正常。通过承包人的履行达成发包人所心仪的给付结果，最大限度地发挥发包人所要求的工程性能乃建设工程合同的目的所在，故设定发包人单方变更权诚为必要。不过，任何权利的行使都需有其恰当的边界，诚实信用原则、可期待性理论以及衡平法理均可为权利范围的确定提供理论上的支撑，工程实践中所使用的合同范本或一般合同条件应受此约束。考虑到施工合同中待建工程与工程价款之间应有均衡的给付关系，对应发包人的单方变更权，应当相应赋予承包人变更工程价款的请求权。变更估价应充分关注价格形成和确立的基础，得适用或准用原合同计价清单中的子目单价；在原计价基础发生动摇的情况下，双方应有重新协商、确定新的变更工程价款的义务，未能达成一致的，可参照原合同签订时当地市场价格予以确认。

第九章

建设工程合同中的情事变更

一、情事变更原则的德国法观察

德国法上,和我国情事变更原则较为接近的法律制度名为交易基础制度。理论上,由交易基础制度引出的问题是:一份私法上的合同,当其中的给付和对待给付的均衡被嗣后发生的事件打破,或者这种均衡在订立合同时即被错误估计,而事实上自始就不存在、或者履行对于债权人而言已无价值时,该如何来确定合同关系的走向。对于该问题,德国学者倾注了极大的研究热情,奇奥泰利斯(Chiotellis)指出,有关交易基础的理论多达56种,[1]而慕尼黑法典评论中列举的关于交易基础理论的研究文献也已达142篇之多,[2]这已足见交易基础理论的学术魅力,其所涉及理论的重大性和相关生活实践的复杂性,也可见一斑。

2002年生效的德国债法现代化法中,交易基础制度最终明确以第313条的规定确立了其在《德国民法典》中的位置。第313条第1款和第2款分别规定了所谓的客观交易基础和主观交易基础,第3款规定了交易基础障碍的法律后果。然而,即便是对主、客观交易基础的分类,在过去和现在都是有争议

〔1〕 Chiotellis, Rechtsfolgenbestimmung bei Geschäftsgrundlagenstörungen in Schuldverträgen, 1981: Vorwort.

〔2〕 MüKo/Roth, Schrifttum zu § 313 BGB.

的，[1]就德国的法律实践而言，立法并没有带来根本性的改变，第313条没有从根本上解决问题，而只是对以往经验成果的总结，目前的法律状态并没有显著有别于债法改革前，学说演变史指引的方向，也正是释法的方向。由于正义观念和法学思维均受到特定社会政治思潮的影响，因此对于交易基础制度的诠释，也打上了不同历史时期的深刻烙印。因此，为全面理解和把握德国的交易基础制度，需要对其发展和构造作详细的梳理，寻找该制度的内在精神与我国生活实践的契合点，从而能够帮助我们对《民法典》第533条情事变更原则进行解释论的展开。

（一）从《德国民法典》制定前后到第一次世界大战期间

德国交易基础理论，可以追溯到《德国民法典》制定之前，[2]但当时讨论的中心并不在于双务合同中给付和对待给付之间的价值关系问题，学者们更多关注的是，如果一方当事人的期待落空，而其所订立合同又与该期待密切联系时，这份合同该如何处理。为解决这一问题，温德沙伊德（Windscheid）提出了"前提条件说"，该学说引起了广泛且激烈的讨论。

1. 温德沙伊德的前提条件说

前提条件说是由温德沙伊德从早期普通法的情事不变理论（clausula rebus sic standtibus）中继承发展出来的，该学说认为一个债务关系合同有拘束力的前提在于，订约时具有重大意义的基础关系未发生根本性的变化。一方当事人在缔约时对当时情事的认知，是其订立合同的前提条件，是合同保留，当该前提条件未得满足时，则作出保留的一方得据此退出合同关系，因为，此时发生的法律后果虽然符合表意人在合同中"确实"的意愿，但却不符合其"原本"的意愿。[3]

前提条件说必然带来法律确定性上的问题，对此温德沙伊德本人也有所认识。但他认为，对前提条件的考虑，产生于表意人对自己意愿的支配，并能够"通过解释规则从主客观两方面得以认知。"[4]并且，温德沙伊德也指出，并非一个任意的动机都会被考虑，决定当事人意愿的、明确表示出的或根据具体

---

〔1〕 Beuthien，Zweckerreichung und Zweckstörung im Schuldverhältnis，Bd. 25，1969.

〔2〕 自1874年设立民法典起草第一委员会至1900年《德国民法典》正式颁行期间，是德国经济一片繁荣的时期。这一繁荣景象影响了社会政治思潮并继而影响到人们的基本价值判断，这些价值判断进入民法典并决定着对新生的民法典的理解。

〔3〕 Windscheid，Die Lehre des römischen Rechts von der Voraussetzung，1851：161.

〔4〕 同上。

情形可推之的前提条件，要清晰的同单纯的动机区分开来。这在当时虽未成为学术观点，但在某种程度上影响了交易基础理论。

作为一种普遍的对合同拘束力的限制，前提条件说在当时未能得到普遍的接受。莱讷尔（Lenel）首先明确质疑了前提条件说，指出：只有根据法律行为的内容，以给付来追求的结果没有出现时，才产生返还给付的义务，而并非温德沙伊德理论上的某个前提，因为后者将不可避免地导致法律上的不确定性，继而会有大量的合同因为简单的动机错误，可基于情事不变条款得撤销或被宣布无效。[1]穆格丹（Mugdan）认为，"所谓的前提，当其在个案中未被表述为条件时，只是一种不影响该法律关系有效性的动机。"[2]然而，从历史的视角看，前提条件论提供了一个思想的链接点，特定的情事能够影响合同的拘束力，此后的发展多由此向前。

2. 克吕克曼（Krückmann）的情事不变理论

情事不变理论首先由托马斯冯阿奎因（Thomas von Aquin）在天主教教会法规中提出，可以表述为，合同订立时存在的根本性情事发生变化，可对合同的拘束力产生影响。[3]在《德国民法典》生效前，在德国各城邦公国中，因继受罗马法而形成的早期普通法，作为各国特别法的补充而发挥着作用，其中，就有情事不变理论的表述，[4]并且该理论也为一些特别法所采纳。[5]而《德国民法典》则明确依据"严守契约"的原则否定了情事不变理论，只在个别条款中，赋予当事人因财产状况的急剧恶化而解除合同的权利，如第321条的不安抗辩权和第610条的撤销消费借贷的承诺，但这在《德国民法典》中只是特例，并不作为一般原则来理解。[6]

《德国民法典》生效后，埃里希考夫曼（Erich Kaufmann）在国际法（Völkerrecht）中复兴了情事不变思想，[7]对民法而言，则是克吕克曼将情事不变理论发展出新的意蕴，其在1918年发表有关情事不变理论的文章，站在当

---

〔1〕 Lenel, Die Lehre von der Voraussetzung, AcP 74 (1889), 213, (216, mit Berufung auf die Motive II, S. 843).

〔2〕 Mugdan, Die gesamten Materialien zum Bürgerlichen Gesetzbuch, Bd. I, 1899: 249.

〔3〕 Kegel, Gutachten für den 40. Deutschen Juristentag, 1953.

〔4〕 Fritze, Clausula rebus sic Stantibus, Archiv für bürgerliches Recht, 17, 20; Stahl, Die sogenannte „clausula rebus sic stantibus" im BGB, 1909, S. 1/2.

〔5〕 Pr. ALR I 5 §§377-384; Codex Maximilianeus Bavaricus Civilis Teil IV Kap. 15 §12.

〔6〕 von Tuhr, Der Allgemeine Teil des Deutschen Bürgerlichen Rechts, 2. Bd. 1. Hälfte, 1914, S. 202.

〔7〕 Erich Kaufmann, Das Wesen des Völkerrechts und die clausula rebus sic stantibus, 1911.

时战争动乱的状况下审视这一问题，尝试通过考虑共同的合同目的，即“合同的意义和对象”，来达到交易基础理论的客观化，然而，问题是，考虑到合同双方彼此相反的利益状况，如何还能够得出一个“共同的”合同目的？[1]

不过，克吕克曼认为，“情事不变条款是从合同相互性关系中推导出的最后的结论”，为证明这一点，克吕克曼对当时产生的案例进行了搜集整理，认为在诸如租赁人因为一项由战争引起的移居禁令而不能搬入承租屋，债务人因承受过重的困难致使不能期待其履行时，或合同目的以另外一种方式得以实现，履行变得无意义时，情事不变理论的适用具有正当性。与温德沙伊德不同的是，克吕克曼认为情事不变条款适用和作用的基础并不在合同本身、不是建立在当事人意愿的基础上，而是在客观法律上，故他将其定义为“法定的法律救济”。[2]

（二）两次世界大战期间

第一次世界大战之后，经济的崩溃，特别是世界性经济危机的发生，迫使法学家们从根本上转变思路。繁荣时代难于出现的问题，层出不穷地涌现出来。从大量的文献和法院判决中可看出，交易基础理论正是在此一阶段的法学思维中逐渐找到了入口。

1. 厄特曼（Oertmann）的交易基础理论

交易基础理论这一概念是由厄特曼首先提出的，其备受关注的著作《交易基础制度》使用的副标题即为“一个新的法律概念”。厄特曼在将交易基础作为一个问题讨论时，使用了一种全新的基调：“世界大战的教训让我们真正的打开了眼界，从而直面该理论巨大的现实意义。”由于厄特曼的著作发表于1921年，正值通货膨胀的高峰期，他也列举了很多关于通货膨胀、物价飞涨带来的合同关系问题的案例。但是，我们看到，厄特曼不仅意识到了同时代的法学家们共同关注的现实问题，而且更加致力于研究一般性问题，即有关法律行为基础的理论。他在著作中将交易基础的概念和其它相关概念进行了比较研究，界定了其与简单动机、法律行为组成部分的区别。[3]

厄特曼对交易基础的定义为：合同订立时为他方当事人所明知并且未提出异议的一方当事人对特定情况的存在或发生的想法，或是多个合同当事人

〔1〕 Schmidt-Rimpler, Zum Problem der Geschäftsgrundlage, in FS Nipperdey (1955), 1 ff.

〔2〕 Krückmann, Clausula rebus sic stantibus, Kriegsklausel, Streitklausel, in AcP, 116 (1918).

〔3〕 Oertmann, Geschäftsgrundlage, Ein neuer Rechtsbegriff, 1921: 25.

对特定情况的存在或发生有共同的想法。但他特别强调，交易基础是属于规范的法律范畴，其在法律效果发生和存在的意义上完全不属于心理过程；通常是根据《德国民法典》第157条合同解释条款，"构造当事人意愿"，将交易基础作为合同的有机组成部分来加以考虑。不过，构造的意思补充仅仅是做出一种假设，即假如当事人对情事发展的可能性有充分认识的话，可能会如何行事。这既不是对当事人意思表示的解释，也不是真正法律解释的类推适用。厄特曼继而提出，交易基础制度只能在现有法律体系的基础上引起关注，可依托第242条诚实信用原则的评价效用，将合同当事人在缔结合同时的设想作为交易基础来看待。债务人的履行义务是限定在诚信原则范围内的，如果严守契约违背了双方当事人订立合同时决定性的想法，则债务人的履行义务可得免除。[1]

厄特曼的提法并没有解决以下问题：即当事人何种的设想可成为交易基础，以及什么是做出此种评价的基础。厄特曼提到的交易基础丧失的案例，多是由于嗣后发生的事件致使双方履行的等值性失衡，此种情况发生时，对厄特曼而言，赋予处在负担地位的合同当事人以解除权是最合理的法律后果。但其并未明确指出，为何要将仅与债务人相关的成本因素与双方当事人的共同设想联系起来，为何单从客观方面考虑不足以确认交易基础的丧失？

2. 洛赫尔（Locher）的合同目的不达理论

洛赫尔在厄特曼的著作发表两年后，对交易基础必须基于当事人主观设想的提法提出了质疑。他认为，当某种情事的存在或发生导致法律行为不能达到其作为一种手段而追求的合同目的，而此种合同目的已然构成交易内容的一部分时，即可解除合同。至于当事人对情事的存在或产生与否所持的主观想法，在洛赫尔看来是毫无意义的。法律行为对任何一方当事人而言，都是满足其交易目的的一种手段。这一目的的达成部分取决于法律行为的有序展开，也即依存于特定条件的存在或发生，条件缺失，则合同目的无法实现。洛赫尔提出两组案例来阐释自己对交易基础制度的见解。在其中一组案例中，合同目的无法达到，比如为了观看游行而特意租下靠窗的位置，但是游行活动取消了。另一组案例则是，为达成合同目的，需要一方当事人作出不可苛求的牺牲。[2]

---

〔1〕 Oertmann, Geschäftsgrundlage, Ein neuer Rechtsbegriff, 1921: 25.

〔2〕 Locher, Geschäftsgrundlage und Geschäftszweck, AcP 121 (1923).

概括说来，洛赫尔认为对合同存续有决定性影响的，不是一些主观的瞬间，而是一个客观的评价，即交易目的是否能够达成。其法律后果应区分不同情形而定：在交易自始达不成目的时，应赋予一方解除权；在交易目的自后期某一个特定的时间起确定无法达成时，一方可得终止合同，已履行的可进行返还。此时的洛赫尔是回到了较早的司法传统上，即援引"牺牲限度"理论主张合同分配正义。

（三）二十世纪五十年代之后的交易基础理论

五十年代之后，交易基础理论进入了繁荣期，各种学说纷至沓来。克格尔（Kegel）认为，有关交易基础理论的文献，其使命在于"尽可能精确地描述出在丰富的审判及立法资料中体现出来的法政治学的基本思想及其分支。"[1]下文讨论的该时期代表性的学者及其观点，其在诠释交易基础理论时，恰恰体现了不同的法政治学思想。这里，首先要提及的便是卡尔拉伦茨（Karl Larenz），其著作《交易基础及合同履行》分别于1951年、1953年和1963年发行了第一版、第二版和第三版，并影响了整个20世纪的后50年。

1. 拉伦茨的主、客观二分理论

（1）拉伦茨理论的基本思想

对交易基础理论的研究长时间以来一直是拉伦茨工作的重心，早在其1936年的论文《合同和不法》中他就已提出交易基础理论的问题。他致力于通过发展出一个可操作的交易基础制度的事实构件，将法庭从不加思考、不受控制的衡平审判的道路上带出来。[2]在该书中，拉伦茨认为，厄特曼的交易基础理论是建立在当事人主观心理基础上的，是"当事人共同抱有的设想，该设想共同决定了其意愿的形成。"对此，拉伦茨持反对的观点，他主张，"对合同关系有影响的情事的重要性并非建立于当事人共同的设想，而是基于客观的前提，在这个前提下合同本身才是有意义的，才能够在整个体系中被视为一个可用的形成因素。因此我们必需将交易基础的概念做客观的理解。"[3]

但是，拉伦茨本人却在以后的论著中与上述《合同和不法》一文中的论点渐行渐远，并最终趋向于接受厄特曼的观点。他认为交易基础制度具有两张面孔，一则是"指导签定合同并决定合同内容的共同的设想，"另一则是"合同

[1] Kegel, Gutachten für den 40. Deutschen Juristentag, 1953, 195.

[2] Larenz, Geschäftsgrundlage und Vertragserfüllung, 3. Aufl. 1963: Einleitung.

[3] Larenz, Vertrag und Unrecht, 1. Teil, Vertrag und Vertragsbruch, 1936.

的客观基础，即情事的整体，其存在和持续构成合乎合同本身意义的前提，否则合同的目的便无法实现。”〔1〕对此，拉伦茨在《交易基础及合同履行》第三版的序言中强调，将交易基础区分为主客观两种，并非是将其绝对的、生硬的对立起来，更多的是在案件类型化中保持流动的边界和多样的相互交叠的结构。这样的论述在读者看来或许是含糊的，没有实际操作意义的。但是，我们应该将其作为一种方法论来理解。拉伦茨在序言中使用了下面的表达：“我的观点是，法学上解决问题的可能的进步不是在于构建统一的形式，希望交代一切，却因此实际上什么都没有说明，而更多的是要寻求在一个类型化的系列中区分具体和抽象的概念。”〔2〕

拉伦茨对主、客观的交易基础分别作了如下描述：主观交易基础“并非一般的交易意愿，而是当事人通常抱有的，并以某种形式已发之于外的声明，是一个客观上可理解的有意义的形成，为其承担法律后果提供了充足的理由。”本质上，拉伦茨强调，主观交易基础必需是当事人共同的设想，双方当事人都受其指引。这种主观性也界定了其和合同拘束的边线，按照拉伦茨的观点，合同当事人受其相互表达的观念的拘束，并“同时将自身置于由内在合同公正性要求的更高的道义规范下。”〔3〕需要指出的是，拉伦茨在这里强调的是双方共同的设想才可构成主观交易基础，仅仅一方当事人的设想是不充分的，这一点区别于厄特曼的观点以及法庭当时所采纳的做法。但是，拉伦茨同时也承认有其它因素能够产生影响，致使裁判者认可交易基础动摇，进而改订或解除合同。拉伦茨对主观交易基础理论的论点建立在其法哲学的法律理解上，后者决定了他的法教义学观点。实务中，他将主观交易基础类型化为双方共同的动机错误，比如一些计算错误，对收益的估计错误等。

对于客观交易基础，拉伦茨认为，客观交易基础的动摇，合同的拘束力到此结束，因为，这里双方当事人认可的起决定作用的价值基础丧失了。但是，他又继续补充道，“合同订立时完全未能考虑到的情事，只有在其完全丧失，合同的意义作为双方利益的平衡被完全打破时，即当给付和对待给付的等值关系陷入极不相当的关系时，当双方认可的、本质的合同目的无法实现时、或

〔1〕 Larenz，Geschäftsgrundlage und Vertragserfüllung，3. Aufl. 1963：17.

〔2〕 Larenz，Geschäftsgrundlage und Vertragserfüllung，3. Aufl. 1963：Einleitung.

〔3〕 Larenz，Geschäftsgrundlage und Vertragserfüllung，3. Aufl. 1963：158-161.

是合同履行变得完全无意义时，才能根据诚实信用原则予以考虑。”[1]从而，对客观交易基础丧失的判断，做出了严格的限制。

这里，拉伦茨立足于诚实信用原则，反对纯粹的“公平裁决”，认为判决的准绳并非是由自由裁量支配的普遍公正性，而是善意合同当事人立足于合同基础上的思维方式及其受合同意义的制约。因此对拉伦茨而言，合同本身才是所有判断其拘束力及解除其拘束力的出口。就法律效果而言，拉伦茨首先主张通过“纠正的合同解释”来改订合同，只有在目的不达时，作为补充适用的规则才是解除合同继而产生互为返还的法律效果，以及在继续性的合同关系中解除权的行使。

拉伦茨在其1989年第7版的《民法总论》中最后一次表达了其对于主观交易基础的观点，[2]在其1987年第14版的债法教科书总则部分最后一次对所谓客观交易基础丧失进行了阐释。[3]其中他对于个别的法庭判决以及论著中的一些议点发表了看法，但总的来说，拉伦茨的主要观点都还是体现在其专著中。

（2）对拉伦茨观点的质疑

如上文所述，拉伦茨本人也试图缩限双重内涵的交易基础的范围。这种构造同样也被克格尔和埃塞尔（Esser）所诟病。对于主观交易基础说，克格尔认为，没有理由“让合同的相对方负担本方错误认识的风险，该错误虽被表示出来，但是对本方而言并无损害，其只涉及一种本方并不关心的情况”；“如果产生错误认识的一方当事人未将其错误认识的风险在合同中转嫁于对方当事人，则应由其自身承担”。因此，克格尔反对两分法，更多的主张对交易基础理论作统一理解，即“只有一个问题：根据协议的内容或者补充的任意法规定，一方当事人在何时和多大范围内应承担不利事实的后果，即当合同遭遇不可预知的情事时仍必需履行的问题。”[4]

埃塞尔同样对拉伦茨提出异议，认为交易基础障碍不仅要考虑合同本身的约定，而且只能通过对合同功能的客观评价来确认。而“即使是一方当事人因为错误认知或是没有预料到真实情况而遭遇障碍”，对该障碍在法律上

〔1〕 Larenz, Geschäftsgrundlage und Vertragserfüllung, 3. Aufl. 1963: 164-165.

〔2〕 Larenz, Allgemeiner Teil des Bürgerlichen Rechts, 7. Aufl. 1989, S. 20.

〔3〕 Larenz, Lehrbuch des Schuldrechts, Allgemeiner Teil § 21 II.

〔4〕 Kegel, Gutachten für den 40. Deutschen Juristentag, 1953, S.196-199.

的意义仍应透过双方当事人善意认同的对风险的分配来理解。其法律后果最终不是由“纠正的合同解释”，而是通过补充的合同解释获得。对于主观交易基础，埃塞尔特别强调，“人们仅仅根据对共同意图或设想的假设是无法将决定性的合同基础和无意义的动机区分开来。”“对此种设想的评价如同对客观交易基础的界定一样，不是通过主观证明，而是一种标准的判断，即是风险问题。”[1]因此，即使是因双方的共同错误而主张主观交易基础障碍，也不能仅仅立论于双方在这一点上有错误认识，还必需有法律的评价，即合同在考虑到这种错误认识的情况下是否还能够维持不变。

布隆梅耶（Blomeyer）也同样质疑拉伦茨的观点。他认为通过合同双方的共同动机来确认主观交易基础是不合理的。并且，他也认为，只是在存在极不相当的关系时才认可等价关系的障碍继而影响交易基础，同样也是不公正的。此外，布隆梅耶还批评道，拉伦茨在等价障碍和目的丧失的情况下，仅仅是将客观交易基础的障碍实质上局限于双务合同，而没有考虑到单务合同遭遇合同外风险的情况。[2]

2. 建立在“正确的法”的基础之上的施密特林姆普勒（Schmidt-Rimpler）理论

施密特林姆普勒对于交易基础的独到见解，被鲁道夫施塔姆勒（Rudolf Stammler）解读为“正确的法”决定理论。[3]据此，合同也成为形成正确的社会构成的媒介。施密特林姆普勒主张，“即使是通过作为法律构造的合同的形式，也不应将当事人任何一种意愿都付诸施行，合同只是用来正确规制人类的共同生活”。由于合同的正确性保障有其界限，“则必需在合同之外有另一更高的手段存在，从而能够在正确的目标无法达到之时得以介入”。对于关涉交易基础障碍的案件，施密特林姆普勒认为，“经过合意的法律后果，其法律认可是建立在双方当事人认为正确的基础上的……，当法律后果缺乏正确性保障时，或者仅是一方当事人的评价建立在错误设想的基础上，……或者评价的基础事后丧失了，则毫无疑问的，该法律后果将不能继续得到认可”。“如果评价的基础丧失了，则事实上法律后果的正确性就无法得到保障，并因

〔1〕 Esser, Fortschritte und Grenzen der Theorie von der Geschäftsgrundlage bei Larenz, JZ 1958, S. 115.

〔2〕 Blomeyer, Besprechung von Karl Larenz, Geschäftsgrundlage und Vertragserfüllung, AcP 152 (1952), S.278, 279.

〔3〕 Stammler, Die Lehre vom richtigen Recht, 1962.

此从法律上无法被认可。但是出于交易安全的考虑，却仍存在认可它的需要”。[1]

施密特林姆普勒在这种矛盾视角的基础上发展了其对交易基础理论的见解，认为事实上的正确性仅在出于交易安全考虑的情况下可不予考虑。一方面是正确性的要求，另一方面是交易的安全，对其二者的权衡产生了不同的考虑。最终产生影响的是，是否一方当事人已估计到情况的变化，是否其本人对该变化负有责任，以及是否关涉重大的或仅是微不足道的负担。

反对施密特林姆普勒观点的意见认为，他的合同理论，即认为合同应服务于构筑一个社会的正确的秩序，与《德国民法典》的法律行为理论不相一致。然而，可以明确的是，施密特林姆普勒关于交易基础问题考虑的结论是与其它观点相一致的，因此也许也就没有深究的必要了。

3. 埃塞尔对交易基础制度的构想

埃塞尔在其债法教科书中用了很大的篇幅来阐述交易基础制度。他从拉伦茨区分主观和客观交易基础的前提出发，试图构建交易基础制度确定的要件。客观上，哪些情事可作为前提条件，取决于合同是否因此而变得有意义，而主观上，根据厄特曼的模式，则考虑建立在哪些设想上的一方当事人的交易意愿为对方当事人明知并进而缔约。但是埃塞尔首先希望借助诚实信用原则来查明，是否现有的能够确定交易基础障碍的具体情况能够要求改订合同。而诚信原则的介入，则使得交易基础概念的构建变得相对化了，这一点也被司法审判所追随。埃塞尔总结到，“交易基础丧失本身并不引起任何法律后果，只是在此条件下，由于不可合理期待，继续信守合同会有悖于诚实信用原则，才使得交易基础障碍受到重视。”他将案例继续分解为主观交易基础和客观交易基础两块，认为“履行受挫在法律上的重要性取决于当事人善意表示的风险和费用承担，或者考察是否涉及一方当事人的障碍，是由于其错误估计或是没有设想到真实情况引起的。这种心理上的区分不足以正当化交易基础的二元理论。每种理论待实现的任务更多的在于列举各类在事实上、而不是从大量不重要的动机中产生的，能够突出一个前提条件的因素。在个案中，这些因素可归结为：合同目的，等值基础以及其它一些情事的变化，考虑到典型的或是特别的利益，尤其是在例外情况下，虽然障碍仅在一方交易风险的范围内发生，该情事缺失或丧失的风险却不能仅让一方当事人来承担。这或者是在

〔1〕 Schmidt-Rimpler, Zum Problem der Geschäftsgrundlage, Festschrift Nipperdey 1955, S.5-12.

合同进展之前即关涉到双方当事人、但却未被预见到的外部事件，或者是后发的一些状况和事件，要求考虑到第242条意义上的不可合理期待性。”[1]

我们可以清晰的看出，埃塞尔在根据第242条解决交易基础问题上，有和司法审判相同的取向。此外，埃塞尔没有将目的障碍的案例列入交易基础的理论下探讨，他将自始的目的不达区分为仍得履行和履行不能两种情况。而在合同履行终结前的目的实现也意味着目的不达。事后的目的丧失意味着履行不能。对于现存的对待给付义务的影响应根据可预知性来调整。

4. 弗鲁姆（Flume）的类型论

弗鲁姆将其对交易基础理论的观点在德国法学家大会100周年诞辰的合集及其民法总论的法律行为学说中详尽的表达出来。许多案例中，因为一方或双方当事人对事实缺乏正确估计而使交易基础欠缺，对此，弗鲁姆拒绝使用统一的解决方案。他提出，解决方案必需根据不同的合同类型区别制定。直接依靠诚实信用原则本身并无法使我们得出结论，因为问题之结症恰恰在于，何种判决能够合乎诚信原则的要求。[2]

弗鲁姆考察了司法审判中的一些经典案例，其中合同的履行是建立在错误的基础之上，比如外汇牌价案中的错误的计算标准。弗鲁姆提出的问题是，是否这个错误的参考只是一个单方面的、基本上无足轻重的动机，抑或是该参考已成为合同的一部分。弗鲁姆认为首先需要明确的是，与做出错误承诺相关的情事和与事实相关的情事何者有优先性。如果二者在同一位阶，则任何一方都不应该继续忍受对其不利的关联。[3]因而，对于弗鲁姆而言，解决争议的关键点并不在于作为合同之外存在的当事人的设想，而是在于判断对做出错误承诺有影响的情事是否是合同的组成部分。对此，弗鲁姆列举了一宗常见的教学案例，承租人为了观看游行而租赁了一间沿街的旅馆房间，如果游行取消或是改换另一条街道举行，则承租人无法实现其观看游行的愿望。这一则案例中，弗鲁姆拒绝援用交易基础理论，而通过合同解释来获得结论，通过解释得以纠正当事人的设想之于现实的错误关系。接下来需要明确的是，应由谁来承担现实偏离合同拟定之风险。对此，针对不同的合同类型有不同的

---

〔1〕 Esser, Schuldrecht, Allgemeiner und Besonderer Teil, 1960, S.384-405.

〔2〕 Flume, Rechtsgeschäft und Privatautonomie in Hundert Jahre Deutsches Rechtsleben, Festschrift zum hundertjährigen Bestehen des Deutschen Juristentages, Bd. I, 1960, S.207-238.

〔3〕 Flume , Allgemeiner Teil des Bürgerlichen Rechts, Bd. 2, § 26, 4c.

法定风险分配方式。一些社会存在，比如货币贬值，战争影响，自然灾害和其它相似的无法预见的障碍，其变化会对合同的给付和对待给付的均衡关系产生影响，这种社会存在的风险以相同的方式作用于双方当事人，因而合同或是应该全部或部分的失效，或是应当根据实际关系做出相应的调整。此类情形下，合同本身对于平衡当事人关系不能提供依据，只能有赖于一般性原则来解决。

简而言之，弗鲁姆认为应放弃一般性的交易基础理论，在现实与合同不相一致时，合同全部或部分的失效，或是仅由一方来承担风险，取决于何种风险分配是合理的。然而，对于社会存在的变迁如何影响一份合同这样的问题，由于单个合同的差异，对于公平的风险分配问题是无法给出统一的答案的。

5. 菲肯彻尔（Fikentscher）的诚信说

菲肯彻尔对交易基础理论的见解体现在其1971年的专著，[1]和其债法教科书中，他同其它作者显著的区别在于其关注理论背后的思考多于寻求结论。

菲肯彻尔将交易基础制度置于诚实信用原则的中心，“无论是否是间接导出的，援用第242条解决个案时都需要明确，这种特殊的适用是否基于第242条的基本意义上。……只有当个案中的适用是对其基本意义的具体化时，才可援用第242条。”[2]菲肯彻尔认为，第242条的基本意义并非是将作为人类行为普遍标准的诚实信用在法律中做出要求。在强行法的信赖原则支撑下的第242条，更多的是补充和纠正权利和义务关系。而补充和纠正的限度，则是通过对个案的具体化来实现。在这一框架内，交易基础问题也并不成其为一项独立的制度，而是信赖状况理论的一部分。对菲肯彻尔而言，整体的信赖状况形成了信赖的基础，包括“各方当事人在其风险领域内的状况，其意义对于各当事人所承担的合同风险如此之大，以至于现实之于当事人，在形成其目标意志时的设想之偏离，可使得严守合同无法合理期待。”

根据菲肯彻尔的见解，接下来进行衡量的是以下两个问题。“第一点，债务人和债权人系基于何种情事产生信赖？第二点，是否基于该情事而产生的信赖的落空是如此严重，以至于必需免除债务人继续履行的义务以及必需辜负债权人对对方履行义务存续的信赖。”菲肯彻尔从司法实践中列举出了五个案例作为解读可免除义务的信赖情事的资料，分为三种情况：1.有重要意义

---

〔1〕 Fikentscher, Die Geschäftsgrundlage als Frage des Vertragsrisikos, 1971.

〔2〕 Fikentscher, Schuldrecht, § 27 Treu und Glauben, III. e) Geschäftsgrundlage, §27.

的事实状况，债务人和法律事务的交往均以此为出发点，比如等价障碍；2.单个合同独有的、被误判的价值标准，比如错误的外汇牌价；3.债务人信赖特定法律关系的存续，比如说婚姻关系，贷款允诺。

6. 债务关系中的目的障碍理论

博伊廷恩（Beuthien）在其教授资格论文中提到交易基础制度，但对该制度的探讨并非行文的重心，只是以之来界定目的障碍和目的不达理论。对于如何确定合同交易基础的问题，博伊廷恩继承了雷曼（Lehmann）的观点。此外，他还认为，交易基础只是合同的基础而非内容。所有纳入合同内容的元素只能适用履行不能理论，不属于交易基础的范畴。[1]同弗鲁姆一样，博伊廷恩也将合同目的归入合同内容之中，因而目的障碍自然也就成为履行不能的一种情形。

与之相对的，克勒（Köhler）将目的障碍作为交易基础理论的一部分来对待，并在其受拉伦茨动议和指导的慕尼黑博士论文中进行了详细的论述。他将目的障碍分为两种情况。一种目的障碍发生在接受给付义务的一方，其目的或是已经落空，或是通过另外的方式已经得以实现，按照克勒的见解，这是履行不能的问题，其对待给付义务的法律后果可根据不同的合同类型直接从法律中得出。第二种情况是关于债权人预定的其它一些使用目的的障碍。克勒认为，原则上应当由债权人承担使用风险，例外情况下该风险可根据交易基础理论转嫁于债务人。交易基础理论的构成要件可通过规范的评价标准，即如“背信弃义”和“风险利用”原理来补充界定。[2]

大约30年之后的2000年，在德国联邦法院诞辰50周年的论文合集上，克勒又再次重提了交易基础制度的问题。在论文中，克勒批评了审判中主观模式指导下的做法，正如拉伦茨也同样提出的，联邦法院的判决在事实层面上是自相矛盾的。[3]

克勒认为可适用于交易基础制度的事实情况应如此界定，“如果严守原有的合同不变，则事后发生的（或暴露出的）情事将会给一方当事人带来确定的风险。”而随之产生的问题，即是否应避免该当事人遭受此种风险，则只能

〔1〕 Beuthien, Zweckerreichung und Zweckstörung im Schuldverhältnis, Bd. 25, 1969, S. 61-65.

〔2〕 Köhler, Unmöglichkeit und Geschäftsgrundlage bei Zweckstörungen im Schuldverhältnis, 1971, S.200-203.

〔3〕 Köhler, Die Lehre von der Geschäftsgrundlage als Lehre von der Risikobefreiung, in Festgabe 50 Jahre Bundesgerichtshof, S. 295.

通过对合同风险分配的考量来获得。对此,克勒提出的第一个主张是,如果要求一方当事人坚持履行原有的合同不变,将令其承受根据合同未得分配的风险,则此时认定为交易基础丧失。这时的问题是,虽然坚持不变的、合乎合同的履行使一方当事人承受过重的负担,但该合同本身又如何能够说明,符合合同的履行违反了合同的风险分配?这种以己之矛攻己之盾的说法是很难立得住脚的。

克勒批评了审判中对法律后果过于含混的表述。对他来说,无论如何,一个合乎合同目的的解释才能够提供因交易基础受挫而寻求的法律后果。这一点已由司法实践中的典型案例得到证明。此外还需要指出的是,克勒提出,即使是对于已经由双方当事人履行完毕的合同,也可根据交易基础理论来修正。最后,克勒还主张,一份因交易基础的丧失而无法得以履行的合同,其不利后果应由双方当事人等额分担。[1]

从上述学说史的梳理中可以看到,尽管有许多大师级人物的倾力投入,在百年的制度发展历史中,德国学者并没有能够形成一致的认识。但这并没有影响法官做出行动,德国联邦法院在着手处理由于战争、两德统一和货币调整带来的合同问题时,毫不迟疑的延续了德国帝国法院的做法,并将交易基础理论适用领域扩展到亲属法、继承法、公司法、竞争法以及著作权法中。[2]在判决理由上则主张,诚实信用原则是超越法律的规范,是所有法律制度的内在准则。对交易基础理论给出完整的、令人信服的说明决非易事。主观交易基础论和客观交易基础论均遭到不同程度的质疑和批评,而回归到合同内在的公正性上要求改订或解除合同,却又缺乏明确的可操作的标准,易使法官陷入自由擅断的泥沼。但是,在双方当事人意思表示错误、致其内心欲求和合同效果迥然相异时,或是外部环境的变化导致给付和对待给付的价值严重失衡、超出一方当事人风险负担的范畴时,仍维持合同的拘束力,要求遭受不利益的一方继续承担履行原有合同的义务,又与人们的正义观念相冲突。在这种两难的境地中,我们看到,德国的法律人没有因噎废食、阻止交易基础理论在实务中的运用,而是一方面积极寻求构筑一个适于操作的理论体系,试图精确定义交易基础的事实构成和法律后果,另一方面依托现有的理论构成,在审判实践中

〔1〕 同上,第308-323页。

〔2〕 BGHZ 120,10,22;BGHZ 121,378,391;BGHZ 124,1,8;BGHZ 126,150,159 ff.;BGHZ 127,212,217 f.;BGHZ 128,320,329;BGHZ 131,209,214;BGH WM 1993,555,558.

继续援用交易基础制度重构当事人间的利益平衡，以获得符合个案正义的结论。

德国债法现代化法实现了交易基础制度的法典化，但却并没有达到法学家们精确表述该制度的目标，第313条中所谓"个案全部情况"的评价，以及对合同一方"不可苛责性"，都不是明确具体的标准，而且其与合同解释、典型合同风险以及法定风险分配的区分也有很多的模糊地带。正如克勒指出的那样，交易基础制度的特别之处在于，当其它法律规则无计可施时，可在遭到破坏的合同关系中重构当事人的利益平衡。交易基础制度的"强"存在于其"弱"中，即在于其在法律构成和法律后果两方面的不确定性（Unbestimmtheit）。这种不确定性提供给审判必要的空间，以获得符合个案正义的结论。[1]

二、情事变更原则在我国的发展

情事变更原则在我国学说上很早就受到关注，梁慧星教授在1988年发表《合同法上的情事变更问题》一文，系统阐述了情事变更原则的历史沿革、域外法的理论学说以及我国的法律适用等问题，成为该领域的奠基性论文。实践中，1992年最高人民法院在关于湖北省和重庆市两个公司之间购销煤气表的合同纠纷案件的复函中对情事变更制度作出了诠释，[2]第一次在司法实践层面确立了情事变更原则的处理效果。

《合同法》立法过程中，其草案征求意见稿曾设有情事变更的条款，但最终颁行的法律文本对该条款未予保留。直到2009年，因为国际性的金融危机引发我国大量的经济贸易纠纷，《合同法解释（二）》第26条确立了情事变更原则，规定："合同成立以后客观情况发生了当事人在订立合同时无法预见的、非不可抗力造成的不属于商业风险的重大变化，继续履行合同对于一方当事人明显不公平或者不能实现合同目的，当事人请求人民法院变更或者解除

[1] Köhler, Festgabe der Wissenschaft 50 Jahre Bundesgerichtshof, Bd. 1, 2000: 295, (296).

[2] 参见《最高人民法院关于武汉市煤气公司诉重庆检测仪表厂煤气表装配线技术转让合同购销煤气表散件合同纠纷一案适用法律问题的函》（法函〔1992〕27号）："就本案购销煤气表散件合同而言，在合同履行过程中，由于发生了当事人无法预见和防止的情事变更，即生产煤气表散件的主要原材料铝锭的价格，由签订合同时国家定价为每吨4400元至4600元，上调到每吨16000元，铝外壳的售价也相应由每套23.085元上调到41元，如要求重庆检测仪表厂仍按原合同约定的价格供给煤气表散件，显失公平，对于对方由此而产生的纠纷，你院可依照《中华人民共和国经济合同法》第二十七条第一款第四项之规定，根据本案实际情况，酌情予以公平合理地解决。"

合同的,人民法院应当根据公平原则,并结合案件的实际情况确定是否变更或者解除。”相关解释认为,“本条主要解决合同订立后显失公平的问题,……,合同订立的时候是公平的,在合同生效后由于社会环境发生重大变化,如一方当事人履行合同将遭受重大的损害,造成双方当事人利益上显失公平,按照实际情况履行不了……”。〔1〕最高人民法院同时指出,情事变更原则的适用,是一种司法救济,因此要严格区分变更的情事与正常的市场风险,以维护合同效力为大原则,审慎适用情事变更原则。根据案件的特殊情况,确需在个案中适用的,应当由高级人民法院审核。必要时应报最高人民法院审核。〔2〕

2021年《民法典》颁布施行,《合同法》及其相关司法解释同时废止。《民法典》第533条借鉴了《合同法解释(二)》第26条的规定,但有一些变动和调整。该条第1款规定:“合同成立后,合同的基础条件发生了当事人在订立合同时无法预见的、不属于商业风险的重大变化,继续履行合同对于当事人一方明显不公平的,受不利影响的当事人可以与对方重新协商;在合理期限内协商不成的,当事人可以请求人民法院或者仲裁机构变更或者解除合同。”第2款规定:“人民法院或者仲裁机构应当结合案件的实际情况,根据公平原则变更或者解除合同”。

具体而言,《民法典》第533条文字上的变化包括以下几个方面:

第一,立法用语上,用“合同的基础条件”替代了原先使用的“客观情况”。这样一来,是否有对客观情况做扩大解释的可能性?例如,能够涵盖德国民法“交易基础理论”中的主观交易基础。

第二,排除了情事变化导致“合同目的不能实现”的情况,仅保留了“显失公平”的情形。但是,比较法上,合同目的不达(落空)是情事变更适用的主要情形,此一修改,是否严重限缩了情事变更原则在我国的适用可能性?

第三,不再排除因不可抗力造成的情事重大变化的情形。基于《合同法解释(二)》第26条的文义,法律适用上,始终需要处理情事变更与不可抗力的关系。德国学说在“客观交易基础”概念中进一步区分“大的交易基础”和“小的交易基础”,所谓“大的交易基础障碍”就是指政治、经济、社会关系的稳定性状态受到战争、灾难、政治环境的变动、货币贬值等影响而发生变化。由此

〔1〕 曹守晔:《〈关于适用合同法若干问题的解释(二)〉的理解与适用》,《人民司法》2009年第13期。

〔2〕 参见最高人民法院《关于正确适用〈中华人民共和国合同法〉若干问题的解释(二)服务党和国家的工作大局的通知》(法〔2009〕165号)第2条。

可见，构成不可抗力的天灾事件，正是引发客观情事变化的重要因素，不可抗力与情事变更之间有天然的联接，不能排除不可抗力事件引发的环境变化下情事变更原则的适用。《民法典》的修改正本清源，值得肯定。

第四，确立了重新协商的机制。本条规定“受不利影响的当事人可以与对方重新协商”，由此推知对方当事人负有“再协商义务”，但是对比《欧洲合同法原则》（PECL）第6.111条，《欧洲民法典草案》（DCFR）第III-1：110（3）（d）条，以及《欧洲买卖合同法草案》（CESL）第89（1）条规定可知，确立再协商义务的难点在于明确义务违反的法律后果。对此，我国立法上尚未明示立场。

三、情事变更原则在建设工程合同中的适用条件

建设工程合同往往工期较长，履行过程中常遭遇建筑材料价格的异常波动，也会受到特殊天气或不利地质条件的影响，继续坚守约定的价格或者工期，对遭受不利影响的一方当事人难谓公平，甚至造成其“生存毁灭”。对此，能否适用情事变更原则确定建设工程合同的走向，往往引起争议。结合建设工程合同的特点，在“工程要素价格变化”和“地质条件异常”两种案型中常常引发情事变更原则适用问题的讨论，本文亦以此为分类标准进行阐释。

（一）工程要素价格变化时的适用分析

1. 工程合同计价模式的确定

人工和建筑材料等工程要素的价格发生异常波动后，能否适用情事变更原则调整合同价款，首先需要区分建设工程合同的不同计价模式分别予以检讨。工程价款的确定，实践中主要有三种方式，分别是固定价格、可调价格和成本加酬金。对于固定价格，按照计价方式的不同，又可分为固定总价和固定单价，前者是指工程总价固定，发生约定范围内的风险不可调整合同价格；而后者则约定综合单价，其中包含风险范围和风险费用的计算方法，在约定的风险范围内该综合单价不得调整，最后根据实际完成的工程量、以工程单价为依据计算合同价格。

以上三种价格标准程式中，可调价格合同的价款调整方案可由当事人在专用条款中约定，该类合同中，风险由发包人和承包人共同管理、共同承担，双方通过在专用条款中的约定，明确调价的范围、内容和方式。基于私法自治的要求，这种类型下的合同没有情事变更原则适用的余地。在成本加酬金合同中，价格是由工程成本加上承包人的利润构成。其中，工程成本按现行计价依

据以合同约定的方法计算,酬金是工程成本乘以确定的费率计算,二者之和即为工程竣工结算价。按照这种计算方式,任何在施工过程中发生的风险都能够在工程造价中得到呈现,换言之,就是发包人承担了所有的建造风险,工程造价以实际发生的情况确定。对于承包人而言,其应得的劳务价值,不会因为任何情况的变化而发生改变,自然也就没有适用情事变更原则的必要。

2. 固定单价合同的单价调整

建设工程合同采用固定单价的,原则上,承包人应当受单价拘束,合同单价在约定的风险范围内不作调整。但是,在约定风险范围之外的情形下,单价合同仍有调整的空间。一般来说,当事人会在合同中约定综合单价包含的风险范围和风险费用的计算方法,并约定风险范围以外的合同价格的调整方法,比如由市场价格波动引起的调整,此时,在价格波动发生时,双方应当根据合同约定的具体标准和方法进行调价。[1]如果没有约定的,在异常的价格变动发生时,应有考虑情事变更原则的必要性。

工程实践中,由于大部分的单价合同是估计工程量单价合同(Bill of Approximate Quantities Contract),计价构成上,除了分项工程单价表之外,还必须有一个全部工程的总工程量计算表作为计价基础。采用这种合同的时候,要求实际完成的工程量与原估计的工程量不能有实质性的变更,因为工作数量的多少是承包人在报价时估算各工作项目单价成本的重要依据,并且承包人通常是把工程管理费、规费、人工费等费用平均分摊在各个工作项目的单价内,如果发包人通过行使变更权、毫无限制的任意减少工作数量,将会使承包人承担无法预料的风险,从而可能造成承包人的重大损失。

但是,在实践操作中,多大范围的变更才不算实质性变更,这一点很难确定,同时,如果工程量发生重大变化,当事人能否主张调整约定的单价?对此,德国VOB/B第2条第3款规定,工程量的出入在10%以内的,不考虑单价的调整;超过原订数量10%的部分,得依请求协商新价格;减少原订数量达10%以上的部分,在承包人未通过其他方式获得补偿的范围内,得依请求提高工作或

[1] 参见《建设工程施工合同(示范文本)》(GF-2017-0201)第12.1款,第11.1款。

部分工作实作数量的单价。[1]德国工程实践中，如果当事人约定采用VOB/B合同条件，应首先受到VOB/B第2条第3款的调价约束，不得主张情事变更；在没有约定采用VOB/B的情况下，当约定的工程量出现重大变化时，理论上，情事变更制度仍可以适用。此时需要分析固定单价中包含的当事人对风险的约定和安排。当事人采用固定单价的方式计算工程总价，往往是因为在缔约时对于事实上发生的工程量范围不能完全确定，因此通过约定固定单价的方式来适应可能增减的工程量的变化。所以，一部分本身就在当事人预想范围内的工程变量不应当影响固定单价。只有发生了显著的工程量变更、进而导致整个合同受到严重的等价障碍的影响时，才能满足情事"重大变更"的要求，从而援引情事变更原则。

我国《建设工程工程量计价规范》(GB 50500—2013)第9.3款和第9.6.2条规定，因工程变更引起已标价工程量清单项目或其工程数量发生变化时，已标价工程量清单中有适用于变更工程项目的，应采用该项目的单价；但当工程变更导致该清单项目的工程数量发生变化，且工程量偏差超过15%时，该项目单价可进行调整。当工程量增加15%以上时，增加部分的工程量的综合单价应予调低；当工程量减少15%以上时，减少后剩余部分的工程量的综合单价应予调高。该规范体现了类似的价值取向和制度安排，可以为情事变更原则的具体适用提供参考依据和执行标准。

3. 固定总价合同的价格变更

一般来说，如果当事人签订了按照固定总价结算的建设工程合同，那么在合同约定的工程量范围内，工程价格不予调整，除非出现设计变更或者图纸所示施工范围发生变化等约定可以调整价款的情形。根据固定总价合同，在总价对应的工程范围内，即使出现费用增加、履行困难，义务人也要受到合同约束。换言之，如果双方不顾可能存在的履行困难情形而约定了固定报酬，可以推定双方已经将履行困难的风险定了价并计入了报酬，在该风险实现的范围

---

〔1〕 德国《建筑工程招标与合同规则》第2条(报酬):3.(1)如依据单价所包括之工作或部分工作之实作数量不多于契约原订范围10%者，适用契约单价。(2)就超过原订数量10%之部分，得依请求斟酌成本之增减为新价格之协议。(3)就减少原订数量逾10%之部分，得依请求提高工作或部分工作实作数量之单价，唯以承揽人就提高之数量，未因其他付款项目(账单)获得补偿为限。单价之提高基本上应与建筑设备、建筑一般成本及一般营运成本因较低之数量导致之较高之成本分摊相当。营业税应该依据新价格计算补偿。(4)若就一单价所包括之部分工作以其它工作为前提，而就该其他工作系以一式计算者，对于单价之变更，亦得请求对该总价为适当之调整。

内，不再有适用情事变更原则的余地。

但是，在遭遇人工和建筑材料等工程要素的价格异常变动时，司法实践中，承包人仍会根据情事变更原则主张调整固定总价合同的价款。能否满足情事变更原则的适用条件，需要查知以下三点内容：第一，厘清其与合同内容的界限；第二，判断情事变化是否重大，当事人订立合同时能否预见；第三，考察继续履行对一方当事人是否显失公平。

中兴通讯股份有限公司（简称"中兴公司"）与中国建筑第五工程局有限公司（简称"中建五局"）建设工程施工合同纠纷案中，[1]中建五局诉请在约定的合同价外按照市场价对工料机价格进行调差。广东高院认为，该案施工合同明确约定，涉案工程采用包工、包料、固定合同总价施工总承包的形式进行发包，承包人在施工期间中途不得因任何原因（包括但不限于工程材料涨价、人工涨价等）要求发包人提高工程造价。在合同的专用条款中，双方还特别约定本工程合同价款在承包人全面理解并接受本工程招标要求的基础上确定，合同价款的风险包括施工期间工料价格浮动。因此，中建五局主张中兴公司支付工料机调差不符合合同约定。对于工料机价格上涨是否构成情事变更的问题，广东高院认为，工料机价格随着经济形势的变化出现较大幅度的波动，并非一个突变的过程，而是一个逐步演变的过程，中建五局作为专业的建筑公司，理应对工料机价格的大幅波动有所预见。从合同约定的内容来看，中兴公司和中建五局在合同协商及签订过程中，对于工料机价格在施工期间可能出现波动已有预期，并就工料机的价格不予调整达成了一致意见。从调差金额和工程造价金额的比重来看，工料机调差金额12216135.43元占案涉已完工工程造价金额104690847.33元的比重为10.4%，尚未造成当事人之间利益明显失衡的程度。因此，中建五局请求中兴公司支付工料机差价既不符合合同约定，亦未达到情事变更的构成要件。

本案中，法院首先考察了涉案施工合同的内容。合同的规定主要旨在分担风险，对于固定价格合同而言，如果当事人不再特别约定价格调差条款，就意味着承包人在原则上承担了材料价格或人工工资的上涨风险，并且，该风险也以同样的方式作用于发包人，因为在价格下跌的情况下，承包人获利。由于本案当事人在专用条款中特别约定"合同价款的风险包括施工期间工料价格浮动"，系双方对于风险承担的具体规定，应当对双方当事人产生拘束力。正

[1] 参见广东省高级人民法院（2016）粤民再331号民事判决书。

如梅迪库斯指出的，只有存在一个双重的规定漏洞（doppelte Regelungslücke）时，才能考虑情事变更原则的适用。[1]所谓的双重规定漏洞，是指针对一项法律关系的调整，既没有法律行为做出规定、也没有法律能够补充。因为有些情况的发生极其偶然，以至于当事人在缔约时不可能考虑到，因此没有约定对它们做出调整：比如在和平年代突然爆发战争，又如大规模的金融危机、货币贬值等；再如新冠疫情的影响，导致施工现场需要增设大量防疫措施、增加人员，对于这部分费用，承包人在缔约报价时无论如何都没有考虑到。同时，这部分当事人没有预料到的风险，也没有直接相关的法律规范进行调整，仅在战争爆发导致真正的给付不能发生时，才有适用的法律规则。但是，需要特别注意的是，对合同内容的查知，不能脱离意思表示的解释。对于合同约定的"承包人在施工期间中途不得因任何原因（包括但不限于工程材料涨价、人工涨价等）要求发包人提高工程造价"应当如何理解，需要通过解释查明，该约定是否毫无例外的涵括当事人没有预见到的或者非常罕见的情形。对此，我国民法以当事人缔约时的"预见可能性"为限，就特别偶发的异常状况，认为非属当事人基于其过往的商业经验和专业判断所能发觉，因此应当限缩解释合同约定的风险承担规则。德国法上，学说认为此时存在一个风险分配的内在界限，超出这个界限的履行对于一方当事人则"不可期待"（Unzumutbarkeit），再往前就会违背法和正义，有必要赋予受有不利的一方当事人以法律救济。

在判断情事变更的构成要件时，法庭认为该案的工料机调差金额仅占已完工工程造价金额的10.4%，没有造成当事人之间利益明显失衡；另外，工料机价格的上涨并不属于双方订立合同时不可预见的情况，作为专业的工程承包企业，对于工料机价格存在波动这一市场风险常识是应知的。[2]但是，施工合同履行过程中，如果主要建筑材料价格的涨幅达到50%、导致施工成本大幅上升时，认为已经超出了正常市场风险范围时，应当予以调整，但应该在市场

〔1〕［德］迪特尔·梅迪库斯：《德国民法总论》，邵建东，译，法律出版社2000年版，第653页。

〔2〕相似观点参见江西省高级人民法院（2020）赣民终64号民事判决书；同时参见《四川省高级人民法院关于审理建设工程施工合同纠纷案件若干疑难问题的解答》第24条：约定工程价款实行固定总价结算的施工合同履行过程中，主要建筑材料价格发生重大变化，超出了正常市场风险范围，合同对建材价格变动风险负担有约定的，依照其约定处理；没有约定或约定不明的，当事人要求调整工程价款，如不调整显失公平的，可在市场风险范围和幅度之外酌情予以支持，具体数额可以委托鉴定机构参照工程所在地建设行政主管部门关于处理建材差价问题的意见予以确定。

风险范围和幅度外补偿部分差价。[1]

（二）地质条件异常时的准用可能性

在山西煤炭运销集团夏门煤业有限公司（简称“夏门煤业”）与九台市鑫山矿业工程有限责任公司（简称“九台公司”）建设工程施工合同纠纷案中，[2]双方签订《夏门煤业公司马家庄矿90万吨／年改扩建井巷工程施工合同》，其中夏门煤业是发包人，九台公司是承包人，承包范围是包工包料。井巷工程施工过程中，夏门煤业公司发现，由于该井田区域过去小窑破坏性开采严重，施工中遇到了多处采空区，导致无法布置长壁工作面正规开采，同时由于采空积水、积气情况不明，给井工开采带来了极大的安全隐患，因此决定将矿井开采方式由井工开采变更为露天开采，并通知九台公司终止《改扩建井巷工程施工合同》。九台公司认为夏门煤业违反合同约定，应当赔偿损失，继而成讼。

法院认为，上述事实表明在合同履行过程中，发生了双方当事人订立合同时无法预见的、非不可抗力造成的不属于商业风险的重大变化，继续履行合同已经不能实现合同目的，即改扩建井巷工程已不能实现合同目的，根据《合同法解释（二）》第26条，夏门煤业有权终止合同，自通知到达九台公司时施工合同终止。最高人民法院再审裁定书也认可了该观点。[3]

根据《合同法解释（二）》第26条，情事变更是指合同成立之后客观情况发生了重大变化，但是地质状况自始即存在，并非在订约后才有变动；由于没有德国民法第313条第2项的规范，谓“已成为合同基础的重要观念表明为错误的，视同情况的变更”。因此，以该条为基础肯定情事变更原则的适用，在我国的法解释上似有困难。由于德国民法的主观行为基础主要是指合同当事人的共同动机错误，在我国学理解释上，有观点认为，“重大误解”不仅指其中一方当事人的错误，还可以包括双方当事人的错误，构成重大误解时，可以作为撤销的对象。这样，在我国法上，当事人共同的动机错误问题由合同效力制度加以规制，不必再借助情事变更原则进行处理。[4]不同的意见指出，重大误解的对象仅限于合同内容，不包括合同的交易基础，此处形成了法律上的漏洞，应当将主观交易基础情况解释为“情事”的一种。[5]笔者认同后一种意见，

〔1〕参见四川省内江市东兴区人民法院（2019）川1011民初2424号民事判决书。

〔2〕参见山西省高级人民法院（2015）晋商终字第10号民事判决书。

〔3〕参见最高人民法院（2015）民申字第2456号民事裁定书。

〔4〕韩世远：《合同法总论》（第三版），法律出版社2011年版，第386页。

〔5〕王洪亮：《债法总论》，北京大学出版社2016年版，第338页。

并认为，因重大误解而撤销时，行使撤销权的一方虽得从合同拘束中摆脱出来，但同时要赔偿对方当事人因合同撤销而遭受的损失。解释上，德国学者认为，因错误而发生的赔偿义务并不以撤销人的过错为条件，因为这是一种纯粹的信赖责任或表现责任。[1]虽然我国现行法规定承担赔偿责任以撤销人有过错为条件，但在撤销人以重大误解为由行使撤销权时，应当推定其有过错。不过，共同错误的情况下，由于对方也有相同的误解，因此单方误解的赔偿基础并不存在，以重大误解制度来处理并不合理。此外，民法典时代，由于重大误解的法效果只有撤销而没有变更，往往不能满足当事人对于合同调整的期待，以其来替代情事变更制度更不可取。

本案中，由于在井巷工程施工过程中发现多处采空区，导致无法布置长壁工作面正规开采，这一地质状况是当事人通过地质调查或者合理的工地勘察所不能知晓的，也是当事人在缔约后才认识到的。由于《合同法解释二》第26条明确指出，情事变更系针对合同成立后的客观情况变化而论，可见解释者有意排除了当事人双方共同认识错误的情形。同时，如上文所述，如果共同错误问题无法通过重大误解制度解决，那么此处即形成了法律上的漏洞。本案判决实际上回避了我国法上的这一规范漏洞，没有回答何以此时能够确认有客观情况发生变化的事实，而径直从“合同目的不能实现”的角度判定合同终止。虽然结论值得赞同，但说理不达，颇为遗憾。

民法典时代，这一法律漏洞应当在解释上得到填补。虽然德国民法第313条区分了客观交易基础和主观交易基础，但是德国学说上有代表性的观点认为，主观交易基础和客观交易基础的要件事实会在个案中重叠，二者并非界限分明。[2]对于缔约时双方共同未能认知到的情事，可以作为主观交易基础中的情事消极不存在的共同期待看待，也可以认为，缔约之后伴随着对客观世界的逐渐认知而存在客观交易基础欠缺。此种理解，可以作为对我国《民法典》第533条所使用的“合同的基础条件”的诠释，以此来扩张我们传统民法理论所主张的“情事变更”仅限于合同成立后“客观情况”发生变化的情形。

同时，本案也引发了笔者对于《民法典》第533条排除情事变化导致“合

---

〔1〕［德］卡尔·拉伦茨：《德国民法通论（下）》，王晓晔、邵建东、程建英、徐国建、谢怀栻，译，法律出版社2003年版，第527页。

〔2〕 Soergel/Teichmann，§ 313 Rn. 16f.；Müko/Finkenauer，§ 313 Rn. 12ff.；Medicus，AT，Rn. 860.甚至提出主客观二分法的拉伦茨本人也承认，二者并非完全的泾渭分明，而是存在某些流动的边界。

同目的不能实现”这一适用情况的质疑。德国学说上占主导性的观点认为，目的障碍(Zweckvereitelung)属于客观交易基础丧失的主要案型。[1]谓目的障碍应区分两种不同情况进行处理，第一种情况是，接受给付一方的目的或者已经落空，或者通过另外的方式已经得到实现，这是履行不能的问题，需要根据不同的合同类型从法律中明确不同的对待给付义务状态；第二种情况是债权人希望通过给付实现自身某种特定的合同目的，比如对给付标的物有特定用途的使用，原则上，债权人应当完全承担债权标的的使用风险，但在例外情况下，该合同目的又有可能成为交易的基础，在其对债权人而言失去意义时，根据交易基础理论该使用风险可转嫁于债务人。[2]如果仅有以“显失公平”为标识的对价关系障碍类型，那么本案的情况就难以涵摄入情事变更原则考察的视野，由此产生规范上的漏洞。

四、对情事变更原则的再思考

合同法以有约必守为原则，依法成立、发生效力的合同对当事人具有拘束力，即使发生履行困难、或者实际情况不同于当事人缔约时的设想，也不得单方变更或者解除合同。但是，由于合同的拘束力来源于当事人严肃认真的达成的给付内容，对于缔约时没有预见到的情况，当事人在何种程度上进行了约定，需要进一步判断。由此产生的问题是，在当事人没有预料或者无法预料的情事变化发生时，法律行为是否还应当如订立时那样继续发生法律效力?

根据情事变更原则，在合同订立时当事人不仅就合同的内容达成了合意，而且还以特定的事实或者法律关系的存在为条件，当这些基础的情事发生动摇时，在满足一定条件的前提下允许合同变更或解除。对此，不能一般性的认为情事变更原则破坏了有约必守(Eingriff in die Vertragstreue)，构成了对有约必守的限制，而是要根据诚信原则，透过补充的合同解释规则，充分界定当事人约定的履行义务的内容；同时，为保障合同的可信赖性，作为合同基础的情事必须要和不具有法律意义的动机、期待以及愿望区分开来。

从《合同法解释(二)》第26条开始，解释者一直在尝试规范情事变更原

---

〔1〕 也有德国学说将合同目的归入合同内容之中，因而目的障碍自然成为履行不能的一种情形。参见Flume, Rechtsgeschäft und Privatautonomie in HundertJahreDeutschesRechtsleben, Festschrift zumhundertjährigenBestehen des DeutschenJuristentages, Bd. I, 1960; Beuthien, Zweckerreichung und Zweckstörung im Schuldverhältnis, Bd. 25, 1969, S.58.

〔2〕 Köhler, Unmöglichkeit und Geschäftsgrundlage bei Zweckstörungen im Schuldverhältnis, 1971.

则的实质性要件，主要体现在对情事“重大变化”“无法预见”以及“显失公平”等要素的界定上，司法实践也是在不断形塑该类要件。但同时，作为情事变更原则的适用前提，首先应当在具体个案中查知作为合同基础的“情事”是什么，这就需要去界定行为基础和法律行为内容的关系，尤其要区分具体法律行为中“约定的和法定的风险分担”，前者涉及当事人就预料到的风险作出的法律行为上的规定，后者是指当事人没有特别约定时，考察是否存在相应的法律上的规定。只有在这两项都欠缺时，才有适用情事变更原则的余地。

我国学界普遍认为，《合同法解释（二）》第26条所称的情事是指合同缔结时的客观事实，情事变更应当发生在合同成立之后。合同成立时已经存在的客观状况，但事后才为当事人所知的，是否仍属于情事“变更”，学界多有争议。《民法典》第533条在文字上用“合同的基础条件”替代了“客观情况”，解释上应当弱化“客观”，而重在从当事人的“认识”角度确定交易基础，从而挖掘出自始欠缺交易基础和交易基础嗣后丧失两种情况。

《民法典》时代，第533条的解释适用必然会引发对情事变更基础的新一轮的讨论。这里，从作为制度渊源的德国交易基础理论的梳理中，也许可以获得一些有益的启示。对于情事变更原则，可能我们不能期望将问题一次性彻底解决，问题属性上已经决定了其并非属于可以给出简单、统一解决方案的领域。所以，我国的选择可以是，在司法解释已提供判决依据的前提下，让法官依据法律的精神，充分考量个案特殊因素，寻求个案判决的妥当性，并在实践的基础上逐渐类型化出一些典型的案型，从而增加法律的确定性。也许，对于交易基础制度，我们或许可以理解为，一方面在立法技术上确难实现精确定义，另一方面，该制度的魅力恰恰在于其空灵和不确定性。

第十章

建设工程合同的解除

一、问题的提出

江西省荣翔建设有限公司(简称“荣翔公司”)与重庆两江新区第一人民医院(简称“两江新区一院”)建设工程施工合同纠纷案[1]中,两江新区一院与荣翔公司签订《平基土石方工程施工合同》,两江新区一院将北部新区一院门诊综合大楼平基土石方工程发包给荣翔公司,荣翔公司进场施工后,基坑边坡中部位置在施工过程中发生垮塌。两江新区一院认为荣翔公司根本违约,要求解除合同并赔偿损失。荣翔公司则主张严格按图施工,不存在违约行为,两江新区一院无权解除合同。在审理过程中,法院委托司法鉴定机构进行鉴定,认定边坡发生垮塌是两方面因素共同作用的结果,一是现场实际地质情况与《勘察报告》不一致,二是垮塌段锚杆锚固段施工不满足设计要求,边坡开挖施工作业程序不满足设计要求。法院认为,荣翔公司对事故发生具有不可推卸的责任,其违约行为致使合同目的不能实现,认定两江新区一院有权解除合同,并由荣翔公司对事故损失承担30%的责任。在这样的案型中,发包人的解除权是否成立、解除的后果以及损失范围等,都是双方的争议焦点。

根据《民法典》第557条,建设工程合同的解除,该合同的权利义务关系终

---

〔1〕 参见最高人民法院(2017)最高法民申1193号民事裁定书、重庆市高级人民法院(2016)渝民终490号民事判决书。

止。在比较法上,合同的解除与终止含义有所不同,合同的终止一般是指合同向未来失去效力,而合同的解除则是有溯及力的使合同消解并清算,但我国法上仅把合同的解除作为合同特有的一种终止原因。[1]由于建设工程施工合同的特性,合同解除后难以恢复原状,因此建设工程施工合同的解除往往发生的是合同终止的效果。在建设工程合同中,合同的解除可以被分为协议解除与单方解除。协议解除是指双方当事人通过协商的方式解除合同;单方解除是指建工合同一方当事人通过通知对方而行使解除权。而在单方解除中,又分为约定解除与法定解除。约定解除即当事人在建设工程施工合同中约定一方解除合同的事由,该事由发生时,解除权人可以解除合同;而法定解除则是基于法律规范的规定,使发包人或承包人在某些情况下享有合同的解除权,这也是建设工程施工合同解除制度的核心。

二、法定解除权的发生机理

合同解除权是根据单方的意思而使合同效力消灭的权利,在性质上属于形成权。通说认为,法定解除权的发生以对方构成根本违约为条件。[2]当对方的违约行为已经使得守约方订立合同的目的无法实现时,法律赋予守约方以合同解除权,使得其可以通过解除合同来解放自己,同时又可以追究对方的违约责任。解除作为违约救济的手段,可实现守约方"合同义务的解放""交易自由的回复"以及违约方"合同利益的剥夺"。[3]

根本违约是一个起源于英美法的概念,为联合国货物销售合同公约吸收后,得到广泛的支持。我国原涉外经济合同法中即已参照根本违约来规定了合同解除制度。就解除制度而言,考虑到解除手段的影响力,显然普通违约行为无法正当化解除权的发生,唯有在违约方有重大的义务违反,构成根本违约时,才应当赋予解除权。根本违约是指违约方的违约行为,已经实质性地剥夺了非违约方所可期待的合同利益或者致使合同目的无法实现。个案中,违约方是否构成根本违约,需要考虑合同的基础以及当事人订立的合同目的,看这些是否已因违约行为而受到实质性的影响。

---

〔1〕 韩世远:《合同法总论》(第三版),法律出版社2011年版,第503页。

〔2〕 参见《联合国买卖法》第49条第1款第1项和第64条第1款第1项、《国际商事合同原则》第7.3.1条第1款和《欧洲合同法原则》第9:301条第1款之规定。

〔3〕 韩世远:《合同法总论》,法律出版社2004年版,第595页。

我国《民法典》中关于合同解除权发生的规定，是将根本违约的构成作为发生条件的。有学者认为：我国《民法典》第563条虽未使用“根本违约”概念，但实质上蕴涵了合同法定解除条件以根本违约为标准之内容。[1]第563条第1款规定：“有下列情形之一的，当事人可以解除合同：1、因不可抗力致使不能实现合同目的；2、在履行期限届满之前，当事人一方明确表示或者以自己的行为表明不履行主要债务；3、当事人一方迟延履行主要债务，经催告后在合理期限内仍未履行；4、当事人一方迟延履行债务或者有其他违约行为致使不能实现合同目的；5、法律规定的其他情形。”该条规定中，除第1项之外，均可解释为根本违约。第3项规定中，主要债务迟延履行之后经催告在合理期限内仍未履行的，将直接影响到当事人订立合同目的之实现，应构成根本违约；第4项规定则是直接将合同目的不达作为条件，显然也以根本违约构成为解除权发生的前提；第5项提及的法律规定的其他情形，通过具体规定的考察，也不难发现，所设定的解除权发生条件，均系危及合同基础和合同目的实现的根本违约行为。

可能会有争议的是第2项之规定，这涉及预期违约与根本违约的关系，对此，有学者认为，所有预期违约都构成根本违约，根本违约包括预期根本违约和实际根本违约，预期违约与预期根本违约是同义词，并不存在有“预期一般违约”，预期违约是根本违约的一种情形。[2]笔者基本同意上述观点，预期拒绝履行主要债务，必然危及守约方合同目的之实现，系重大违约行为，与实际根本违约并没有实质性区别。

根本违约之外，不可抗力导致合同目的无法实现，以及作为持续性合同基础的信赖关系的破坏等，[3]也可以发生合同解除权。

三、建设工程合同法定解除权发生条件的具体化

解除权的发生已如上文所述，基本上以构成根本违约为条件。但具体化到建设工程合同，却有许多具体问题需要进一步探讨，诸如主债务不履行后的催告的要件、任意解除权的有无、不安抗辩情况下解除合同权利的适用等，均

〔1〕 伍良治：《根本违约判定标准功能之回归研究》，《法律科学》2002年第3期。

〔2〕 陈杨：《试论根本违约》，《时代法学》2008年第1期。

〔3〕［日］渡边达德：《关于有名合同解除的规定》，钱伟荣，译，载韩世远、［日］下森定主编：《履行障碍法研究》，法律出版社2006年版，第223页。

需要详细地进行分析。

（一）预期违约时的解除权

在红云红河烟草（集团）有限责任公司（简称“红云红河公司”）与云南景升建筑工程有限公司（简称“景升公司”）建设工程合同纠纷一案[1]中，红云红河公司通过公开招标的方式将新建烟叶仓库平整场地相关项目发包给景升公司，在施工过程中，景升公司以红云红河公司未办理相关手续以及虚报工程量为由延误工期并停工撤场，红云红河公司认为工程为场地平整合同，不需要具备建筑工程施工许可证等，且景升公司从未提出工期顺延申请，故要求解除合同。法院审理认为，景升公司停工时，已经超出约定工期，既未对已完成工程量提出结算又未再继续恢复施工，并撤离了主要施工人员及部分施工机械，系以明示的行为表示不再履行合同主要义务，红云红河公司有权解除合同。

根据《2017版示范文本》第16.1.3与第16.2.3条，当出现发包人或承包人明确表示或者以其行为表明不履行合同主要义务的情形，对方有权解除合同。这也就是《民法典》第563条第1款第2项规定的预期违约。

预期违约是起源于英美法的制度，英国法上将其划分为明示的预期违约和默示的预期违约，美国法则是在此基础上发展出未能提供担保而构成的预期违约，指在对方可能丧失履行能力时经要求提供担保而未能提供担保时，所构成的预期违约。[2]第三种类型与大陆法系上的不安抗辩权非常接近。

建设工程合同中，预期违约主要表现为承包人预期不履行合同主要义务，无理由拒绝施工。“明确表示”不履行合同的，发包方在施工期到来之前，就可以解除合同，寻求违约救济；以“自己的行为表明”不履行，需要具体地认定，例如，在履行期到来之前，承包人和第三人订立建设工程合同并将自己的主要建设力量投入到该工程建设之中，而履行期到来之时，该工程不可能完工的，此时，可以认为承包人系以自己的行为表明不履行主要债务，发包方可以解除合同。发包人同样可能因预期违约而使得承包人取得合同解除权，例如，在合同履行期到来之前，发包人已经让第三人进入工地开始工程的施工，则可构成以自己的行为表明不履行合同；又如，在约定的付款期到来之前，发包人明确表示将不履行付款义务的，承包人也可以解除合同并进而要求对方承担违约责任。至于，双方在履行期到来之前的履行能力丧失，在我国法上应当放

---

〔1〕 参见云南省高级人民法院（2018）云民终972号民事判决书。

〔2〕 See E.Allan Farnsworth，Contracts ，Aspen Law&Business，1999，3rd. PP606-614.

在不安抗辩权的规则下来解决，现有预期违约的规定中并不包括美国法上的履行能力丧失时构成的预期违约。[1]

（二）主债务迟延履行的解除权

在重庆万鑫电力安装工程有限公司（简称“万鑫电力公司”）与联发集团重庆房地产开发有限公司（简称“联发地产公司”）建设工程施工合同纠纷案[2]中，发包人联发地产公司与承包人万鑫电力公司签订建设工程施工合同，由承包人为发包人工程建设通电工程，万鑫电力公司未按约定期限完成通电，联发地产公司发函催告万鑫电力公司要求其1个月内完成通电，万鑫电力也对其保证30工作日内可以完工，但经审理查明万鑫电力公司并未在该时间内完成工作，法院认为万鑫电力公司迟延履行主要债务，并经催告仍未履行，联发地产公司享有法定解除权。

根据《民法典》第563条第1款第3项，在工程合同中，发包人或承包人迟延履行主要债务，经催告后在合理期限内仍未履行的，对方可以解除合同。《民法典》第563条突出强调主要债务的地位，在迟延履行后经催告仍未于合理期限内履行的，即构成根本违约，发生合同解除权。例如承包人在合同约定的期限内没有完工，且在发包人催告的合理期限内仍未完工的工程；承包人已经完成的建设工程质量不合格，并拒绝修复的；发包人未按约定支付工程款。具体而言：未能在合同约定的期限内完工，将直接影响到发包人订立合同的目的实现，属于承包人主合同义务的不履行，赋予发包人解除权是妥当的。质量不合格不能通过竣工验收，工程就不能投入使用，发包方合同目的也无法实现，而若承包人又拒绝修复，当然应当允许发包人解除合同。在建设工程施工合同中，按约定金额及期限支付工程款是发包人的主要合同义务，如果发包人未按约定支付工程款项，承包人可以催告发包人付款，发包人在合理期限内仍不履行支付义务的，承包人可行使合同解除权。

不同于其他场合的合同解除权，这里的解除权的发生除了需要迟延履行主要债务之外，尚需要“催告”以及“合理期限”的经过。催告是债权人催促债务人履行债务的意思表示，催告的内容，只要表明在一定的期间内应当履行的

---

〔1〕 叶金强：《我国合同法中的预期违约制度》，《南京大学学报（哲学、人文、社会科学版）》2002年第4期。

〔2〕 参见最高人民法院（2019）最高法民申4310号民事裁定书。

意旨即可，没有必要注明如果不履行将解除的意旨。[1]但是，催告在内容上应当能够判明催告履行的具体是哪一项债务，如果不能确定，则不能发生催告的效力。这涉及解释的问题，需要根据双方当事人之间的法律关系来判定。催告履行的债务数量超过对方负担的数量的，应不影响催告的效力，但在少于对方负担的数量时，有学者认为原则上解除权仅就催告中提示的数量发生，仅在催告中不足数量很轻微，债权人显然是就全部债务进行催告的场合，应解释为就全部债务发生解除权。[2]此外，"催告"以及"合理期限"的经过，并不发生合同解除的效果，仅有解除权发生的效果，如果催告人不行使合同解除权的，合同仍然存续，债务人在债权人解除之前，作出依照债务本旨的履行的，则可认为解除权消灭。

"合理期限"的确定，需要根据整个交易背景来确定，考虑合同的类型、交易习惯、前期履行情况、催告人订立合同的目的等综合加以判断，期限从催告之日起算。催告中是否定有期限，并不当然影响"合理期限"的确定，在催告确定的期限明显长于"合理期限"时，可按照催告确定的期限来确定解除权发生的时间，在催告确定的期限短于"合理期限"时，则应依照"合理期限"来确定解除权的发生。催告人为多次催告的，第一次催告至最后一次催告之间的时间，应考虑在"合理期限"之内。

（三）承包人转包、违法分包

《民法典》第791条规定了禁止承包人转包和违法分包。上述规定为效力性强制规定，承包人违反该规定与第三人所订立的分包、转包合同，为无效合同。同时根据第806条第1款，发包人此时享有合同的解除权。

1. 承包人转包

在辽宁金帝第一建筑工程有限公司（简称"金帝一建"）与辽阳自动化仪表集团房地产开发有限公司（简称"自动化仪表集团"）建设工程施工合同纠纷案[3]中，发包人自动化仪表集团与承包人金帝一建签订了《建设工程施工合同》，在履行合同过程中金帝一建与第三人戴某就该工程签订了一份劳务承包合同，将工程转包给不具有施工资质的自然人戴某，虽该合同名为劳务合

---

〔1〕［日］我妻荣：《债法各论（上卷）》，徐慧，译，中国法制出版社2008版，第147页。

〔2〕［日］我妻荣：《债法各论（上卷）》，徐慧，译，中国法制出版社2008版，第147页。

〔3〕 参见辽宁省高级人民法院（2017）辽民申2171号民事裁定书、辽宁省辽阳市中级人民法院（2016）辽10民终475号民事判决书。

同，但经法院审查，金帝一建实际上是将《建设工程施工合同》项下全部工程转包给戴某，故法院支持了自动化仪表集团的诉请，判决合同解除。

转包，指建设工程的承包人将其承包的工程转让给第三人，也就是说实际上承包人通过转包行为，使第三人成为建设工程新的承包人。[1]根据《民法典》第791条第2款的规定，可这里的转包包括两种情况，其一是将全部建设工程转包给第三人，[2]其二是承包人将全部工程支解后以分包的名义分别转包给第三人。[3]根据《民法典》第806条第1款，承包人将工程转包的，发包人有权解除合同。

实践中，承包人为规避法律，除了上述案例中采用名为劳务分包实则将工程全部转包的手段外，还有将其他建筑工程公司纳入自己的编下，成为自己名下的一个工程队，然后与该建筑工程公司签订内部承包合同，将自己承包的全部建设工程任务转交给该建筑工程公司来施工的情形。[4]此时需要区分转包与合法的内部承包以及合法的分包，具体标准如下：第一，内部承包关系中，承包人与第三人之间存在隶属关系，而转包是承包人将承揽的建设工程转给拥有独立法人资格或作为独立个体的第三人，承包人和转包人在身份和主体资格上相互独立。第二，合法分包仅限于辅助性工作，工程的主体结构部分必须由承包人亲自施工，转包却是承包人将其承揽工程的全部或关键主体工程转给第三人的行为。在辨明具体个案中存在承包人的转包行为时，发包人可以解除合同。

2. 承包人违法分包

在重庆天宇实业集团有限公司（简称“天宇公司”）与格尔木寰琨新能源技术开发有限责任公司（简称“寰琨公司”）建设工程施工合同纠纷案[5]中，发包人寰琨公司与承包人天宇公司签订《建设工程施工协议书》，由天宇公司承包寰琨公司厂区围墙楼宇等工程，协议书中约定，本工程发包人同意承包人分包的工程包括劳务与专项工程。在合同履行中，天宇公司将工程劳务分包给自然人何某，对此寰琨公司要求解除合同。法院审理认为，虽然《建筑法》不禁止劳务分包，但《建筑业企业资质管理规定》明确，承接劳务分包的企业，必

〔1〕胡康生主编：《中华人民共和国合同法释义》（第3版），法律出版社2013年版，第449页。
〔2〕参见江苏省高级人民法院（2018）苏民申5827号民事裁定书。
〔3〕参见湖北省恩施土家族苗族自治州中级人民法院（2019）鄂28民终2391号民事判决书。
〔4〕参见广西壮族自治区高级人民法院（2013）桂民提字第95号民事判决书。
〔5〕参见最高人民法院（2015）民一终字第129号民事判决书。

须获得相应劳务分包资质。对于工程劳务分包而言，其首要要求就是劳务分包人只能是具备承揽相应劳务作业资质的劳务分包企业，而不允许个人承揽劳务作业，故天宇公司的劳务分包行为属于违法分包，法院支持寰琨公司诉请，解除合同。

分包，是指承包人将其承包的某一部分工程或某几部分工程，再发包给其他承包人。[1]分包行为如果符合法律法规的强制性规定，一般来说是不被禁止的。而在这里所指的违法分包，是指《民法典》第791条第3款规定的将工程分包给不具备相应资质条件的单位、分包单位将其承包的工程再分包、将建设工程主体结构分包等违反强制性规定的分包行为。[2]根据《建设工程质量管理条例》第78条规定，违法分包包括下列行为：1、总承包单位将建设工程分包给不具有相应资质条件的单位的；2、建设工程总承包合同中未有约定，又未经建设单位认可，承包单位将其承包的部分建设工程交由其他单位完成的；3、施工总承包单位将建设工程主体结构的施工发包给其他单位的：4、分包单位将其承包的建设工程再分包的。

建设工程合同具有浓厚的人身信赖属性，合同的订立是以发包人对特定承包人的能力和技能的信任为基础。承包人的转包或违法分包行为，极大的破坏了发包人的信赖，发包人对建设工程质量的期待因此而落空，导致合同目的不能实现，根据《民法典》第806条第1款，此时发包人可以解除合同。在实践中，承包人转包或违法分包时发包人是否知晓或者应当知晓均不影响转包或违法分包事实的存在，[3]此时发包人依然享有解除权，至于是否行使解除权，发包人可以根据具体情况进行选择。

（四）发包人不履行提供材料与协助等义务

建设工程合同约定由发包人提供主要建筑材料的，如果其提供的主要建筑材料、建筑构配件和设备不符合强制性标准，将直接影响到工程的进行和工程的质量，国家强制性标准是为保障建筑安全而制定，发包人违反这些标准的，承包人要求发包人在合理期限内进行更换、修理，发包人在合理期限内未能提供符合标准的建筑材料的，承包人可行使合同解除权，解除合同。

此种情形下，根据《民法典》第806条第2款，解除权的发生也以催告并在

---

〔1〕 胡康生主编：《中华人民共和国合同法释义》（第三版），法律出版社2013年版，第448页。
〔2〕 参见河南省高级人民法院（2002）豫民一终字第172号民事判决书。
〔3〕 参见辽宁省高级人民法院（2017）辽民申2171号民事裁定书。

合理期限内仍未履行相应义务为条件，故在发包人提供的材料不符合强制性规定，经催告在合理期限内未能修正时，承包人方才取得合同解除权。

建设工程合同中，发包人根据法律规定或合同约定往往负有约定的履行协助行为的义务，协助义务的不履行，可能造成承包人时间之浪费、成本之提高、工作之迟延，甚至无法进行施工。在西安秦盛房地产开发有限公司（简称“秦盛公司”）与浙江中景市政园林建设有限公司（简称“中景公司”）等建设工程施工合同纠纷案[1]中，承包人中景公司与发包人秦盛公司签订《土石方工程施工合同》，合同约定，秦盛公司需完成中景公司进场施工所需的条件。在合同签订后，工程迟迟不能开工，虽经中景公司多次催问秦盛公司开工时间，其一直未予答复，故中景公司诉至法院要求解除合同。法院认为，秦盛公司未有给中景公司提供具备开工的条件，致使中景公司无法施工，在中景公司给予一定期限内，秦盛公司仍未履行相关义务，属于发包人不履行协助义务，故支持中景公司诉请，判令解除合同。

根据《民法典》第778条规定，承揽工作需要定作人协助的，定作人有协助的义务。发包人协力义务的发生，可以基于法律的规定（如《民法典》第798条，第803条）、合同的约定（例如《2007版招标文件》第4.1.2条发包人义务中列举了发包人具体协力义务，如提供图纸，提供材料和工程设备，提供施工场地，提供道路通行权和场外设施，提供测量基准点，发出开工通知，协助承包人办理证件和批件，组织设计交底，组织竣工验收等）、并结合个案具体情况而发生。定作人不履行协助义务致使承揽工作不能完成的，承揽人可以催告定作人在合理期限内履行义务，并可以顺延履行期限；定作人逾期不履行的，承揽人可以解除合同。《民法典》第806条第2款同时规定，发包人不履行必要的协助，致使承包人无法施工的，承包人有权要求发包人在合理期限内作出相应的协助行为，发包人在合理期限内仍然不履行这些义务的，承包人可行使合同解除权，解除建设工程合同。因此，这里的协助义务的不履行，需要直接影响承包人施工的进行，方才发生解除权。对于一般的协助义务的不履行，承包人只能寻求一般的违约救济，而不可以解除合同。

（五）不安抗辩下的解除权

根据《民法典》第528条规定：“当事人依据前条规定中止履行的，应当及时通知对方。对方提供适当担保的，应当恢复履行。中止履行后，对方在合理

〔1〕 参见陕西省高级人民法院（2015）陕民一终字第00082号民事判决书。

期限内未恢复履行能力且未提供适当担保的，视为以自己的行为表明不履行主要债务，中止履行的一方可以解除合同并可以请求对方承担违约责任。”由此，我国《民法典》在不安抗辩权发生的场合植入了法定解除权规则，在当事人丧失履行能力之后，若未能在合理期限内恢复履行能力或提供适当担保的，不安抗辩权人取得合同解除权，可单方解除合同。[1]

建设工程施工合同中，在工程开工期到来之前，如果发包人有确切证据证明承包人有丧失履行能力的，可中止履行并及时通知承包人，承包人未能在合理期限内恢复履行能力或未提供适当担保的，即视为以自己的行为表明不履行主要债务，发包人则可以解除合同。但是，如果是承包人开始施工之后，发包人出现将来丧失履行支付工程款能力的情形，承包人是否可以依《民法典》第528条的规定，来解除合同，则存在讨论余地。笔者认为，考虑到《民法典》第807条的规定，[2]承包人工程款债权已有工程法定抵押担保存在，似可视为发包人已有适当担保存在，不需要另行提供担保，故承包人解除权发生条件未能满足，解除权不发生。但是，这尚需要根据工程进度、合同内容等情况来个别调整，在承包人垫资、提供材料等场合，应同样可以发生解除权。

（六）情事变更与不可抗力

中国移动通信集团云南有限公司昭通分公司（简称“昭通移动公司”）与昭通市建筑工程公司（简称“市建公司”）建设工程施工合同纠纷案[3]中，昭通移动公司与鲁甸县国土资源局签订《国有建设用地使用权合同》，以出让方式取得国有土地使用权，并依法取得了一系列施工手续，后经过招标与承包人市建公司签订了《建筑工程施工合同》，由市建公司为昭通移动公司承建综合楼项目。但在市建公司进场施工后村民因土地征收补偿问题阻挠施工，导致工程停工。此后，鲁甸发生6.5级地震，此后，国家地震动峰值加速度参数由0.1 g变更为0.15 g。由于双方对停工损失多次协商无法达成一致，昭通移动公司向法院诉请解除合同，而法院经审理认为，合同签订后，昭通移动公司向市建公司支付了预付款和进度款，市建公司也按约进场施工，但由于外力原因（村

〔1〕 崔建远主编：《合同法》，法律出版社2010年版，第148页。

〔2〕 该条规定：发包人未按照约定支付价款的，承包人可以催告发包人在合理期限内支付价款。发包人逾期不支付的，除按照建设工程的性质不宜折价、拍卖的以外，承包人可以与发包人协议将该工程折价，也可以申请人民法院将该工程依法拍卖。建设工程的价款就该工程折价或者拍卖的价款优先受偿。

〔3〕 参见云南省昭通市中级人民法院（2020）云06民终1319号民事判决书。

民因土地征收补偿问题阻挠施工）的介入，从而导致合同不能继续履行及实现合同目的，属于情事变更，双方当事人无法协商。加之2014年鲁甸发生地震后，该工程所在区域的地震动峰值加速度国家标准发生变化，出现了不可抗力的情形导致合同目的无法实现，故法院判决解除合同。

我国《民法典》第533条规定了情事变更制度，谓“合同成立后，合同的基础条件发生了当事人在订立合同时无法预见的、不属于商业风险的重大变化，继续履行合同对于当事人一方明显不公平的，受不利影响的当事人可以与对方重新协商；在合理期限内协商不成的，当事人可以请求人民法院或者仲裁机构变更或者解除合同。人民法院或者仲裁机构应当结合案件的实际情况，根据公平原则变更或者解除合同。”情事变更制度面对的基本问题是，外部环境的变化导致给付和对待给付的价值严重失衡、超出一方当事人风险负担的范畴时，仍维持合同的拘束力，要求遭受不利益的一方继续承担履行原有合同的义务，将与人们的正义观念相冲突。此时，通过合同变更权、解除权的赋予，可以为当事人提供适当的保护。

《2017版示范文本》第11.1条指出，除专用合同条款另有约定外，市场价格波动超过合同当事人约定的范围，合同价格应当调整。同时提出了价格调整的公式，用以计算差额并调整合同价格。采用此种类型的建设工程施工格式文本时，无需借助于《民法典》情事变更原则。但除此之外，还有很多超出当事人预期范围的情事发生，且该等情事并非基于可归责于一方当事人的事由而发生，继续履行合同将导致利益失衡。此时，当事人可以请求变更合同，以矫正失衡的利益关系，或者解除合同，以阻止利益失衡的发生。

不过，这里的解除合同的权利，受到与前述解除权不同的限制，即需要通过向法院起诉、或向仲裁机构诉请仲裁的方式来行使，由法院或仲裁机构来决定是否应当解除合同。这类似于可撤销合同中的撤销权，虽然性质上仍是形成权，但是需要依诉行使。

不可抗力，是指不能预见、不能避免并不能克服的客观情况。《2017版示范文本》第17.4条规定，因不可抗力导致合同无法履行连续超过84天或累计超过140天的，发包人和承包人均有权解除合同。当因不可抗力致使合同目的不能实现时，合同效力的维持便失去了意义，此时，赋予双方当事人以解除合同的权利，并根据风险负担的规则来确定当事人之间的关系，尚属可接受的处理方式。

不过，有学者质疑解除规定的必要性，认为既然合同目的已经不能实现，这时让当事人享有解除权，从反面讲是赋予其权利以保持合同效力，而这样做实际上已经没有意义了，而通过自动解除的方式结束合同关系，或许更好。[1]对此，有学者分析比较了解除模式和自动消灭模式的不同，认为自罗马法以来，不可抗力都是关于民事责任是否免除问题的制度，其自身不当然地与合同解除相联系，自动解除虽然可以清楚地界定合同消灭及起始点，但债务人是否因不可抗力而免责或者免责的范围有时仍不明确，而无论是运用解除程序还是采取自动解除模式，实际效果时常相近，考虑到我国风险负担规则不明确，合同解除模式具有存在的合理性。[2]

（七）发包人的任意解除权

在江苏广厦房地产开发有限公司（简称"广厦公司"）与中建二局第二建筑工程有限公司（简称"中建二局公司"）建设工程施工合同纠纷案[3]中，广厦公司与中建二局公司签订《建设工程施工合同》，发包人广厦公司将工程发包给中建二局公司承建。广厦公司认为中建二局公司存在工期迟延等违约情形，中建二局公司主张是由于支付进度款存在迟延和不足等情况导致工期迟延，广厦公司后发出解除合同的通知，并向法院起诉要求确认合同解除。法院经审理认为，广厦公司已经支付了工程进度款，无延迟和支付不足的情形，作为发包人广厦公司可以参照承揽合同的有关规定享有任意解除权，故支持广厦公司诉请，解除合同。

虽然我国从《经济合同法》时期将建设工程合同进行单独规定，但是不可否认的是建设工程施工合同从性质上属于承揽合同。在比较法上，德国、日本、法国及我国台湾地区民法均将对建设工程合同的规定纳入承揽合同中。随着社会的发展，建设承揽是目前具有最为重要意义的承揽。[4]

根据《民法典》第787条："定作人在承揽人完成工作前可以随时解除合同，造成承揽人损失的，应当赔偿损失。"该条规定的是承揽合同定作人享有的任意解除权。虽然在《民法典》建设工程合同一章并未直接规定建设工程发包人享有任意解除权，但是根据第808条："本章没有规定的，适用承揽合同的有关规定。"因此，可以认为建设工程合同可以适用第787条的规定，发包人

---

〔1〕韩世远：《合同法总论》，法律出版社2004年版，第595页。

〔2〕崔建远：《合同解除的疑问与释答》，《法学》2005年第3期。

〔3〕参见江苏省无锡市中级人民法院（2014）锡民终字第1521号民事判决书。

〔4〕［日］我妻荣：《债法各论（中卷二）》，周江洪，译，中国法制出版社2008年版，第69页。

享有建设工程施工合同的任意解除权。

承认合同一方享有任意解除权，一定程度上将与合同严守原则发生冲突，但是对于承揽而言，任意解除制度的设立在于追求和保护更高的价值。首先，合同的任意解除制度体现了对于合同自由的追求：不论是普通承揽还是工程承揽，定作人或发包人都是以其自身需求与承揽人或承包人订立合同，当因为主客观因素的改变，工程建设对于发包人而言没有意义时，则工程竣工后发包人所获得的收益势必会减少，甚至毫无收益，[1]为了保护发包人不被困在"法锁"中，保护其合同自由，因此其可以任意解除合同。其次，发包人的任意解除还有利于节约社会资源，促进效率提升。由于工程的完工对于发包人而言已无必要。"若强具听任无用工作之继续，不独于定作人无益，在社会经济上亦为不利。"[2]若发包人在工程完工前能够随时解除合同，就能够减少工程完工带来的不必要浪费。

1. 发包人任意解除权的理论与实践争议

建设工程施工合同的发包人是否享有任意解除权存在争议。持否定观点的学者认为，建设工程的特殊性及其法律关系的特殊性决定了发包人不能随意解除合同，建工合同的关系可能涉及合同当事人与政府部门、银行、材料供应商、分包商等的法律关系，如果赋予发包人任意解除权，其行使无疑会导致相关法律关系发生混乱，牵一发而动全身，不利于社会关系的稳定，同时也使得承包人承担巨大风险，不利于工程建设。[3]有学者持折中的观点，将建设工程合同分为直接发包和通过招投标方式发包两种方式，若采取直接发包，则发包人享有任意解除权，若通过招投标方式发包，则发包人不享有任意解除权。[4]对于上述两种观点，本文认为，由于建设工程投入比普通承揽更大，如果发包人对在建的建设工程不再需要或者取消投资计划，强行要求其支付全部的工程款完成工程建设，有违公平原则和效率原则。根据目前我国相关招投标法律规定，大型工程等需要强制招标，而此类大型工程往往花费的资金更多，不承认任意解除权的行使，会造成更大的社会资源的浪费。定作人在任意解除权合同后，要对承揽人的损失进行赔偿，承包人的利益保护可以通过该损

〔1〕 谢鸿飞：《承揽合同》，法律出版社1999年版，第162页。
〔2〕 史尚宽：《债法各论》，中国政法大学出版社2000年版，第356页。
〔3〕 周佑勇：《工程法学》，中国人民大学出版社2010年版，第109页。
〔4〕 宋宗宇：《建设工程合同原理》，同济大学出版社2007年版，第174页。

害赔偿机制得以实现。

司法实践中，有法院裁判认为发包人不享有任意解除权，例如苏州澳昆智能机器人技术有限公司（简称“澳昆公司”）与南通启益建设集团有限公司（简称“启益公司”）建设工程施工合同纠纷案[1]中，二审法院认为发包人澳昆公司不享有任意解除权，理由在于，《最高人民法院关于审理建设工程施工合同纠纷案件适用法律问题的解释》（法释〔2004〕14号，已失效）第8条规定了发包人的法定解除权，其中并不包括发包人任意解除的情形，若建设工程施工合同可以准用承揽合同的任意解除权，则从法律规定的设置逻辑上则并无上述司法解释第8条规定的必要。实际上，这种否认建设工程施工合同发包人享有任意解除权的理由在逻辑上是有问题的。不论是此前的《合同法》还是如今的《民法典》，虽然在建设工程合同章没有直接赋予发包人任意解除权，但都规定了建设工程合同可以适用承揽合同的有关规定，法释〔2004〕14号作为司法解释，没有僭越法律的权限；另外，法释〔2004〕14号第8条仅是对发包人可以解除合同情形的有限列举，若承包人存在《民法典》第563条或第806条规定的其他情形，发包人同样可以解除合同，司法解释并没与否认发包人享有任意解除权。随着《民法典》的实施，法释〔2004〕14号也已经废止，在最新的《最高人民法院关于审理建设工程施工合同纠纷案件适用法律问题的解释（一）》（法释〔2020〕25号）中，已经不存在法释〔2004〕14号第8条类似的规定，故目前司法实践中并无有力理由否认发包人享有任意解除权。

2. 任意解除的限制

任意解除权的存在，并不意味着发包人可以任意毁约。依据规范目的解释，发包人当然不可以为了更换承包人而任意解除合同，然后再和他人订立工程合同。所以，通常情况下，多是发包人改变了计划，建设工程的继续完成对其已失去利益时，解除合同以避免不必要的投入，并补偿承包人的损失。

发包人行使任意解除权受到权利行使时间以及法律效果的限制。在权利行使时间方面，发包人在承包人施工完成前才可以行使任意解除权。若工程已经完工，发包人仍可任意解除建设工程施工合同，则显然与制度初衷相悖，无法实现减少浪费、提升效率的目的。而如果工程整体的各部分为可分的，当工程部分完成时，发包人对已完成的工程同样不享有任意解除权。[2]而具体

〔1〕 参见江苏省苏州市中级人民法院（2019）苏05民终125号民事判决书。

〔2〕［日］我妻荣：《债法各论（中卷二）》，周江洪，译，中国法制出版社2008年版，第119页。

来说，在没有其他约定时，根据《2017版示范文本》第13.2.3条工程经竣工验收合格的，以承包人提交竣工验收申请报告之日为实际竣工日期。

在任意解除的法律效果上，有学者认为，任意解除权，通常为具有溯及力的解除，其系基于这样的理解，即承揽合同着眼于工作的完成这一结果和对这个结果支付报酬，但就建设承揽合同来说，已经实施的工程即使还没有完成，也给定作人带来利益，恢复原状会带来不当的结果，故解释为属于不带溯及力的"解约告知"说很有力。[1]其实，任意解除是否发生溯及的效力，还是要根据合同的履行情况、已完成工作状况来确定，奉行任意解除权的行使不应使承包人遭受不利益之准则，这也涉及赔偿范围的确定。一般认为，任意解除时的损害赔偿范围，应该是让承包人获得跟合同按约履行时的同等利益。[2]有学者以房屋建设为例，若承包人在平整完地基时发包人解除合同，此时损害赔偿范围包括：(1)平整土地所需费用；(2)从承包人在本工程的可得利益中，扣除其将来承揽别的工程所能得到的报酬之后的金额；(3)承包人不得不变卖或处理已经购买的材料所发生的费用；(4)变卖价格低于购买价格时的差额。

实践中还存在当事人通过约定放弃任意解除权的情况。对此问题，学界存在不同观点："肯定说"认为，应当允许当事人通过约定排除定作人的任意解除权。原因在于，法律赋予定作人任意解除权是为了保护定作人的利益，如果定作人放弃或者限制该权利，属于私法自治的范畴，法律不必禁止。[3]"否定说"认为，任意解除权作为法定解除权的一种，属于强制性规定，当事人不能通过约定排除该规定的适用，否则强者就有可能利用自己的优势地位强迫弱者预先抛弃其权利。[4]对此，本文认为，《民法典》第787条的规定为任意性规定，根据私法自治，当事人可以作出相反的约定，使定作人没有任意解除合同的权利。法院通常认可当事人通过合同约定放弃任意解除权的法律效果。[5]

四、法定解除权的实现

---

〔1〕［日］渡边达德：《关于有名合同解除的规定》，钱伟荣，译，载韩世远，［日］下森定主编：《履行障碍法研究》，法律出版社2006年版，第226页。

〔2〕［日］渡边达德：《关于有名合同解除的规定》，钱伟荣，译，载韩世远、［日］下森定主编：《履行障碍法研究》，法律出版社2006年版，第227页。

〔3〕王利明：《合同法分则研究·上卷》，中国人民大学出版社2012年版，第387-388页。

〔4〕蔡恒，骆电：《我国〈合同法〉上任意解除权的理解与适用》，《法律适用》2014年第12期。

〔5〕参见广州市中级人民法院(2016)粤01民终12828号民事判决书。

（一）行使方式与除斥期间

作为形成权的合同解除权之行使，是以意思通知的方式进行，解除权人以解除合同为效果意思，向对方作出表示，在到达对方时发生法律效力。解除权的行使具有不可撤销性、不可分性，并不得附条件、附期限。现行法上没有对意思表示的方式作出限定，故具体采取什么样的方式来行使解除权应是权利人的自由。有学者认为，裁判中、裁判外的意思表示，书面的抑或口头的甚至默示的意思表示均无不可。[1]这里，诉讼和仲裁的提起的问题，后文再作讨论，仅就默示的意思表示而言，其应当受到严格的限制，除非当事人有明确的表示，沉默方才视为解除权的行使，其他场合下一般不宜仅从权利人的沉默中解释出解除合同的意思。实践中，有解除权人在催告中表明，如果对方催告期内仍未履行的，将不再另行进行解除的意思表示，契约当然被解除的，合同即在催告期满对方未履行时解除。[2]

解除权人提请诉讼或仲裁时，请求中包括了解除合同要求的，可以认为其行为中包含了行使解除权的意思。但是，是否是在对方当事人受到诉状或仲裁申请书时，具备解除权发生条件的，合同即行解除，却有讨论余地。笔者认为，诉讼或仲裁请求毕竟是向法院提起的，并且提起人有请求法院或仲裁机构支持的意思，所以，可能还是在裁决生效时合同方才解除，更为合理。至于的程序进行中，解除权人直接向对方正式表示解除合同的，则可认为在对方收到该意思表示时，合同解除。另外，当事人撤诉的，对解除权会发生什么样的影响，有学者认为：因解除权行使具有不可撤销性，撤诉对解除权不发生任何影响。[3]对此，笔者认为，对于诉讼或仲裁期间直接发生在当事人之间的解除权意思表示的效力，撤诉行为没有任何影响力，但是，如果启动程序的当事人在请求法院或仲裁机构解除合同之外，没有任何直接向对方做出的解除表示，则撤诉之后，合同效力也不因起诉行为而被撤销。

合同解除权作为形成权，受除斥期间的限制。《民法典》第564条规定："法律规定或者当事人约定解除权行使期限，期限届满当事人不行使的，该权利消灭。法律没有规定或者当事人没有约定解除权行使期限，自解除权人知道或者应当知道解除事由之日起一年内不行使，或者经对方催告后在合理期限内

---

〔1〕 韩世远：《合同法总论》，法律出版社2004年版，第612页。

〔2〕［日］我妻荣：《债法各论（上卷）》，徐慧，译，中国法制出版社2008版，第170页。

〔3〕 郑倩：《解除权行使的疑难问题考析》，《人民司法》2009年第19期。

不行使的，该权利消灭。”这里，除斥期间以权利人知道或应当知道解除权发生之时为准，在催告的场合下，有学者认为宜把催告通知到达的次日确定为除斥期间的第一天，[1]笔者认为，由于《民法典》第563条规定的是，经催告在合理期限内仍未履行的，当事人可以解除合同，所以，合理期限的届满应是除斥期间的起算点，但如果催告中给出了长于合理期限的，则从给定的期限届满时，起算除斥期间。

对于除斥期间的长度，在没有法定和约定的情况下，第564条的规定是催告后的合理期限。这里的合理期限，仍然属于法官自由裁量的范围，应个案加以判断。有学者主张，可类推适用《最高人民法院关于审理商品房买卖合同纠纷案件适用法律若干问题的解释》（法释〔2020〕17号）第11条第1款的规定，设定3个月的期限，催告后3个月未行使解除权的，解除权消灭。而对于对方没有催告的案型，同样类推适用上述司法解释第15条第2款的规定，对方当事人没有催告的，解除权应当在解除权发生之日起1年内行使；逾期不行使的，解除权消灭。[2]

（二）解除的法律效果

在青海方升建筑安装工程有限责任公司（简称“方升公司”）与青海隆豪置业有限公司（简称“隆豪公司”）建设工程施工合同纠纷案[3]中，方升公司作为承包人承包了隆豪公司的建设工程，在工期届满前，隆豪公司以方升公司拖延工程进度，不按图施工，施工力量薄弱，严重违约，导致工程延误为由要求解除合同并撤场，后隆豪公司又将方升公司未完成工程发包给第三人进行施工。双方对合同解除后的法律效果及处理产生了纠纷，具体来说，双方在何方违约、已完成工程价款的计算、违约责任的后果如何确定等问题上产生争议，故诉至法院。

合同解除的效果，我国民法有不同于其他国家的规定，使得解除在概念上

〔1〕崔建远：《解除权问题的疑问与释答（上篇）》，《政治与法律》2005第3期。

〔2〕崔建远：《解除权问题的疑问与释答（上篇）》，《政治与法律》2005第3期。

〔3〕参见最高人民法院（2014）民一终字第69号民事判决书。

也和一些国家有所不同。[1]《民法典》第566条第1款规定："合同解除后，尚未履行的，终止履行；已经履行的，根据履行情况和合同性质，当事人可以请求恢复原状或者采取其他补救措施，并有权要求赔偿损失。"应该说这是一个非常有弹性的规定，所以在解释论上更容易出现不同的学说观点。

传统民法理论上，关于合同解除的效果，存在直接效果说、间接效果说、折衷说、债务关系转换说之不同学说。直接效果说认为，解除的效果是契约溯及地消灭，未履行的债务被免除，已履行的债务发生返还请求权；间接效果说认为，就未履行的债务发生拒绝履行的抗辩权，就已经履行的债务发生新的返还义务；折衷说认为，就未履行债务从解除时起债务消灭，就已经履行的债务发生新的返还债务；[2]债务关系转换说认为，解除使原合同关系转换为原状恢复债权关系。[3]此外，有学者认为现在德国的通说为"清算了结说"，指出：合同解除并不像撤销和无效那样使合同消灭，而是将当事人从未履行的给付义务中解脱出来，并且在继续存在的合同框架之下通过"重新控制"（Umsteuerung）将所履行的给付回转成为清算了结关系。在清算了结最终结束之前，合同继续存在，对于已经完成的给付，给付义务通过改变方向而成为"对置"关系，对于尚未完成的给付，给付义务通过解除而归于消灭。合同在这里是起清算了结框架的作用。这一学说当前在德国已经成为绝对的通说。受法国法影响的学者则认为，合同在解除之后必须视为自始未被订立，因此清算了结应当按照不当得利法的规则或者按照物权法的规则来进行。这一学说在长时间内曾经为德国学者通说，现在则已经被彻底地摒弃。[4]

对此，笔者认为，解除效力的核心问题是，解除是否有溯及既往的效力，以及相应的效力状况适宜以给予什么样的理论说明。从解释论的立场看，我国法上解除是否具有溯及既往的效力，取决于合同性质和实际的履行情况。通

---

〔1〕例如，日本法上的解除基本上是有溯及力，故日本民法规定定作人解除权的第635条设有"但书"，规定如果工作的标的物属于建筑物及其他地上建造物，即使瑕疵重大，定作人也不能解除合同。对此，学理上的解释是，此时也允许解除的话，承揽人就得拆除已经完成的建造物，这不仅对他来说太苛刻，而且也会在社会经济上造成很大损失。该规定被认为是强制性规定，不允许特约排除。但在建筑物有重大瑕疵，只能重建时，拆除不会带来经济上的重大损失，法院例外地作出肯定判决，将全面重建费用作为损害来赔偿，可以说实质上等于允许解除合同。渡边达德：《关于有名合同解除的规定》，钱伟荣，译，韩世远、下森定主编：《履行障碍法研究》，法律出版社2006年版，第228-232页。

〔2〕［日］我妻荣：《债法各论（上卷）》，徐慧，译，中国法制出版社2008版，第175页。

〔3〕崔建远主编：《合同法》，法律出版社2010年版，第261页。

〔4〕卢谌，杜景林：《论合同解除的学理及现代规制》，《法学》2006年第4期。

说认为,非继续性合同的解除原则上有溯及力,继续性合同的解除原则上无溯及力,[1]此外,根据个案履行的情况,从效率原则出发,当恢复原状成本过高时,也应否定解除的溯及力。而合同向将来的效力,当然消灭,也即未履行的债务,因消灭而不需要再履行。接下来的问题是,解除具有溯及力的场合下,恢复原状效果的具体状况。合同解除溯及既往时,双方原根据合同而受有给付的,应当返还给对方,返还请求权可以是不当得利请求权,也可能是物权返还请求权,因为,我国法上采行物权变动有因构成,债权合同溯及既往地失去效力,会影响物权变动的效果,故可能发生请求权的竞合。此外,相互的返还请求权可构成同时履行抗辩关系,相互牵制、形成一种权利实现的保障关系。再有就是,原合同的担保关系的安排问题,持债的关系同一性不变观点者,认为债的担保关系原则上不受影响。《民法典》第566条第3款同时规定:主合同解除后,担保人对债务人应当承担的民事责任仍应当承担担保责任,但是担保合同另有约定的除外。

《2017版示范文本》对因违约而造成的解除后果进行了规定,当因发包人违约而解除合同后,发包人应在解除合同后28天内支付下列款项,并解除履约担保:(1)合同解除前所完成工作的价款;(2)承包人为工程施工订购并已付款的材料、工程设备和其他物品的价款;(3)承包人撤离施工现场以及遣散承包人人员的款项;(4)按照合同约定在合同解除前应支付的违约金;(5)按照合同约定应当支付给承包人的其他款项;(6)按照合同约定应退还的质量保证金;(7)因解除合同给承包人造成的损失。若因承包人违约而解除合同,则合同当事人应在合同解除后28天内完成估价、付款和清算,并按以下约定执行:(1)合同解除后,按商定或确定承包人实际完成工作对应的合同价款,以及承包人已提供的材料、工程设备、施工设备和临时工程等的价值;(2)合同解除后,承包人应支付的违约金;(3)合同解除后,因解除合同给发包人造成的损失;(4)合同解除后,承包人应按照发包人要求和监理人的指示完成现场的清理和撤离;(5)发包人和承包人应在合同解除后进行清算,出具最终结清付款证书,结清全部款项。

合同解除无论是否溯及既往,均可能还有赔偿损失的问题,在解除权因对方违约行为而发生时,解除权人违约损害赔偿请求权不受解除的影响。对于赔偿损失的范围,有认为在当事人对合同解除未明确约定损害赔偿标准的情

---

〔1〕 崔建远主编:《合同法》,法律出版社2010年版,第261页。

形下，合同解除的损害赔偿应以守约方遭受的直接损失为限；[1]有认为守约方所遭受的一切损害均可以请求赔偿，既包括债务不履行的损害赔偿，也包括因合同解除所产生的损害赔偿，既包括直接利益的损失也包括可得利益的损失。[2]笔者认为，此时的损害赔偿请求权就是违约损害赔偿请求权，所以，关于违约损害赔偿的规则适用于此，根据《民法典》第584条第1款的规定，原则上损失赔偿额应当相当于因违约所造成的损失，包括合同履行后可以获得的利益，但不得超过违反合同一方订立合同时预见到或者应当预见到的因违反合同可能造成的损失。日本法上，也是认为损害赔偿的内容被认为是履行利益的赔偿。[3]建设工程合同解除效力上有其特殊性，原则上应不发生溯及既往的效力，根据《民法典》第806条第3款："合同解除后，已经完成的建设工程质量合格的，发包人应当按照约定支付相应的工程价款；已经完成的建设工程质量不合格的，参照本法第793条的规定处理。"根据第793条，已经完成的建设工程质量不合格的，经修复合格的，可以参照合同关于工程价款的约定折价补偿承包人，经修复仍不合格的，承包人则无权要求折价补偿。关于已完工程价款的计算，最高人民法院在上述公报案例中认为，对于约定了固定价款的建设工程施工合同，双方未能如约履行，致使合同解除的，在确定争议合同的工程价款时。既不能简单地依据政府部门发布的定额计算工程价款，也不宜直接以合同约定的总价与全部工程预算总价的比值作为下浮比例，再以该比例乘以已完工程预算价格的方式计算工程价款，而应当综合考虑案件实际履行情况，并特别注重双方当事人的过错和司法判决的价值取向等因素来确定。[4]关于赔偿损害的问题，同样应定位于违约损害赔偿，涉及违约损害赔偿规则于建设工程合同中具体化的问题。根据《民法典》第566条第1款，在因对方违约行为而发生解除权的场合，合同解除之后，违约方还应当承担相应的违约责任，支付违约金或赔偿损失。也就是说，在第806条第1款情形下，发包人解除合同后，仍有权向承包人主张其因合同解除所受的损害；在第806条第2款情形下，承包人解除合同后，仍得向发包人主张其因合同解除所受的损害。

---

〔1〕 高苹：《合同解除后的损害赔偿问题浅析》，《法学杂志》2006年第1期。

〔2〕 袁小梁：《析合同解除的三点争议》，《法律适用》2004年第2期。

〔3〕［日］渡边达德：《关于有名合同解除的规定》，钱伟荣，译，载韩世远，［日］下森定主编：《履行障碍法研究》，法律出版社2006年版，第208页。

〔4〕 参见最高人民法院〔2014〕民一终字第69号民事判决书。

参考文献

中文文献

1. 蔡恒,骆电.我国《合同法》上任意解除权的理解与适用[J].法律适用,2014(12):108-112.

2. 曹守晔.《关于适用合同法若干问题的解释(二)》的理解与适用[J].人民司法,2009(13):40-45.

3. 曹守晔.历时八年的重要司法解释:《合同法》解释(二)[J].法制资讯,2009(5):86-90.

4. 陈华彬.民法总论[M].北京:中国法制出版社,2011.

5. 陈小君.合同法[M].北京:高等教育出版社,2009.

6. 陈杨.试论根本违约:与英美法系相关违约形态的比较研究[J].时代法学,2008,6(1):114-119.

7. 陈自强.民法讲义Ⅱ:契约之内容与消灭[M].北京:法律出版社,2004.

8. 崔建远.合同法[M].5版.北京:法律出版社,2010.

9. 崔建远.合同法[M].北京:北京大学出版社,2016.

10. 崔建远.合同法学[M].北京:法律出版社,2015.

11. 崔建远.合同解除的疑问与释答[J].法学,2005(9):69-77.

12. 崔建远.合同解除问题的理论与实践[M].北京:中国科学文化音像

出版社,2012.

13. 崔建远.物的瑕疵担保责任的定性与定位[J].中国法学,2006(6):32-43.

14. 崔建远,韩世远,申卫星.民法总论[M].北京:清华大学出版社,2010.

15. 崔建远,韩世远,于敏.债法[M].北京:清华大学出版社,2010.

16. 迪特尔·梅迪库斯.德国民法总论[M].绍建东,译.北京:法律出版社,2000.

17. 迪特尔·梅迪库斯.德国债法分论[M].北京:法律出版社,2007.

18. 迪特尔·梅迪库斯.德国债法总论[M].杜景林,卢谌,译.北京:法律出版社,2003.

19. 迪特尔·施瓦布.民法导论[M].郑冲,译.北京:法律出版社,2006.

20. 杜景林.德国债法总则新论[M].北京:法律出版社,2011.

21. 渡边达德.关于有名合同解除的规定[M]//韩世远,下森定.履行障碍法研究.北京:法律出版社,2006.

22. 渡边达德.日本民法中的合同解除法理[M]//韩世远,下森定.履行障碍法研究.北京:法律出版社,2006.

23. 高苹.合同解除后的损害赔偿问题浅析[J].法学杂志,2006,27(1):103-104.

24. 郭洁.承揽合同若干法律问题研究[J].政法论坛,2000(6):43-50.

25. 郭明瑞,房绍坤.民法[M].4版.北京:高等教育出版社,2017.

26. 郭明瑞,王轶.合同法新论·分则[M].北京:中国政法大学出版社,1997.

27. 郭小东.情事变更制度比较研究[M].北京:中国书籍出版社,2001.

28. 韩世远.合同法总论[M].3版.北京:法律出版社,2011.

29. 韩世远.民法的解释论与立法论[M].北京:法律出版社,2015.

30. 韩世远,下森定.履行障碍法研究[M].北京:法律出版社,2006.

31. 洪国钦.情事变更原则与公共工程之理论与实务:兼论仲裁与判决之分析[M].台北:元照出版有限公司,2010.

32. 胡峻.民法学教程[M].北京:北京大学出版社,2005.

33. 黄立.德国新债法之研究[M].台北:元照出版有限公司,2009.

34. 黄立.工程承揽契约之重大变更[J].政大法学评论,2010(116):1-45.

35. 黄立.民法债编各论(上、下)[M].北京：中国政法大学出版社，2003.

36. 黄茂荣.债法各论[M].北京：中国政法大学出版社，2004.

37. 黄茂荣.债法总论第1册[M].北京：中国政法大学出版社，2003.

38. 贾劲松.建设工程施工合同案件裁判要点与观点[M].北京：法律出版社，2016.

39. 江平.中华人民共和国合同法精解[M].北京：中国政法大学出版社，1999.

40. 解亘.论违反强制性规定签约之效力：来自日本法的启示[J].中外法学，2003，15(1)：35-51.

41. 近江幸治.建设工程合同承包契约中的实践问题[M]//渠涛.中日民商法研究(第六卷).北京：北京大学出版社，2007.

42. 卡尔·拉伦茨.德国民法通论(上)[M].王晓晔，邵建东，程建英，等译.北京：法律出版社，2003.

43. 卡尔·拉伦茨.德国民法通论(下)[M].王晓晔，邵建东，程建英，等译.北京：法律出版社，2003.

44. 卡尔·拉伦茨.法学方法论[M].北京：商务印书馆，2003.

45. 莱因哈德·齐默曼.德国新债法：历史与比较的视角[M].韩光明，译.北京：法律出版社，2012.

46. 李家庆.论工期展延索赔弃权条款之效力[J].营建知讯，2003(242)：61-68.

47. 李晓钰.合同解除制度研究[M].北京：中国法制出版社，2018.

48. 李永军.合同法学[M].北京：高等教育出版社，2011.

49. 梁慧星.民法学说判例与立法研究[M].北京：中国政法大学出版社，1993.

50. 梁慧星.民法总论[M].2版.北京：法律出版社，2004.

51. 林明锵.建筑管理法制基本问题之研究——中德比较法制研究[J].国立台湾大学法学论丛，2001，30(2)：29-76.

52. 刘纪明，吴雷雷.工程合同管理中普遍而特殊的不可索赔案例的研讨[J].中外建筑，2007(10)：75-76.

53. 刘凯湘.债法总论[M].北京：北京大学出版社，2011.

54. 刘凯湘，聂孝红.论《合同法》预期违约制度适用范围上的缺陷[J].法学杂志,2000(1):13-15.

55. 卢谌,杜景林.德国民法典债法总则评注[M].北京:中国方正出版社,2007.

56. 卢谌,杜景林.论合同解除的学理及现代规制:以国际统一法和民族国家为视角[J].法学,2006(4):93-99.

57. 罗伯特·霍恩.德国民商法导论[M].楚建,译.北京:中国大百科全书出版社,1996.

58. 马俊驹,余延满.民法原论[M].4版.北京:法律出版社,2010.

59. 梅仲协.民法要义[M].北京:中国政法大学出版社,1998.

60. 潘福仁.建设工程合同纠纷[M].2版.北京:法律出版社,2010.

61. 齐晓琨.德国新、旧债法比较研究:观念的转变和立法技术的提升[M].北京:法律出版社,2006.

62. 齐晓琨.解读德国《民法典》中的债权人迟延制度[J].南京大学学报(哲学.人文科学.社会科学版),2010,47(2):134-147.

63. 邱闯.国际工程合同原理与实务[M].北京:中国建筑工业出版社,2002.

64. 邱聪智.新订债法各论[M].北京:中国人民大学出版社,2006.

65. 申卫星.民法学[M].北京:北京大学出版社,2013.

66. 沈显之.对建设工程总承包合同文件组成的完整性和设定合同生效前置条件的正确性的研究(上):兼论菲迪克合同的组成要件和设置合同生效前置条件的原则[J].中国工程咨询,2006(5):33-36.

67. 史尚宽.债法各论[M].北京:中国政法大学出版社,2000.

68. 史尚宽.债法总论[M].北京:中国政法大学出版社,2000.

69. 宋宗宇.建设工程合同原理[M].上海:同济大学出版社,2007.

70. 宋宗宇,温长煌,曾文革.建设工程合同溯源及特点研究[J].重庆建筑大学学报,2003,25(5):87-92.

71. 隋彭生.合同法要义[M].北京:中国政法大学出版社,2003.

72. 田威.FIDIC合同条件应用实务[M].2版.北京:中国建筑工业出版社,2009.

73. 汪莉.契约法中的契约自由与契约正义[J].学术界,2005(6):248-250.

74. 王伯俭.工程纠纷与索赔实务[M].台北:元照出版有限公司,2003.

75. 王洪亮.债法总论[M].北京:北京大学出版社,2016.

76. 王建东.建设工程合同法律制度研究[M].北京:中国法制出版社,2004.

77. 王建东.论建设工程合同的成立[J].政法论坛,2004,22(3):54-61.

78. 王建东,毛亚敏.建设工程合同的主体资格[J].政法论坛,2007,25(4):171-177.

79. 王利明.合同法[M].北京:中国人民大学出版社,2015.

80. 王利明.合同法分则研究(上卷)[M].北京:中国人民大学出版社,2013.

81. 王利明.合同法新问题研究[M].修订版.北京:中国社会科学出版社,2011.

82. 王利明.民法学[M].北京:高等教育出版社,2019.

83. 王利明.判解研究[M].北京:人民法院出版社,2004.

84. 王利明.违约责任论[M].北京:中国政法大学出版社,1996.

85. 王利明.债法总则研究[M].2版.北京:中国人民大学出版社,2018.

86. 王利明,崔建远.合同法新论·总则[M].北京:中国政法大学出版社,1996.

87. 王泽鉴.民法总则[M].北京:北京大学出版社,2009.

88. 王泽鉴.债法原理[M].2版.北京:北京大学出版社,2013.

89. 我妻荣.我妻荣民法讲义:债权各论(上卷)[M].徐慧,译.北京:中国法制出版社,2008.

90. 我妻荣.我妻荣民法讲义:债权各论(中卷二)[M].周江洪,译.北京:中国法制出版社,2008.

91. 吴佳洁,徐伟,黄喆.工程开工与竣工日期争议及其确定[J].建筑经济,2010(10):102-105.

92. 伍治良.根本违约判定标准功能之回归研究:兼评我国合同法相关规定之不足[J].法律科学西北政法学院学报,2002(3):121-128.

93. 下森定.瑕疵担保责任制度在履行障碍法体系中的地位及其立法论[C]//韩世远编,中日韩合同法国际研讨会论文集·履行障碍与合同救济,清华大学法学院,2004:76.

94. 谢鸿飞.承揽合同[M].北京:法律出版社,1999.

95. 谢哲胜,李金松.工程契约理论与求偿实务[M].台北:台湾“财产法暨经济法”研究协会,2005.

96. 星野英一.日本民法概论IV[M].姚荣涛,译.台中:五南图书出版公司,1998.

97. 徐伟,黄喆,沈杰.工程承包合同变更的限制[J].东南大学学报(哲学社会科学版),2012,14(3):88-92.

98. 杨立新.合同法[M].北京:北京大学出版社,2013.

99. 杨立新.债法总则研究[M].北京:中国人民大学出版社,2006.

100. 杨晓蓉.建设工程合同的原理与实务:以关系契约理论为视角[M].北京:人民法院出版社,2018.

101. 杨宇,谢琳琳.略论建设工程施工合同之承包商合同默示义务条款[J].建筑经济,2007(11):110-113.

102. 叶金强.我国合同法中的“预期违约”制度[J].南京大学学报(哲学.人文科学.社会科学版),2002,39(4):52-59.

103. 叶林.违约责任及其比较研究[M].北京:中国人民大学出版社,1997.

104. 尹田.法国现代合同法[M].北京:法律出版社,1995.

105. 尹贻林.合同法与工程合同管理[M].天津:天津大学出版社,1995.

106. 于保不二雄.日本民法债权总论[M].庄胜荣,校订.台中:五南图书出版有限公司,1998.

107. 袁小梁.析合同解除的三点争议[J].法律适用,2004(2):30-32.

108. 张广兴.债法总论[M].北京:法律出版社,1997.

109. 张俊浩.民法学原理[M].3版.北京:中国政法大学出版社,2000.

110. 张卫,刘洪坤.建设工程“黑合同”效力认定探析[J].黑龙江省政法管理干部学院学报,2008(5):91-94.

111. 赵许明.建设工程款优先受偿权与抵押权冲突研究[J].华侨大学学报(人文社会科学版),2001(4):49-56.

112. 郑倩.解除权行使的疑难问题考析[J].人民司法,2009(19):84-85.

113. 郑玉波.民法债编总论[M].2版.北京:中国政法大学出版社,2004.

114. 周翠.行为保全问题研究:对《民事诉讼法》第100-105条的解释[J].法律科学(西北政法大学学报),2015,33(4):92-106.

115. 周佑勇.工程法学[M].2版.北京:高等教育出版社,2017.

116. 周泽.建设工程“黑白合同”法律问题研究:兼对最高法院一条司法

解释的批评[J].中国青年政治学院学报,2006,25(1):91-97.

117. 朱广新.合同法总则研究[M].北京:中国人民大学出版社,2018.

118. 朱庆育.民法总论[M].北京:北京大学出版社,2016.

119. 朱树英.建设工程法律实务[M].北京:法律出版社,2001.

120. 朱岩编.德国新债法条文及官方解释[M].北京:法律出版社,2003.

121. 最高人民法院民事审判第一庭.最高人民法院建设工程施工合同司法解释的理解与适用[M].北京:人民法院出版社,2004.

英文文献

122. Michael Patrick O'Reilly. Principles of construction law[M]. Longman Group UK Ltd,1993.

123. Nancy J. White. Principles and practices of construction law[M]. Prentice Hall,2001.

124. John Uff. Construction law[M]. Sweet & Maxwell,2009.

125. Roger ter Haar , QC. Remedies in construction law[M]. Routledge, 2017.

126. Gail S. Kelley. Construction law: an introduction for engineers, architects, and contractors[M]. RS Means,2013.

127. Hanna A S, Camlic R, Peterson P A, et al. Cumulative effect of project changes for electrical and mechanical construction[J]. Journal of Construction Engineering and Management,2004,130(6):762-771.

128. Arditi D, Pattanakitchamroon T. Analysis methods in time-based claims[J]. Journal of Construction Engineering and Management,2008,134(4):242-252.

129. Goetz J C II, Gibson G E Jr. Construction litigation, US general services administration,1980-2004[J]. Journal of Legal Affairs and Dispute Resolution in Engineering and Construction,2009,1(1):40-46.

德文文献

130. Savigny, *System des heutigen römischen Rechts*, 840.

131. Schwab/Löhnig, *Einführung in das Zivilrecht*, 19. Aufl., 2012.

132. Honsell, *Römisches Recht*, 7. Aufl., 2010, §51. Mot. II.

133. Weyers, *Gutachten und Vorschläge zur Überarbeitung des Schuldrechts*, Bundesminister der Justiz (Hrsg.), Bd. II, 1981.

134. Teichmann, *Empfiehlt sich eine Neukonzeption des Werkvertragsrechts*? Gutachten, in: Verhandlungen des fünfundfünfzigsten Deutschen Juristentages, Bd. I (Gutachten), 1984.

135. Soergel, in: *Verhandlungen des fünfundfünfzigsten Deutschen Juristentages*, Bd. II (Sitzungsberichte), 1984.

136. Staudinger/Peters/Jacoby, vor BGB §§ 631 ff. .

137. Hertel, *Werkvertrag und Bauträgervertrag nach der Schuldrechtsreform*, DNotZ 2002.

138. Schudnagies, *Das Werkvertragsrecht nach der Schuldrechtsreform*, NJW 2002.

139. Ganten/Jagenburg/Motzke/Jansen, *VOB/B*, vor §2.

140. Geck, *Die Transparenz der VOB/B für den Verbraucher*, ZfBR 2008.

141. Ingenstau/Korbion/Vygen/Kratzenberg (Hrsg.), 17. Aufl., 2010.

142. Kapellmann/Messerschmidt (Hrsg.), 3. Aufl. 2010.

143. Ganten/Jagenburg/Motzke (Hrsg.), 2. Aufl., 2008.

144. Kniffka, *Reformbedarf im Bauvertragsrecht*, BauR 2010.

145. Zander, BWNotZ 2017.

146. Orlowski, ZfBR 2016.

147. Palandt/ Sprau, 2018, BGB §650m.,

148. Breitling NZBau 2017.

149. Reiter JA 2018.

150. Kimpel NZBau 2016.

151. Ehrl DStR 2017.

152. BeckOGK/Kögl, 2018, BGB§640, §650 g.

153. Hebel BauR 2011.

154. Reiter JA 2018

155. BeckOGK/Reiter, 2018, BGB §648 a, §650 h.

156. MükoBGB/Busche, 7. Aufl. 2017, §648 a.

157. Dammert/Lenkeit/Oberhauser/Pause/Stretz/Oberhauser Neues BauvertragsR, 2017, §3.

158. Lang BauR 2006.
159. Kirberger BauR 2011.
160. Tschäpe/ Werner ZfBR 2017.
161. Langen NZBau 2015.
162. Nietsch/Osmanovic NJW 2018.
163. Dähne, BauR 1976.
164. Ingenstau/Korbion/Oppler, VOB/B §4 Nr. 3.
165. Riedl, in: Heiermann/Riedl/Rusam, VOB/B, §4.
166. MüKo-BGB/Mayer-Maly/Busche, §157.
167. Staudinger/Peters, BGB§633.
168. Dähne, BauR 1976.
169. Jagenburg, NJW 1988.
170. Kaiser, Mängelhaftung in Baupraxis und -prozess, BauR 1981.
171. Donner, in: Franke/Kemper/Zanner/Grünhagen, VOB/B, §13.
172. Nicklisch/Weick: VOB/B, §4.
173. Schmalz, die Haftung des Architekten und des Bauunternehmers.
174. Schmidt, MDR 1967.
175. Fischer, Die Regeln der Technik im Bauvertragsrecht, Baurechtliche Schriften, Bd. 2, 1985.
176. Bau-und Architektenrecht/Glöckner. v. Berg/Rehbein, §633.
177. Locher, Das private Baurecht.
178. Clemm, BauR 1987.
179. Hochstein, in: FS Korbion.
180. Rehbein, Die Anordnung des Auftraggebers.
181. Siegburg, in: FS Korbion.
182. Quack, ZfBR, 2/2004.
183. Bruns, ZfBR 2005.
184. Voit, ZfIR 2007.
185. Althaus, ZfBR 2007.
186. Keldungs, in: Ingenstau/Korbion, §1 Nr. 3 VOB/B.
187. Thode, ZfBR 2004, 214 ff.
188. Zanner, Keller, NZBau 2004.

189. Jagenburg in: Ganten/Jagenburg/Motzke, VOB/B, §1.

190. Vygen: Bauvertragsrecht nach VOB, 5. Aufl. 2007.

191. Palandt/Grüneberg, BGB §315.

192. Westphalen, NJW 2002.

193. Bruns, ZfBR 2005.

194. Kemper, in: Franke/Kemper/Zanner/Grünhagen, VOB/B, §2.

195. Kemper, NZBau 2001.

196. Chiotellis, Rechtsfolgenbestimmung bei Geschäftsgrundlagenstörungen in Schuldverträgen, 1981, Vorwort.

197. Beuthien, Zweckerreichung und Zweckstörung im Schuldverhältnis, Bd. 25, 1969.

198. Windscheid, Die Lehre des römischen Rechts von der Voraussetzung, 1851.

199. Lenel, Die Lehre von der Voraussetzung, AcP 74 (1889).

200. Mugdan, Die gesamten Materialien zum Bürgerlichen Gesetzbuch, Bd. I, 1899.

201. Kegel, Gutachten für den 40. Deutschen Juristentag, 1953.

202. Fritze, Clausula rebus sic Stantibus, Archiv für bürgerliches Recht, 1917.

203. Stahl, Die sogenannte „clausula rebus sic stantibus" im BGB, 1909.

204. von Tuhr, Der Allgemeine Teil des Deutschen Bürgerlichen Rechts, 2. Bd. 1. Hälfte, 1914.

205. Erich Kaufmann, Das Wesen des Völkerrechts und die clausula rebus sic stantibus, 1911.

206. Schmidt-Rimpler, Zum Problem der Geschäftsgrundlage, in FS Nipperdey, 1955.

207. Krückmann, Clausula rebus sic stantibus, Kriegsklausel, Streitklausel, in AcP, 1918.

208. Oertmann, Geschäftsgrundlage, Ein neuer Rechtsbegriff, 1921.

209. Locher, Geschäftsgrundlage und Geschäftszweck, AcP 1923.

210. Larenz, Geschäftsgrundlage und Vertragserfüllung, 3. Aufl. 1963.

211. Larenz, Vertrag und Unrecht, 1. Teil, Vertrag und Vertragsbruch, 1936.

212. Larenz, Allgemeiner Teil des Bürgerlichen Rechts, 7. Aufl. 1989.

213. Larenz, Lehrbuch des Schuldrechts Allgemeiner Teil §21 II, 14. Aufl., München: C.H.Beck, 1987.

214. Esser, Fortschritte und Grenzen der Theorie von der Geschäftsgrundlage bei Larenz, JZ 1958.

215. Blomeyer, Besprechung von Karl Larenz, Geschäftsgrundlage und Vertragserfüllung, AcP 1952.

216. Stammler, Die Lehre vom richtigen Recht, 1962.

217. Schmidt-Rimpler, Zum Problem der Geschäftsgrundlage, Festschrift Nipperdey 1955.

218. Esser, Schuldrecht, Allgemeiner und Besonderer Teil, 1960.

219. Flume, Rechtsgeschäft und Privatautonomie in Hundert Jahre Deutsches Rechtsleben, Festschrift zum hundertjährigen Bestehen des Deutschen Juristentages, Bd. I, 1960.

220. Flume, Allgemeiner Teil des Bürgerlichen Rechts, Bd. 2, §26.

221. Fikentscher, Die Geschäftsgrundlage als Frage des Vertragsrisikos, 1971.

222. Fikentscher, Schuldrecht, §27 Treu und Glauben, III. e) Geschäftsgrundlage, §27.

223. Köhler, Unmöglichkeit und Geschäftsgrundlage bei Zweckstörungen im Schuldverhältnis, 1971.

224. Köhler, Die Lehre von der Geschäftsgrundlage als Lehre von der Risikobefreiung, in Festgabe 50 Jahre Bundesgerichtshof.

225. Schmid, Das neue gesetzliche Bauvertragsrecht, Nomos, 1. Auflage 2018.

226. Pesek, Die Gefahrtragung im Werkvertragsrecht, Gießen: VVB Laufersweiler, 2015.

227. Greiner, Schuldrecht BT, Berlin: Springer, 2011.

228. Riezler, Der Werkvertrag nach dem Bürgerlichen Gesetzbuch für das Deutsche Reich, Jena: G. Fischer, 1900.

229. Kaiser, Das Mängelhaftungsrecht in Baupraxis und Bauprozeß, 7. Aufl. 1992.

230. Enneccerus/Lehmann, Recht der Schuldverhältnisse: ein Lehrbuch, Tübingen: Mohr Siebeck, 1958.

231. Claus-Wilheim Canaris, Handelsrecht, 24. Aufl. München: C.H.Beck, 2006.

232. Kapellmann, Die erforderliche Mitwirkung nach §642 BGB, §6 VI VOB /B-Vertragspflichten und keine Obliegenheiten, NZBau2011.

233. Staub, Die positiven Vertragsverletzungen und ihre Rechtsfolgen, in: Festschrift für den XXVI. Deutschen Juristentag, Berlin 1902.

234. Dieter Medicu, Schuldrecht I Allegmeiner Teil, München : Verlage C.H.Beck, 16 Auflage, 2005.

235. Lobinger, Grenzen rechtsgeschäftlicher Leistungspflichten, 2004.

附录一：

《德国民法典》工程合同(相关)条文译文

第九节　承揽契约与类似之契约

第一目　承揽契约

第一分目　一般规定【结构调整】

第631条 【承揽合同的典型义务】

(1) 因承揽合同,承揽人负担完成约定工作的义务,定作人负担支付约定报酬的义务。

(2) 承揽合同的目标,可以是物之制作或变更,也可以是其他因劳动或服务所可产生之结果。

第632条 【报酬】

(1) 如果根据情况,不给付报酬,则不能预期工作的完成,视为以默示合意允诺了报酬。

(2) 没有确定报酬数额的,有价目表时,价目表所定的报酬,视同约定的报酬,无价目表时,习惯上的报酬,视同约定的报酬。

(3) 有疑问时,价格估算不给予报酬。

第632条a 【部分付款】(修订)

(1)承揽人提供了合于合同的给付,则其得请求定作人提供相当于其给付价值的部分支付。如果承揽人所提供的给付不满足合同的要求,那么定作人有权拒绝相应部分的支付。至验收时为止,承揽人就合乎合同的给付承担举证责任。第641条第3款准用之。该给付应以列表证明之,列表应能够对给付进行快速而可靠的评估。就已交付或特别订制且已准备提出之必要材料或建筑组件,如该材料或建筑组件之所有权依定作人之选择而移转于定作人,或就此提供相当之担保,第1句至第5句亦适用之。

(2)第1款第6句所定之担保,亦得以于本法适用范围内有权营业之信用机构或信用保险人之保证或其他支付承诺,提供之。

第633条 【物及权利瑕疵】

(1)承揽人应使定作人取得没有物的瑕疵及权利瑕疵的工作。

(2)工作具有约定的质量时,没有物的瑕疵。未约定品质时,有下列情事之一的,该工作没有物的瑕疵:

1. 工作适于合同预定的使用,或

2. 适于通常的使用,并显示同种类的工作通常具有的品质,且该品质是定作人按其工作种类得以期待者。

承揽人完成的工作非属约定的工作,或承揽人完成数量短缺的工作,视同物的瑕疵。

(3)第三人就承揽的工作,对定作人不得主张任何权利,或仅得主张合同所取得的权利的,无权利瑕疵。

第634条 【定作人在工作物有瑕疵时之权利】

工作物有瑕疵者,除另有规定外,定作人于该当下列条文规定之要件时,得:

1. 依据第635条请求补为履行,

2. 依据第637条自行排除瑕疵,并请求补偿必要之费用,

3. 依据第636条、第323条及第326条第5款解除合同或依据第638条请求减少报酬。

4. 依据第636条、第280条、第281条、第283条、第311a条请求损害赔偿,

或依据第284条请求补偿无效修补之费用。

第634a条 【瑕疵请求权的消灭时效】

（1）第634条第1项、第2项及第4项所称之请求权：

1. 工作成果是物的制造、维修或变更，或就该物的规划或监督的给付的，除第2项规定外，因两年内不行使而消灭。

2. 就该工作的规划或监督的给付所生建筑物及工作成果的，因五年内不行使而消灭，及

3. 于其他情形，因一般时效期间不行使而消灭。

（2）于第1款第1项及第2项规定之情形，其时效自受领时起算。

（3）承揽人恶意不告知瑕疵时，其请求权不适用第1款第1项、第2项及第2款规定者，因一般时效期限不行使而消灭。但于第1款第2项规定之情形，消灭时效在该项所定之期限届满前，其时效不完成。

（4）第634条所称的解除权，适用第218条规定。解除依第218条第1款规定不生效力的，定作人仍得如同合同解除时，依其解除而拒绝支付报酬。定作人行使该权利者，承揽人得解除合同。

（5）第634条所称减少报酬的权利，准用第218条及本条第4款第2段规定。

第635条 【补为履行】

（1）定作人请求补为履行的，承揽人得选择排除瑕疵或者重新施作。

（2）承揽人基于补为履行目的，就运输、过路、工作及材料费用等应自行负担。

（3）承揽人除第275条第2项和第3项规定外，仅于补为履行费用不成比例时才能拒绝为之。

（4）承揽人若施作了一件新的工作物，其得依据第346条至第348条规定向定作人请求返还原本交付的瑕疵之物。

第636条 【解除合同及损害赔偿的特别规定】

除第281条第2款及第323条第2款规定的情形外，承揽人依第635条第3款规定拒绝嗣后履行，或嗣后履行失败或对定作人是不可期待的，亦无须定其期限。

第 637 条 【自行修补】

（1）定作人因工作之瑕疵，于其所定供补为履行之相当期限经过而无效果时，除承揽人依法拒绝履行者外，得自行排除瑕疵并请求必要费用之赔偿。

（2）第 323 条第 2 款规定，准用之。补为履行失败，或对于定作人系属不可期待者，亦无须定其期限。

（3）定作人得请求承揽人预先支付排除瑕疵之必要费用。

第 638 条 【减少报酬】

（1）定作人得向承揽人表示减少报酬，以代解除合同。第 323 条第 5 款第 2 段规定之排除原因，不适用之。

（2）定作人之一方或承揽人之一方有数人者，减少报酬仅得由其全体或向其全体表示之。

（3）报酬之减少，应就报酬依契约制定时，工作无瑕疵状态之价值与其可能存在实际价值之比例，减少之。必要时，应以估价定其减少之报酬。

（4）定作人已支付超过减少后之报酬者，其超过之数额应由承揽人返还之。第 346 条第 1 款及第 347 条第 1 款规定，准用之。

第 639 条 【责任的排除】

关于排除或限制定作人因瑕疵所生权利的约定，如承揽人恶意不告知瑕疵，或承担工作品质的保证，承揽人不得主张之。

第 640 条 【验收】（修订）

（1）除根据工作性质无需验收者外，定作人有义务验收依据合同完成的工作。不得因非重大之瑕疵拒绝验收。

（2）工作完成后，如果承揽人为定作人指定了验收的合理期间，期限经过，定作人未能指明至少一项缺陷，但却拒绝验收，推定已验收。定作人是消费者的，仅于承揽人要求验收时同时说明不验收或者在未指出缺陷情况下拒绝验收的后果时，才发生第 1 句的法律后果；该说明需以文本形式提出。

（3）定作人明知有瑕疵，仍依第 1 款第 1 句验收有瑕疵之工作，以其于验收时保留因该瑕疵所生之权利者为限，享有第 634 条第 1 项至第 3 项所定之权利。

第 641 条 【报酬的到期】

（1）报酬应于验收工作时支付之。工作系分部分验收，而报酬系就各部分定之者，应于验收每部分时，支付该部分的报酬。

（2）定作人向第三人承诺工作的完成时，最迟于下列情事之一者，该承揽人的工作报酬到期：

1、定作人就所承诺之工作，因其完成而自第三人获得报酬或该报酬之部分的。

2、定作人之工作，被第三人验收或视为已验收的，或

3、承揽人对定作人就第一项及第二项所定之情事，定相当期限请求告知而无效果的。

定作人因工作可能之瑕疵而已向第三人提供担保的，以承揽人对定作人提供相当之担保者为限，适用第一段规定。

（3）定作人得请求排除瑕疵者，得于到期后，拒绝报酬相当部分之给付；所称相当，通常系指排除该瑕疵所需必要费用的两倍。

（4）就以金钱所定之报酬，除报酬之支付延期者外，定作人应自验收工作时起加付利息。

第 642 条 【定作人协力】

（1）工作的完成，兼须定作人行为者，如定作人怠于其行为，致验收有迟延时，承揽人得请求相当之补偿。

（2）该补偿之金额，按迟延时间之长短及约定报酬之额度，并按承揽人因迟延所减省之费用，或因转向他处服劳务所能取得之利益定之。

第 643 条 【不为协力时的终止】

承揽人有第 642 条规定之情形时，得对定作人指定相当期限，请其补行该行为，并声明不于期限届满前为该行为者，即终止合同。不于期限届满前补行该行为者，合同视为已经解消。

第 644 条 【危险负担】

（1）工作验收前，由承揽人负担危险。定作人验收迟延者，其危险转移于定作人。定作人所供给之材料，因事变而灭失及毁损者，承揽人不负责任。

（2）承揽人因定作人之请求，将工作送交履行地以外之处所者，准用第447条关于买卖之规定。

第645条 【定作人责任】

（1）因定作人所供给材料的瑕疵，或因定作人就工作实施所为的指示，致工作于验收前灭失、毁损或不能完成，而无可归责承揽人事由之参与者，承揽人得请求相当于已给付劳务部分之报酬，及报酬所不包含费用之赔偿。合同依第643条规定消灭者，亦同。

（2）定作人因可归责事由所生之其他责任，不受影响。

第646条 【以工作完成代替验收】

按工作之性质，无须验收者，与第634条之1第2款及第641条、第644条及第645条规定之情形，以工作之完成，代替验收。

第647条 【承揽人质权】

承揽人因合同所生的债权，就其所为制作或修缮的定作人动产，如该动产于制作时或因修缮目的而归其占有者，享有质权。

第647a条 【造船厂所有人之保全抵押权】（原第648条第2款）

造船厂之所有人，就其基于船舶之建造或修缮所生之债权，得请求允许在定作人之建造中船舶或其船舶上，设定船舶抵押权。工作未完成者，承揽人得就相当于已给付劳务部分之报酬，及报酬所不包含之费用，得请求设定船舶抵押权。第647条之规定不适用之。

第648条 【定作人之终止权】（原第649条）

定作人至工作完成时止，得随时终止合同。定作人终止合同的，承揽人得请求约定之报酬，但应扣除其因合同解消所减省的费用，或转向他处提供劳力所得或恶意不为取得之价额。就此情形，推定承揽人就该分摊于尚未提供之工作给付部分之约定报酬者，享有其中之百分之五。

第648a条 【基于重大原因的终止】（新）

（1）合同双方无待终止期限的遵守，得基于重大事由终止合同。在斟酌个案所有情事，且衡量双方之利益后，维持该合同关系到约定的消灭期限或终止期限届满，对终止之一方无期待可能性者，有重大事由之存在。

（2）一方可以通知终止，只需要该部分是其所负担工作的可界定部分。

（3）第314条第2款和第3款得适用之。

（4）终止后，合同任一方得向对方请求协助共同确认履行状态。对方拒绝协力，或者未在约定的时间或由另一方在合理期限内确定的时间共同确认履行状态，该一方在合同终止时负担履行状态的证明责任。但该一方因不可归责之事由无法到场并且毫不迟延的通知了另一方时，不在此限。

（5）一方因重大原因终止合同后，承揽人仅有权就其至合同终止时所提供之给付，请求报酬。

（6）终止不排除请求损害赔偿之权利。

第649条 【费用估计】（原第650条）

（1）合同系以费用估计为基础，且承揽人未担保估价之正确性，而结果为非明显超过估价而不能实施工作时，定作人以该事由终止合同的，承揽人仅得享有于第645条第1款规定之请求权。

（2）该估价之超过应可期待者，承揽人应实时通知定作人。

第650条 【买卖法之适用】（原第651条）

合同是以交付尚待制造或生产的动产为内容的，适用关于买卖的规定。于该合同，虽其瑕疵系因定作人供给之材料所致者，仍适用第442条第1款第1段规定。尚待制造或生产之动产为不代替物者，亦适用第642条、第643条、第645条、第648条及第649条规定，但以依第446条及第447条规定之时点取代验收。

第二分目 工程合同【结构调整】

第650a条 【工程合同】（新）

（1）工程合同是关于建造、重建、拆除或者改建建筑物、户外设施或其一部的合同。于工程合同，补充适用本分目的以下规定。

（2）建物之维修，若该工作物对建造、修复或约定目的之使用有重要意义者，也是工程合同。

第650b条 【合同变更；定作人的变更权】(新)

(1) 若定作人寻求

1. 约定工作成果的变更(§631第2款)或

2. 为完成约定的工作成果所必需的变更，

双方应就变更以及因变更而加减报酬，寻求达成协议。

承揽人有义务提出加减报酬的要约，若根据第1句第1项进行变更，只有在变更的执行对于承揽人来说是可被期待者为限。如果承揽人以其企业内部程序，依第1款第1句第1项主张指示是不可期待的，应就此负举证责任。定作人负责规划建物或户外工作物者，若定作人对合同变更从事必要之规划并提交给承揽人，承揽人有义务就加减报酬提出要约。如定作人寻求变更，依据第650c条第1款第2句承揽人就增加之支出，无权提出请求，双方当事人应寻求对变更达成共识。第2句于此情形不适用。

(2) 在收到变更请求后30天内，如双方未能依第1款规定达成共识，定作人得以书面作出变更指示。承揽人有义务受领定作人的指示，惟依据第1款第1句之指示，限于履行对其可被期待之情形。第1款第3句准用之。

第650c条 【第650b条第2款指示变更下的报酬调整】(新)

(1) 依第650b条第2款指示变更所生增加减少之费用，报酬请求权的额度应依照事实上必要费用、加上管理费、风险及利润等适当的附加费(mit angemessenen Zuschlägen)计算之。

如果承揽人的给付义务还包括建筑物或场地的规划，对于§650b第1款第1句第2项，对增加的支出无请求权。

(2) 承揽人在计算追加之报酬时，得依双方合意之原始计价项目计算。

依据原始计价项目计算之报酬，推定其符合第1款之规定。

(3) 双方当事人对于报酬之额度无法达成共识，或没有不同内容的法院裁判者，承揽人得请求以根据第650b条第1款第2句追加报酬报价的80%作为部分付款金额。承揽人选择此种途径，且不寻求其他不同见解之法院裁判者，依据第1款与第2款所生增加之报酬，于验收工作物后届期。

依据第1句获取的超出根据第1款与第2款所增加报酬的，应返还其差额给定作人，并自承揽人收到时起计息。德国民法288条第1款第2句，第2款，以及第289条第1句规定准用之。

第 650d 条 【假处分】(新)

依第650b条就单方变更权,或依第650c条之报酬调整所生争议,在开工后无需释明假处分之理由。

第 650e 条 【建筑承揽人的保全抵押权】(原第 648 条第 1 款)

建筑物或建筑物各个部分之承揽人,就其基于合同所生之债权,得请求允许在定作人之建筑土地上,设定保全抵押权。工作未完成者,承揽人得就相当于已给付劳务部分之报酬及报酬以外之费用,请求为设定保全抵押权之允许。

第 650f 条 【土木包工的担保权】(原第 648a 条)

(1)承揽人可以与定作人就已合意追加而尚未付款之工作,包括相关之附属费用,加计其原得请求提供担保金额之10%另提供担保。第1句规定也适用于替代报酬的请求。定作人能要求履行或已验收工作,不得排除承揽人对担保的要求。定作人得对承揽人报酬请求权主张抵销之请求权,在计算报酬金额时不被斟酌,但其并无争议或已经判决确认者不在此限。定作人保留,若其经济状况显著恶化的情况,可以撤销对工程给付所生报酬请求权,前提是在撤回表示到达时工作尚未施作;其担保也视为足够。

(2)也可以由有权在本法适用范围内从事业务的金融机构或信用保险公司的担保或其他付款承诺来提供担保。银行或信用保险公司向承揽人给付的前提是,定作人承认承揽人之报酬请求权,或其报酬请求权之支付经由假执行裁定,且符合强制执行之要件者。

(3)承揽人必须向定作人偿还保证金的通常费用,但不得高于保证金额的2%。如果由于定作人对承揽人提出的担保请求的抗辩,而抗辩被证明并无理由者,则不适用。

(4)如果承揽人根据第1款或第2款获得了其获得报酬的担保,就排除了依据第650e条请求担保抵押权的权利。

(5)如果承揽人未能于合理期限从定作人取得依第1款担保的,承揽人可以拒绝给付或终止合同。如果承揽人终止合同,承揽人有权要求约定的报酬;但是,他必须扣除因终止合同而节省的费用,或者通过在其他地方使用他的劳工来获取之报酬,或恶意不作为之费用。承揽人就其尚未完成的部分工作,推定其有权获得的约定报酬的5%。

(6) 以下情形,不适用第1至5款规定

1. 是一个受公法人或公法上的特别财产,其资产不适用破产程序者,或

2. 消费者是根据 §650i的消费者工程合同或根据 §650u工程开发商合同。

第1句第2项不适用于定作人提供资金委任的营建管理人对施工项目的监督。

(7) 背离第1至5款的协议无效。

第650g条 【拒绝验收时之现状确认;结算】(新)

(1) 如果定作人以工作物有瑕疵为理由,拒绝验收工作物,在承揽人的要求下,应协助共同确认工作物的现状。共同确认工作物的现状,应加注纪录完成(确认)日期以及由合同双方签字。

(2) 定作人在双方合意定期,或由承揽人订定合理期间,确认工作物的现状时点,却不出席者,承揽人可以单方面确认工作物的现状。定作人因其不可归责于其的情况缺席,并且他已及时通知承揽人者,不在此限。承揽人在确认工作物的现状时,必须注记纪录(确认书)制作日期并签字,并将确认工作物的现状纪录副本提交定作人。

(3) 如已经完成定作人的工作物,并且如果在根据第1或第2项确认时没有记载有明显的瑕疵,推定该瑕疵在认可工作物现状后所产生并且是可归责于定作人事由所致。如果瑕疵依其性质不可能由定作人引起,不适用该推定。

(4) 如果是,则应支付报酬

1. 定作人已验收工作或根据 §641第2款规定无须验收,并且

2. 承揽人已向定作人提供可验证的结算表。如果结算表包含所提供服务的清楚的清单且定作人可以核实,则结算表即为可验证。如果定作人在收到结算表后30天内未对其可核实性提出合理的抗辩,则应视为可验证。

第650h条 【终止合同之书面形式】(新)

工程合同的终止需要书面形式。

附录二：

《德国民法典》工程合同（相关）条文原文

Titel 9 Werkvertrag und ähnliche Verträge

Untertitle 1 Werkvertrag

Kapitel 1 Allgemeine Vorschriften [Struktur geändert]

§ 631 Vertragstypische Pflichten beim Werkvertrag

（1）Durch den Werkvertrag wird der Unternehmer zur Herstellung des versprochenen Werkes, der Besteller zur Entrichtung der vereinbarten Vergütung verpflichtet.

（2）Gegenstand des Werkvertrags kann sowohl die Herstellung oder Veränderung einer Sache als auch ein anderer durch Arbeit oder Dienstleistung herbeizuführender Erfolg sein.

§ 632 Vergütung

（1）Eine Vergütung gilt als stillschweigend vereinbart, wenn die Herstellung des Werkes den Umständen nach nur gegen eine Vergütung zu erwarten ist.

（2）Ist die Höhe der Vergütung nicht bestimmt, so ist bei dem Bestehen einer Taxe die taxmäßige Vergütung, in Ermangelung einer Taxe die übliche Vergütung als vereinbart anzusehen.

(3) Ein Kostenanschlag ist im Zweifel nicht zu vergüten.

§ 632a Abschlagszahlungen [inhaltl. Änd.]

(1) Der Unternehmer kann von dem Besteller eine Abschlagszahlung in Höhe des Wertes der von ihm erbrachten und nach dem Vertrag geschuldeten Leistungen verlangen. Sind die erbrachten Leistungen nicht vertragsgemäß, kann der Besteller die Zahlung eines angemessenen Teils des Abschlags verweigern. Die Beweislast für die vertragsgemäße Leistung verbleibt bis zur Abnahme beim Unternehmer. § 641 Abs.3 gilt entsprechend. Die Leistungen sind durch eine Aufstellung nachzuweisen, die eine rasche und sichere Beurteilung der Leistungen ermöglichen muss. Die Sätze 1 bis 5 gelten auch für erforderliche Stoffe oder Bauteile, die angeliefert oder eigens angefertigt und bereitgestellt sind, wenn dem Besteller nach seiner Wahl Eigentum an den Stoffen oder Bauteilen übertragen oder entsprechende Sicherheit hierfür geleistet wird.

(2) Die Sicherheit nach Absatz 1 Satz 6 kann auch durch eine Garantie oder ein sonstiges Zahlungsversprechen eines im Geltungsbereich dieses Gesetzes zum Geschäftsbetrieb befugten Kreditinstituts oder Kreditversicherers geleistet werden.

§ 633 Sach- und Rechtsmangel

(1) Der Unternehmer hat dem Besteller das Werk frei von Sach- und Rechtsmängeln zu verschaffen.

(2) Das Werk ist frei von Sachmängeln, wenn es die vereinbarte Beschaffenheit hat. Soweit die Beschaffenheit nicht vereinbart ist, ist das Werk frei von Sachmängeln,

① wenn es sich für die nach dem Vertrag vorausgesetzte, sonst

② für die gewöhnliche Verwendung eignet und eine Beschaffenheit aufweist, die bei Werken der gleichen Art üblich ist und die der Besteller nach der Art des Werks erwarten kann.

Einem Sachmangel steht es gleich, wenn der Unternehmer ein anderes als das bestellte Werk oder das Werk in zu geringer Menge herstellt.

(3) Das Werk ist frei von Rechtsmängeln, wenn Dritte in Bezug auf das Werk keine oder nur die im Vertrag übernommenen Rechte gegen den Besteller geltend machen können.

§ 634 Rechte des Bestellers bei Mängeln

Ist das Werk mangelhaft, kann der Besteller, wenn die Voraussetzungen der folgenden Vorschriften vorliegen und soweit nicht ein anderes bestimmt ist,

① nach §635 Nacherfüllung verlangen,

② nach §637 den Mangel selbst beseitigen und Ersatz der erforderlichen Aufwendungen verlangen,

③ nach den §§636, 323 und 326 Abs. 5 von dem Vertrag zurücktreten oder nach § 638 die Vergütung mindern und

④ nach den §§636, 280, 281, 283 und 311a Schadensersatz oder nach § 284 Ersatz vergeblicher Aufwendungen verlangen.

§ 634a Verjährung der Mängelansprüche

(1) Die in § 634 Nr. 1, 2 und 4 bezeichneten Ansprüche verjähren

① vorbehaltlich der Nummer 2 in zwei Jahren bei einem Werk, dessen Erfolg in der Herstellung, Wartung oder Veränderung einer Sache oder in der Erbringung von Planungs- oder Überwachungsleistungen hierßir besteht,

② in fünf Jahren bei einem Bauwerk und einem Werk, dessen Erfolg in der Erbringung von Planungs- oder Überwachungsleistungen hierfür besteht, und

③ im Übrigen in der regelmäßigen Verjährungsfrist.

(2) Die Verjährung beginnt in den Fällen des Absatzes 1 Nr.1 und 2 mit der Abnahme.

(3) Abweichend von Absatz 1 Nr. 1 und 2 und Absatz 2 verjähren die Ansprüche in der regelmäßigen Verjährungsfrist, wenn der Unternehmer den Mangel arglistig verschwiegen hat. Im Falle des Absatzes 1 Nr. 2 tritt die Verjährung jedoch nicht vor Ablauf der dort bestimmten Frist ein.

(4) Für das in § 634 bezeichnete Rücktrittsrecht gilt § 218. Der Besteller kann trotz einer Unwirksamkeit des Rücktritts nach § 218 Abs. 1 die Zahlung der Vergütung insoweit verweigern, als er auf Grund des Rücktritts dazu berechtigt sein würde. Macht er von diesem Recht Gebrauch, kann der Unternehmer vom

Vertrag zurücktreten.

（5）Auf das in § 634 bezeichnete Minderungsrecht finden § 218 und Absatz 4 Satz 2 entsprechende Anwendung.

§ 635 Nacherfüllung

（1）Verlangt der Besteller Nacherfüllung, so kann der Unternehmer nach seiner Wahl den Mangel beseitigen oder ein neues Werk herstellen.

（2）Der Unternehmer hat die zum Zwecke der Nacherfüllung erforderlichen Aufwendungen, insbesondere Transport-, Wege-, Arbeits- und Materialkosten zu tragen.

（3）Der Unternehmer kann die Nacherfüllung unbeschadet des § 275 Abs. 2 und 3 verweigern, wenn sie nur mit unverhältnismäßigen Kosten möglich ist.

（4）Stellt der Unternehmer ein neues Werk her, so kann er vom Besteller Rückgewähr des mangelhaften Werkes nach Maßgabe der §§346 bis 348 verlangen.

§ 636 Besondere Bestimmungen für Rücktritt und Schadensersatz

Außer in den Fällen der §§ 281 Abs. 2 und 323 Abs. 2 bedarf es der Fristsetzung auch dann nicht, wenn der Unternehmer die Nacherfüllung gemäß § 635 Abs. 3 verweigert oder wenn die Nacherfüllung fehlgeschlagen oder dem Besteller unzumutbar ist.

§ 637 Selbstvornahme

（1）Der Besteller kann wegen eines Mangels des Werkes nach erfolglosem Ablauf einer von ihm zur Nacherfüllung bestimmten angemessenen Frist den Mangel selbst beseitigen und Ersatz der erforderlichen Aufwendungen verlangen, wenn nicht der Unternehmer die Nacherfüllung zu Recht verweigert.

（2）§ 323 Abs. 2 findet entsprechende Anwendung. Der Bestimmung einer Frist bedarf es auch dann nicht, wenn die Nacherfüllung fehlgeschlagen oder dem Besteller unzumutbar ist.

（3）Der Besteller kann von dem Unternehmer für die zur Beseitigung des Mangels erforderlichen Aufwendungen Vorschuss verlangen.

§ 638 Minderung

(1) Statt zurückzutreten, kann der Besteller die Vergütung durch Erklärung gegenüber dem Unternehmer mindern. Der Ausschlussgrund des § 323 Abs. 5 Satz 2 findet keine Anwendung.

(2) Sind auf der Seite des Bestellers oder auf der Seite des Unternehmers mehrere beteiligt, so kann die Minderung nur von allen oder gegen alle erklärt werden.

(3) Bei der Minderung ist die Vergütung in dem Verhältnis herabzusetzen, in welchem zur Zeit des Vertragsschlusses der Wert des Werkes in mangelfreiem Zustand zu dem wirklichen Wert gestanden haben würde. Die Minderung ist, soweit erforderlich, durch Schätzung zu ermitteln.

(4) Hat der Besteller mehr als die geminderte Vergütung gezahlt, so ist der Mehrbetrag vom Unternehmer zu erstatten. § 346 Abs. 1 und § 347 Abs. 1 finden entsprechende Anwendung.

§ 639 Haftungsausschluss

Auf eine Vereinbarung, durch welche die Rechte des Bestellers wegen eines Mangels ausgeschlossen oder beschränkt werden, kann sich der Unternehmer nicht berufen, soweit er den Mangel arglistig verschwiegen oder eine Garantie für die Beschaffenheit des Werkes übernommen hat.

§ 640 Abnahme [inhaltl. Änd.]

(1) Der Besteller ist verpflichtet, das vertragsmäßig hergestellte Werk abzunehmen, sofern nicht nach der Beschaffenheit des Werkes die Abnahme ausgeschlossen ist. Wegen unwesentlicher Mängel kann die Abnahme nicht verweigert werden.

(2) Als abgenommen gilt ein Werk auch, wenn der Unternehmer dem Besteller nach Fertigstellung des Werks eine angemessene Frist zur Abnahme gesetzt hat und der Besteller die Abnahme nicht innerhalb dieser Frist unter Angabe mindestens eines Mangels verweigert hat. Ist der Besteller ein Verbraucher, so treten die Rechtsfolgen des Satzes 1 nur dann ein, wenn der Unternehmer den Besteller zusammen mit der Aufforderung zur Abnahme auf die Folgen einer nicht

erklärten oder ohne Angabe von Mängeln verweigerten Abnahme hingewiesen hat; der Hinweis muss in Textform erfolgen.

(3) Nimmt der Besteller ein mangelhaftes Werk gemäß Absatz 1 Satz 1 ab, obschon er den Mangel kennt, so stehen ihm die in § 634 Nr. 1 bis 3 bezeichneten Rechte nur zu, wenn er sich seine Rechte wegen des Mangels bei der Abnahme vorbehält.

§ 641 Fälligkeit der Vergütung

(1) Die Vergütung ist bei der Abnahme des Werkes zu entrichten. Ist das Werk in Teilen abzunehmen und die Vergütung für die einzelnen Teile bestimmt, so ist die Vergütung für jeden Teil bei dessen Abnahme zu entrichten.

(2) Die Vergütung des Unternehmers für ein Werk, dessen Herstellung der Besteller einem Dritten versprochen hat, wird spätestens fällig,

① soweit der Besteller von dem Dritten für das versprochene Werk wegen dessen Herstellung seine Vergütung oder Teile davon erhalten hat,

② soweit das Werk des Bestellers von dem Dritten abgenommen worden ist oder als abgenommen gilt oder

③ wenn der Unternehmer dem Besteller erfolglos eine angemessene Frist zur Auskunft über die in den Nummern 1 und 2 bezeichneten Umstände bestimmt hat.

Hat der Besteller dem Dritten wegen möglicher Mängel des Werks Sicherheit geleistet, gilt Satz 1 nur, wenn der Unternehmer dem Besteller entsprechende Sicherheit leistet.

(3) Kann der Besteller die Beseitigung eines Mangels verlangen, so kann er nach der Fälligkeit die Zahlung eines angemessenen Teils der Vergütung verweigern; angemessen ist in der Regel das Doppelte der für die Beseitigung des Mangels erforderlichen Kosten.

(4) Eine in Geld festgesetzte Vergütung hat der Besteller von der Abnahme des Werkes an zu verzinsen, sofern nicht die Vergütung gestundet ist.

§ 642 Mitwirkung des Bestellers

(1) Ist bei der Herstellung des Werkes eine Handlung des Bestellers erforderlich,

so kann der Unternehmer, wenn der Besteller durch das Unterlassen der Handlung in Verzug der Annahme kommt, eine angemessene Entschädigung verlangen.
(2) Die Höhe der Entschädigung bestimmt sich einerseits nach der Dauer des Verzugs und der Höhe der vereinbarten Vergütung, andererseits nach demjenigen, was der Unternehmer infolge des Verzugs an Aufwendungen erspart oder durch anderweitige Verwendung seiner Arbeitskraft erwerben kann.

§ 643 Kündigung bei unterlassener Mitwirkung

Der Unternehmer ist im Falle des § 642 berechtigt, dem Besteller zur Nachholung der Handlung eine angemessene Frist mit der Erklärung zu bestimmen, dass er den Vertrag kündige, wenn die Handlung nicht bis zum Ablauf der Frist vorgenommen werde. Der Vertrag gilt als aufgehoben, wenn nicht die Nachholung bis zum Ablauf der Frist erfolgt.

§ 644 Gefahrtragung

(1) Der Unternehmer trägt die Gefahr bis zur Abnahme des Werkes. Kommt der Besteller in Verzug der Annahme, so geht die Gefahr auf ihn über. Für den zufälligen Untergang und eine zufällige Verschlechterung des von dem Besteller gelieferten Stoffes ist der Unternehmer nicht verantwortlich.
(2) Versendet der Unternehmer das Werk auf Verlangen des Bestellers nach einem anderen Ort als dem Erfüllungsort, so findet die für den Kauf geltende Vorschrift des § 447 entsprechende Anwendung.

§ 645 Verantwortlichkeit des Bestellers

(1) Ist das Werk vor der Abnahme infolge eines Mangels des von dem Besteller gelieferten Stoffes oder infolge einer von dem Besteller für die Ausführung erteilten Anweisung untergegangen, verschlechtert oder unausführbar geworden, ohne dass ein Umstand mitgewirkt hat, den der Unternehmer zu vertreten hat, so kann der Unternehmer einen der geleisteten Arbeit entsprechenden Teil der Vergütung und Ersatz der in der Vergütung nicht inbegriffenen Auslagen verlangen. Das Gleiche gilt, wenn der Vertrag in Gemäßheit des § 643 aufgehoben wird.

(2) Eine weitergehende Haftung des Bestellers wegen Verschuldens bleibt unberührt.

§ 646 Vollendung statt Abnahme

Ist nach der Beschaffenheit des Werkes die Abnahme ausgeschlossen, so tritt in den Fällen des § 634a Abs. 2 und der §§ 641, 644 und 645 an die Stelle der Abnahme die Vollendung des Werkes.

§ 647 Unternehmerpfandrecht

Der Unternehmer hat für seine Forderungen aus dem Vertrag ein Pfandrecht an den von ihm hergestellten oder ausgebesserten beweglichen Sachen des Bestellers, wenn sie bei der Herstellung oder zum Zwecke der Ausbesserung in seinen Besitz gelangt sind.

§ 647a Sicherungshypothek des Inhabers einer Schiffswerft [inhaltl. unv., ex- § 648 Abs. 2]

Der Inhaber einer Schiffswerft kann für seine Forderungen aus dem Bau oder der Ausbesserung eines Schiffes die Einräumung einer Schiffshypothek an dem Schiffsbauwerk oder dem Schiff des Bestellers verlangen. Ist das Werk noch nicht vollendet, so kann er die Einräumung der Schiffshypothek für einen der geleisteten Arbeit entsprechenden Teil der Vergütung und für die in der Vergütung nicht inbegriffenen Auslagen verlangen. § 647 findet keine Anwendung.

§ 648 Kündigungsrecht des Bestellers [inhaltl. unv., ex- § 649]

Der Besteller kann bis zur Vollendung des Werkes jederzeit den Vertrag kündigen. Kündigt der Besteller, so ist der Unternehmer berechtigt, die vereinbarte Vergütung zu verlangen; er muss sich jedoch dasjenige anrechnen lassen, was er infolge der Aufhebung des Vertrags an Aufwendungen erspart oder durch anderweitige Verwendung seiner Arbeitskraft erwirbt oder zu erwerben böswillig unterlässt. Es wird vermutet, dass danach dem Unternehmer 5 vom Hundert der auf den noch nicht erbrachten Teil der Werkleistung entfallenden vereinbarten Vergütung zustehen.

§ 648a Kündigung aus wichtigem Grund [neu]

(1) Beide Vertragsparteien können den Vertrag aus wichtigem Grund ohne Einhaltung einer Kündigungsfrist kündigen. 2Ein wichtiger Grund liegt vor, wenn dem kündigenden Teil unter Berücksichtigung aller Umstände des Einzelfalls und unter Abwägung der beiderseitigen Interessen die Fortsetzung des Vertragsverhältnisses bis zur Fertigstellung des Werks nicht zugemutet werden kann.

(2) Eine Teilkündigung ist möglich; sie muss sich auf einen abgrenzbaren Teil des geschuldeten Werks beziehen.

(3) § 314 Absatz 2 und 3 gilt entsprechend.

(4) Nach der Kündigung kann jede Vertragspartei von der anderen verlangen, dass sie an einer gemeinsamen Feststellung des Leistungsstandes mitwirkt. Verweigert eine Vertragspartei die Mitwirkung oder bleibt sie einem vereinbarten oder einem von der anderen Vertragspartei innerhalb einer angemessenen Frist bestimmten Termin zur Leistungsstandfeststellung fern, trifft sie die Beweislast für den Leistungsstand zum Zeitpunkt der Kündigung. Dies gilt nicht, wenn die Vertragspartei infolge eines Umstands fernbleibt, den sie nicht zu vertreten hat und den sie der anderen Vertragspartei unverzüglich mitgeteilt hat.

(5) Kündigt eine Vertragspartei aus wichtigem Grund, ist der Unternehmer nur berechtigt, die Vergütung zu verlangen, die auf den bis zur Kündigung erbrachten Teil des Werks entfällt.

(6) Die Berechtigung, Schadensersatz zu verlangen, wird durch die Kündigung nicht ausgeschlossen.

§ 649 Kostenanschlag [inhaltl. unv., ex- § 650]

(1) Ist dem Vertrag ein Kostenanschlag zugrunde gelegt worden, ohne dass der Unternehmer die Gewähr für die Richtigkeit des Anschlags übernommen hat, und ergibt sich, dass das Werk nicht ohne eine wesentliche Überschreitung des Anschlags ausführbar ist, so steht dem Unternehmer, wenn der Besteller den Vertrag aus diesem Grund kündigt, nur der im § 645 Abs. 1 bestimmte Anspruch zu.

(2) Ist eine solche Überschreitung des Anschlags zu erwarten, so hat der Unternehmer dem Besteller unverzüglich Anzeige zu machen.

§ 650 Anwendung des Kaufrechts [inhaltl. unv., ex- § 651]

Auf einen Vertrag, der die Lieferung herzustellender oder zu erzeugender beweglicher Sachen zum Gegenstand hat, finden die Vorschriften über den Kauf Anwendung. § 442 Abs. 1 Satz 1 findet bei diesen Verträgen auch Anwendung, wenn der Mangel auf den vom Besteller gelieferten Stoff zurückzuführen ist. Soweit es sich bei den herzustellenden oder zu erzeugenden beweglichen Sachen um nicht vertretbare Sachen handelt, sind auch die §§ 642, 643, 645, 648 und 649 mit der Maßgabe anzuwenden, dass an die Stelle der Abnahme der nach den §§ 446 und 447 maßgebliche Zeitpunkt tritt.

Kapitel 2 Bauvertrag [Struktur geändert]

§ 650a Bauvertrag [neu]

(1) Ein Bauvertrag ist ein Vertrag über die Herstellung, die Wiederherstellung, die Beseitigung oder den Umbau eines Bauwerks, einer Außenanlage oder eines Teils davon. Für den Bauvertrag gelten ergänzend die folgenden Vorschriften dieses Kapitels.

(2) Ein Vertrag über die Instandhaltung eines Bauwerks ist ein Bauvertrag, wenn das Werk für die Konstruktion, den Bestand oder den bestimmungsgemäßen Gebrauch von wesentlicher Bedeutung ist.

§ 650b Änderung des Vertrags; Anordnungsrecht des Bestellers [neu]

(1) Begehrt der Besteller

① eine Änderung des vereinbarten Werkerfolgs (§ 631 Absatz 2) oder

② eine Änderung, die zur Erreichung des vereinbarten Werkerfolgs notwendig ist, streben die Vertragsparteien Einvernehmen über die Änderung und die infolge der Änderung zu leistende Mehr- oder Mindervergütung an. Der Unternehmer ist verpflichtet, ein Angebot über die Mehr- oder Mindervergütung zu erstellen, im Falle einer Änderung nach Satz 1 Nummer 1 jedoch nur, wenn ihm die Ausführung der Änderung zumutbar ist. Macht der Unternehmer betriebsinterne Vorgänge für die Unzumutbarkeit einer Anordnung nach Absatz 1 Satz 1 Nummer 1 geltend, trifft ihn die Beweislast hierfür. Trägt der Besteller die Verantwortung für die Planung des Bauwerks oder der Außenanlage, ist der Unternehmer nur dann zur Erstellung eines Angebots über die Mehr- oder Mindervergütung verpflichtet, wenn der Besteller die für die Änderung erforderliche Planung vorgenommen und dem Unternehmer zur Verfügung gestellt hat. Begehrt der Besteller eine Änderung, für die dem Unternehmer nach § 650c Absatz 1 Satz 2 kein Anspruch auf Vergütung für vermehrten Aufwand zusteht, streben die Parteien nur Einvernehmen über die Änderung an; Satz 2 findet in diesem Fall keine Anwendung.

(2) Erzielen die Parteien binnen 30 Tagen nach Zugang des Änderungsbegehrens beim Unternehmer keine Einigung nach Absatz 1, kann der Besteller die Änderung in Textform anordnen. Der Unternehmer ist verpflichtet, der Anordnung des Bestellers nachzukommen, einer Anordnung nach Absatz 1 Satz 1 Nummer 1 jedoch nur, wenn ihm die Ausführung zumutbar ist. 3Absatz 1 Satz 3 gilt entsprechend.

§ 650c Vergütungsanpassung bei Anordnungen nach § 650b Absatz 2 [neu]

(1) Die Höhe des Vergütungsanspruchs für den infolge einer Anordnung des Bestellers nach § 650b Absatz 2 vermehrten oder verminderten Aufwand ist nach den tatsächlich erforderlichen Kosten mit angemessenen Zuschlägen für allgemeine Geschäftskosten, Wagnis und Gewinn zu ermitteln.

Umfasst die Leistungspflicht des Unternehmers auch die Planung des Bauwerks oder der Außenanlage, steht diesem im Fall des § 650b Absatz 1 Satz 1 Nummer 2 kein Anspruch auf Vergütung für vermehrten Aufwand zu.

(2) Der Unternehmer kann zur Berechnung der Vergütung für den Nachtrag auf die Ansätze in einer vereinbarungsgemäß hinterlegten Urkalkulation zurückgreifen. Es wird vermutet, dass die auf Basis der Urkalkulation fortgeschriebene Vergütung der Vergütung nach Absatz 1 entspricht.

(3) Bei der Berechnung von vereinbarten oder gemäß § 632a geschuldeten Abschlagszahlungen kann der Unternehmer 80 Prozent einer in einem Angebot

nach § 650b Absatz 1 Satz 2 genannten Mehrvergütung ansetzen, wenn sich die Parteien nicht über die Höhe geeinigt haben oder keine anderslautende gerichtliche Entscheidung ergeht.
Wählt der Unternehmer diesen Weg und ergeht keine anderslautende gerichtliche Entscheidung, wird die nach den Absätzen 1 und 2 geschuldete Mehrvergütung erst nach der Abnahme des Werkes fällig.
Zahlungen nach Satz 1, die die nach den Absätzen 1 und 2 geschuldete Mehrvergütung übersteigen, sind dem Besteller zurückzugewähren und ab ihrem Eingang beim Unternehmer zu verzinsen.
§ 288 Absatz 1 Satz 2, Absatz 2 und § 289 Satz 1 gelten entsprechend.

§ 650d Einstweilige Verfügung [neu]

Zum Erlass einer einstweiligen Verfügung in Streitigkeiten über das Anordnungsrecht gemäß § 650b oder die Vergütungsanpassung gem. § 650c ist es nach Beginn der Bauausführung nicht erforderlich, dass der Verfügungsgrund glaubhaft gemacht wird.

§ 650e Sicherungshypothek des Bauunternehmers [ex- § 648 Abs. 1]

Der Unternehmer kann für seine Forderungen aus dem Vertrag die Einräumung einer Sicherungshypothek an dem Baugrundstück des Bestellers verlangen. Ist das Werk noch nicht vollendet, so kann er die Einräumung der Sicherungshypothek für einen der geleisteten Arbeit entsprechenden Teil der Vergütung und für die in der Vergütung nicht inbegriffenen Auslagen verlangen.

§ 650f Bauhandwerkersicherung [ex- § 648a]

(1) Der Unternehmer kann vom Besteller Sicherheit für die auch in Zusatzaufträgen vereinbarte und noch nicht gezahlte Vergütung einschließlich dazugehöriger Nebenforderungen, die mit 10 Prozent des zu sichernden Vergütungsanspruchs anzusetzen sind, verlangen. Satz 1 gilt in demselben Umfang auch für Ansprüche, die an die Stelle der Vergütung treten. Der Anspruch des Unternehmers auf Sicherheit wird nicht dadurch ausgeschlossen, dass der Besteller Erfüllung verlangen kann oder das Werk abgenommen hat. Ansprüche,

mit denen der Besteller gegen den Anspruch des Unternehmers auf Vergütung aufrechnen kann, bleiben bei der Berechnung der Vergütung unberücksichtigt, es sei denn, sie sind unstreitig oder rechtskräftig festgestellt. Die Sicherheit ist auch dann als ausreichend anzusehen, wenn sich der Sicherungsgeber das Recht vorbehält, sein Versprechen im Falle einer wesentlichen Verschlechterung der Vermögensverhältnisse des Bestellers mit Wirkung für Vergütungsansprüche aus Bauleistungen zu widerrufen, die der Unternehmer bei Zugang der Widerrufserklärung noch nicht erbracht hat.

(2) Die Sicherheit kann auch durch eine Garantie oder ein sonstiges Zahlungsversprechen eines im Geltungsbereich dieses Gesetzes zum Geschäftsbetrieb befugten Kreditinstituts oder Kreditversicherers geleistet werden. Das Kreditinstitut oder der Kreditversicherer darf Zahlungen an den Unternehmer nur leisten, soweit der Besteller den Vergütungsanspruch des Unternehmers anerkennt oder durch vorläufig vollstreckbares Urteil zur Zahlung der Vergütung verurteilt worden ist und die Voraussetzungen vorliegen, unter denen die Zwangsvollstreckung begonnen werden darf.

(3) Der Unternehmer hat dem Besteller die üblichen Kosten der Sicherheitsleistung bis zu einem Höchstsatz von 2 Prozent für das Jahr zu erstatten. Dies gilt nicht, soweit eine Sicherheit wegen Einwendungen des Bestellers gegen den Vergütungsanspruch des Unternehmers aufrechterhalten werden muss und die Einwendungen sich als unbegründet erweisen.

(4) Soweit der Unternehmer für seinen Vergütungsanspruch eine Sicherheit nach Absatz 1 oder 2 erlangt hat, ist der Anspruch auf Einräumung einer Sicherungshypothek nach § 650e ausgeschlossen.

(5) Hat der Unternehmer dem Besteller erfolglos eine angemessene Frist zur Leistung der Sicherheit nach Absatz 1 bestimmt, so kann der Unternehmer die Leistung verweigern oder den Vertrag kündigen. Kündigt er den Vertrag, ist der Unternehmer berechtigt, die vereinbarte Vergütung zu verlangen; er muss sich jedoch dasjenige anrechnen lassen, was er infolge der Aufhebung des Vertrages an Aufwendungen erspart oder durch anderweitige Verwendung seiner Arbeitskraft erwirbt oder böswillig zu erwerben unterlässt. Es wird vermutet, dass danach dem Unternehmer 5 Prozent der auf den noch nicht erbrachten Teil der Werkleistung

entfallenden vereinbarten Vergütung zustehen.

(6) Die Absätze 1 bis 5 finden keine Anwendung, wenn der Besteller

① eine juristische Person des öffentlichen Rechts oder ein öffentlichrechtliches Sondervermögen ist, über deren Vermögen ein Insolvenzverfahren unzulässig ist, oder,

② Verbraucher ist und es sich um einen Verbraucherbauvertrag nach § 650i oder um einen Bauträgervertrag nach § 650u handelt.

Satz 1 Nummer 2 gilt nicht bei Betreuung des Bauvorhabens durch einen zur Verfügung über die Finanzierungsmittel des Bestellers ermächtigten Baubetreuer.

(7) Eine von den Absätzen 1 bis 5 abweichende Vereinbarung ist unwirksam.

§ 650g Zustandsfeststellung bei Verweigerung der Abnahme; Schlussrechnung [neu]

(1) Verweigert der Besteller die Abnahme unter Angabe von Mängeln, hat er auf Verlangen des Unternehmers an einer gemeinsamen Feststellung des Zustands des Werks mitzuwirken. Die gemeinsame Zustandsfeststellung soll mit der Angabe des Tages der Anfertigung versehen werden und ist von beiden Vertragsparteien zu unterschreiben.

(2) Bleibt der Besteller einem vereinbarten oder einem von dem Unternehmer innerhalb einer angemessenen Frist bestimmten Termin zur Zustandsfeststellung fern, so kann der Unternehmer die Zustandsfeststellung auch einseitig vornehmen. Dies gilt nicht, wenn der Besteller infolge eines Umstands fernbleibt, den er nicht zu vertreten hat und den er dem Unternehmer unverzüglich mitgeteilt hat. Der Unternehmer hat die einseitige Zustandsfeststellung mit der Angabe des Tages der Anfertigung zu versehen und sie zu unterschreiben sowie dem Besteller eine Abschrift der einseitigen Zustandsfeststellung zur Verfügung zu stellen.

(3) Ist das Werk dem Besteller verschafft worden und ist in der Zustandsfeststellung nach Absatz 1 oder 2 ein offenkundiger Mangel nicht angegeben, wird vermutet, dass dieser nach der Zustandsfeststellung entstanden und vom Besteller zu vertreten ist. Die Vermutung gilt nicht, wenn der Mangel nach seiner Art nicht vom Besteller verursacht worden sein kann.

(4) Die Vergütung ist zu entrichten, wenn

① der Besteller das Werk abgenommen hat oder die Abnahme nach § 641 Absatz 2 entbehrlich ist, und

② der Unternehmer dem Besteller eine prüffähige Schlussrechnung erteilt hat.

Die Schlussrechnung ist prüffähig, wenn sie eine übersichtliche Aufstellung der erbrachten Leistungen enthält und für den Besteller nachvollziehbar ist. 3Sie gilt als prüffähig, wenn der Besteller nicht innerhalb von 30 Tagen nach Zugang der Schlussrechnung begründete Einwendungen gegen ihre Prüffähigkeit erhoben hat.

§ 650h Schriftform der Kündigung [neu]

Die Kündigung des Bauvertrags bedarf der schriftlichen Form.

附录三：

德国2016年《建筑工程发包与合同规则》（B部分）译文

第1条　工作的种类与范围

（1）有待履行的工作，以合同定其种类与范围。工程施工的一般技术合同条款（VOB/C），也是合同的一部分。

（2）在合同中文字有冲突时，其适用之顺序为：

1. 工作说明，
2. 特别合同条款，
3. 可能有的附加合同条款
4. 可能有的附加技术性合同条款，
5. 工程施工的一般技术合同条款，
6. 履行施工工作的一般合同条款。

（3）业主对于建筑设计的变更保留决定权。

（4）未经约定的工作，而为履行合同工作所必要者，承揽人除其营业未有履行此种工作之设备外，于业主要求下应该履行。其它工作仅能在经承揽人同意下为之。

第2条　报酬

（1）经由协议的价格而对所有工作为清偿，这些工作包括工作说明、特别合同条款、附属合同条款、附属技术合同条款、建筑工作之一般技术合同条款以及依据行业上的交易习惯属于合同工作的。

（2）除另有计算方式外（如总价合同，依时计算工资，或依据自身成本），报酬依据合同单价及实作数量计算。

（3）1.如依据单价所包括之工作或部分工作之实作数量不多于合同原订范围10%者，适用合同单价。

2. 就超过原订数量10%之部分，得依请求斟酌成本之增减协商确定新的价格。

3. 就减少原订数量逾10%之部分，得依请求提高工作或部分工作实作数量之单价，惟以承揽人就提高之数量，未因其它付款项目（账单）获得补偿为限。单价之提高基本上应与建筑设备、建筑一般成本及一般营运成本因较低数量导致之较高成本分摊相当。营业税应该依据新价格计算补偿。

4. 若就一单价所包括之部分工作以其它工作为前提，而就该其它工作系以一式计算者，对于单价之变更，亦得请求对该总价为适当调整。

（4）如在合同中承揽人的工作应由定作人自行为之者（如提供建筑材料、辅助材料及燃油），除另有规定外，准用第8条第1款第2项之规定。

（5）如经由建筑设计或其它定作人命令的变更，使合同中约定的工作价格基础变动者，应在斟酌成本增减下协商确定新价格。此一协议应在执行前为之。

（6）1.如被要求为合同中未有规定之工作，承揽人有特别报酬的请求权。但承揽人必须在执行工作前对定作人先为预告。

2. 报酬依据合同工作与被要求之工作之特别成本所为询价为基础。报酬应尽可能在执行前达成协议。

（7）1.如对工作之报酬为总价之约定者，则报酬不变。然若为提出之工作与合同约定之工作有显着差异，严守原总价报酬不可期待时（《德国民法典》第313条），于被请求时应在考虑增加或减少成本下给予考虑。在为均衡考虑时应由询价之基础为之。

2. 第4、5及第6款之规定同时适用于总价之约定。

3. 除另有约定外，就部分工作为总价之约定者，亦适用第1、2项之规定；第3款第4项规定不受影响。

（8）1.承揽人未受委任或自行违反合同所为之工作，不得请求报酬。承揽人于被请求时应在相当期限内排除之；否则得以其费用将其排除。承揽人也就定作人因此所生之其它损害负责。

2. 如定作人对此种工作事后承认者，承揽人仍有报酬请求权。如工作对于合同之履行系属必要，也不违反定作人可得推知之意思，且承揽人及时通知定作人者，承揽人仍得请求报酬。在承揽人有权请求报酬之范围内，准用第5款及第6款就变更与追加工作之计算基础。

3. 德国民法关于无因管理之规定（《德国民法典》第677条以下）不受影响。

（9）1.定作人要求图说、计算或其它资料，为承揽人依据合同，特别是技术合同条款或行业的交易习惯原无义务者，亦应给予报酬。

2. 定作人使承揽人审查非其提供之技术计算，应负担其费用。

（10）按时计算工资之工作，仅于其开始前明确协议者始得请求报酬（第15条）。

第3条　施工资料

（1）施工所必需之资料应无偿并及时交付给承揽人。

（2）建筑基地之主轴、基地界线定位，提供给承揽人者，及制作在建筑基地最近的必要高程点，均系定作人之事务。

（3）由定作人提供之土地测量与定位及其它为施工交付之数据对承揽人有拘束力。然承揽人对与正常履行合同相关之此种数据，仍应就其可能之不正确性加以审查，就并将其所发现或推测之瑕疵告知定作人。

（4）于开工前有必要者，对道路与土地之表面、泄洪道及泄洪管及在工地内之建物做成书面记录，由定作人与承揽人确认。

（5）图说、计算、对计算和其它数据之审查，依据合同、特别技术合同条款、或行业交易习惯或定作人之特别要求（第2条第9款）而需提供者，应于被要求后及时提供给定作人。

（6）1.于第5款所知资料，非经著作权人同意不得公开，复制、变更或作原协议目的外之使用。

2. 就计算机软件以不变更之型态储存于器材内者，定作人有权依协议之工作特征使用。定作人得为信息保全之目的制作两份备份。此备份需包括有所有得辨识之特征。备份的留存于被请求时应予证明。

3. 承揽人在不妨碍定作人之使用权下，得使用数据与计算机软件。

第4条　工作之执行

（1）1.定作人应负责维持工地一般秩序，规范不同承商间相互之关系。其并应取得依据如建筑法、道路交通法、水法、营业法之规定之必要公法上证照与许可。2.定作人有权监督符合合同的工作之执行。为此，他可以进入工作场所，车间和储藏间，这里有合同之执行，或者部分由其生产的、或者由其确定的材料和组件也存放于此。应要求，工作图纸或其他执行文件以及质量测试结果应提交给他检查，不泄露商业秘密的情况下，还应提供必要的信息。被确认为商业秘密的信息和文件定作人应进行保密处理。

3. 在维持承揽人应有之管理权（第2款）的同时，定作人有权采取对于合同执行所必要的指示。原则上，除非迫在眉睫的危险，否则仅应将指示发给承揽人或其为执行工作而指定之代理人。承揽人应通知定作人，其已任命何人为其执行工作之代理人。

4. 如果承揽人认为定作人的指示不合理或者不适当，则其应提出异议，除非有相反的法律规定或者行政决定，否则仍应依要求执行指示。如果导致不合理的加重，则定作人应承担额外的费用。

（2）1.承揽人应以自己之责任依据合同提出工作。施工时应遵守通行的技术规范以及法律法规。其应负责领导合同工作之执行，并维持工地之秩序。

2. 承揽人就法律、机关及职业公会之义务对其受雇人单独负责。就规范其与受雇人间关系协议与措施之订定，完全属于承揽人之任务。

（3）承揽人对规定之执行方法（也包括对意外危险之防止）、对定作人提供材料之质量、或其它承揽人之工作有疑问时，应立即—尽可能在开始工作前—以书面通知定作人。定作人仍就其说明、命令或工作负责。

（4）除另有约定外，定作人应容许承揽人无偿使用或共同使用：

1. 工地之必要仓储及施工空间；

2. 现有之道路与连结铁路；

3. 现有之自来水与能源线路。其消费之费用以及量表或计数器由承揽人负责，有数个承揽人时按比例分摊。

（5）承揽人就其执行之工作及交其执行之标的，在交付前应防止其遭窃或受损害。在定作人要求下，也应防止其在冬天受损或受地下水侵蚀，并应扫除积雪与冰块。若合同中对于第2句所述职责未有规范者，其报酬依据为第2条第6款之规定。

（6）材料或建筑组件与合同或样品不符者，在定作人要求下应在一定期间内运离工地。若承揽人不执行者，定作人得以承揽人之费用将其运离或为其计算将其转卖。

（7）在执行时就已经可辨识有瑕疵或违约之工作，承揽人应以自己费用，代之以无瑕疵之工作。如瑕疵或违约之工作可归责承揽人者，承揽人就因此所生损害负赔偿之责。如承揽人不履行其排除瑕疵之义务，定作人得定合理期间请求承揽人排除瑕疵，并表示逾期仍未排除者将解除合同（第8条第3款）。

（8）1.承揽人应在自己的营业内执行工作。在定作人书面同意下，其得将工作分包给次承揽人。此种同意不限于在承揽人营业内未有设备之工作。如承揽人未有定作人书面同意不在自己营业内提供工作，虽然其自身营业有此设备，定作人得定合理期间请求承揽人在自己营业内提供工作，并表示逾期仍未改正者将解除合同（第8条第3款）。

2. 承揽人建筑工作分包给次承揽人者应以VOB的B部分和C部分为基础。

3. 承揽人必须最迟在次承揽人开始工作之前，将次承揽人及其次承揽人的情况告知定作人，并告知其名称，法定代表人和联系方式。在定作人要求下，承揽人应为其次承揽人提供声明和适用性证明。

（9）如在土地上执行之工作发现有古董、有艺术或科学价值之物品，承揽人在进一步发现或变更前告知定作人此一发现，并将物品依据指示交付给定作人。因此所生增加之费用的补偿，依据第2条第6款之规定。定作人有发现人之权利（《德国民法典》第984条）。

（10）如部分工作，经由检验或确认之执行将不复存在，工作之部分现况，于有要求时，由定作人与承揽人共同确认之。此一确认之结果应以书面记录。

第5条　施工期限

（1）施工应依据有拘束力的期限（合同期限）开始，并应适当的推进和完成。如果在合同中明确约定，则施工进度表中包含的各个期限，仅在合同明确约定的情况下始得作为合同期限。

（2）就开工未有约定时，定作人于承揽人要求时应告知承揽人可能之开工日期。承揽人应于收受开工通知后12个工作天内开工。开工应通知定作人。

（3）如工人、器材、脚手架、材料或建筑组件不足够，至工期明显无法被遵守，承揽人于被要求时应立即寻求协助。

（4）如承揽人迟延开工，完工陷于迟延，或未履行第3款之义务，定作人于遵守契约之情形，得依第6条第6款规定请求损害赔偿，或定合理期间请求承揽人履行合同，并表示逾期仍未改正者将解除合同（第8条第3款）。

第6条 施工之障碍与中断

（1）如承揽人认为其正常施工受到阻碍，其应立即对定作人为书面通知。如其未为通知，只有在定作人知悉此一事实及障碍之效果时，才就障碍之情况有请求权。

（2）1.工期如因障碍引起，于以下情况得予延长：

a）如因障碍系由属于定作人风险领域内的情况所引起；

b）由于罢工或者由雇主之职业代表下令在承揽人营业或者在直接为其工作之营业之厂商；

c）由于不可抗力或其它承揽人无法排除之情况。

2. 施工中天气之影响，在为招标公告时通常会考虑者，不视为障碍。

（3）承揽人应为所有依公平方式可期待之工作，使工作能持续进展。只要障碍因素被排除，承揽人应无条件立即继续恢复工作，并通知定作人。

（4）工期展延应依据障碍之期间，加上复工所加的时间，及可能延宕到不利之季节。

（5）如预见施工有较长期间之中断，而无不中断工作持续不能之情形，就已执行之工作，应依据合同价格结算，此外，对承揽人对已发生且包括在在工作之未施工部分合同价格之费用，应予补偿。

（6）如障碍之情况可归责于一方当事人者，他方对于可证明之损害有求偿权。但仅于一方有故意或过失者，才能请求可得证明之损害赔偿。此外，如果通知是按照第1款第1句发出的，或者明显是按照第1款第2句发出的，则承揽人根据德国民法第642条请求适当赔偿的权利不受影响。

（7）中断长于3个月者，任何一方均得于期间经过后以书面终止合同。其结算依据第5款与第6款规定；如承揽人就中断无可归责者，对工地清理之费用如未包括于已执行工作之补偿中者，应予补偿。

第7条 风险分摊

（1）如全部或部分已施作之工作在验收前因不可抗力、战争、暴动或其它客观上无法避免之非可归责于承揽人事由而毁损灭失，承揽人就其已施作之工作依第6条第5款规定有请求权，就其它损害双方无补偿义务。

（2）全部或部分已施作之工作指所有与工地直接相连，在结构上所为之工作，与完成之比例无关。

（3）全部或部分已施作之工作不包括尚未加工之原料或建筑组件、工地设施及支撑。全部或部分已施作之工作也不包括建筑的辅助设施，如脚手架，纵然对此当成特别工作或单独发包，亦所不同。

第8条　定作人终止合同

（1）1.定作人在工作完成前得随时终止合同。

2. 承揽人仍有合同之酬劳。但承揽人因终止合同节省之费用，或将其劳务或其营业从事其它工作取得之收入或恶意不为此营收者，应从报酬中扣除（《德国民法典》第649条）。

（2）1.如承揽人无支付能力、由其本人或者定作人或者其他债权人申请破产（《破产法》第14条，15条）或类似的法律程序，或开始此种程序，或其开始程序由于欠缺财产被驳回者，定作人得终止合同。

2. 已完成之工作依据第6条第5款结算。定作人得依据剩余工作之不履行请求损害赔偿。

（3）1.于第4条第7款和第8款第1项以及第5条第4款之法定期间徒过未被履行时，定作人得终止合同。此种终止得限于约定工作中特定独立的部分。

2. 合同终止后，定作人有权将尚未完成之工作，以承揽人之费用由第三人执行，但就可能产生的进一步损害仍保有请求权。如施工系导致合同终止之原因且对定作人已无利益，定作人亦有权舍弃进一步的执行，请求不履行的损害赔偿。

3. 为继续完成工作，定作人得就仪器、脚手架和其他在施工现场存在的设备以及供给的原料和建筑构配件请求相当之费用。

4. 定作人应在与第三人结算后最晚12个工作天内，向承揽人提出所生额外费用及其它请求权之细目。

（4）定作人得终止合同，

1. 如承揽人基于投标曾为不法竞争之限制约定者。第3款第1项第2句和第2项至第4项得准用。

2. 在《反不正当竞争法》第4部分的适用范围内，

a）如果在决标时不应以令人信服的理由将承包人排除在外。第3款第1项第2句和第2项至第4项应得相应适用。

b）如果合同发生重大变化或者欧洲法院发现严重违反欧盟条约和欧盟职能的情况。已执行之给付应根据第6条第5款计算价款。各方请求损害赔偿的请求权均不受影响。

此终止应在知悉终止事由后12个工作天内为之。

（5）不考虑《反不正当竞争法》第4部分的适用范围，如果承揽人将其工作全部或者部分的分包给次承揽人，当其作为承揽人负担义务的合同（主合同）根据第4款第2项b项被终止后，其得根据第4款第2项b项享有终止权。以上同样准用于次承揽链条上的每一个定作人，当其合同根据第1句被终止时。

（6）终止合同应以书面为之。

（7）承揽人在终止合同后，得立即请求其已施工之估算与验收；承揽人应立即将其已施工部分提出可供审验之账单。

（8）由于迟延所生依据时间计算之违约金，只能计算至终止合同之日为止。

第9条　承揽人终止合同

（1）以下情形，承揽人得终止合同：

1. 定作人不为其应为之协力行为，因而使承揽人无法施工（依据《德国民法典》第293条以下之受领迟延），

2. 定作人就已届期之付款未为支付，或其它陷于债务人迟延之情形。

（2）终止合同应以书面为之。如承揽人给予定作人合理期间为合同之履行，并表明逾期不履行将终止合同，却仍不履行，始得为终止之通知。

（3）已经完成之工作依据合同价格结算。此外承揽人得依据德国民法第642条规定请求适当之赔偿；承揽人其它进一步的请求权不受影响。

第10条　合同当事人的责任

（1）合同当事人相互间就自身之过失负责，也为其法定代理人或为履行债务所使用之人之过失负责（《德国民法典》第276条和第278条）。

（2）1.第三人因施工受有损害，就此种损害依据法定责任规定由双方当事人负责者，就双方当事人间之求偿关系，除个案情形另有约定外，适用一般

法律之规定。如第三人之损害仅肇因于特定之措施,系定作人以此形式为指示,若承揽人就所有与该指示之执行相关之危险依据第4条第3款告知定作人者,所有之损害由定作人负责。

2. 在承揽人经由保险,或经由此种依据费率,而非以异常关系为准据之保费及保费附加,经由一被许可在内国营运之保险人承保所有其法定责任者,损害均由承揽人负责。

(3)如承揽人由于无权进入或损害邻地、在定作人指定区域外推置或挖掘泥土或其它物品、或由于任意封闭道路或流水,依据《德国民法典》第823条以下对第三人负损害赔偿责任者,应对定作人单独承受损害。

(4)就合同当事人之间的关系,于承揽人自行提供受保护之工法,或使用受保护之物品,或定作人就此使用有所规定,并指出有此种保护权利之情形,有违反知识产权之情形者,由承揽人单独负责。

(5)当事人之一方,依据第2、3或4款规定免除他方之均衡义务者,此一免责视为对其法定代理人及履行辅助人亦同时免除,但以其非故意或有重大过失之作为者为限。

(6)当事人之一方,就依据第2、3或4款规定应由他方负责之事由,被第三人请求损害赔偿者,得要求他方当事人免除对第三人之责任。其对于第三人之请求权在给予他方当事人事先表示意见前,不得为承认或清偿。

第11条　违约处罚

(1)如约定了违约金,适用《德国民法典》第339条至第345条之规定。

(2)如就承揽人未在约定期限内完工,而陷于迟延,约定违约金的,其处罚届至。

(3)如违约金依天计算者,仅计算工作天,依星期计算者,每一工作天以该周之1/6计算。

(4)如定作人接受工作者,仅在交付时预为保留时仍得请求违约金。

第12条　验收

(1)如承揽人在竣工后,必要时在约定施工期限经过前,得请求工作之验收,定作人在12个工作天内应进行验收;双方亦得约定另一期间。

(2)应请求得就部分完成之工作,特别为验收。

(3)因重大瑕疵在其被排除前得拒绝验收。

（4）1.如当事人一方要求时，应为正式验收。任一当事人得以自己之费用委任一鉴定人。其鉴定意见应由双方共同以书面确认。在签名时得注记保留对于已知瑕疵及违约金之事实极可能之承揽人抗辩。任一当事人均可取得副本。

2. 如验收原约定有日期，或者定作人于足够之期间前通知承揽人者，承揽人纵不出席仍得为正式验收。验收结果应立即通知承揽人。

（5）1.未要求验收时，在书面通知竣工后12工作天内，其工作视为已经验收。2.未要求验收，而定作人开始使用全部或部分工作者，在开始使用后6个工作天后，除另有协议外，其工作视为已经验收。使用部分建筑设施进行其它工作不视为验收。

3. 除因已知之瑕疵或因违约金，定作人至迟应依第1项及第2项所定期间内为主张。

（6）工作物毁损灭失之风险，除定作人已依据第7条承担外，因验收而移转给定作人。

第13条　瑕疵请求权

（1）承揽人对于定作人于工作交付时应确保无物之瑕疵。如物于交付时，具有约定之特性并符合建筑规范者，为无瑕疵。若未为特性之约定，则于交付时，若1.如其特性为合同之先决条件者，在其它情形，2. 适于为通常之使用且具备同类工作物相同之特性，并为定作人依据工作之性质可以期待者，为无瑕疵。

（2）就工作依据试验者，以试验之特性为约定之特性，其误差依交易习惯非重要，不在此限。对于缔结合同后约定之试验，准用之。

（3）如瑕疵导因于工作描述、由于定作人之命令、定作人供应之原料或建筑组件、或由于其它厂商先前工作之特性者，承揽人仍应负责，但其依据第4条第3款规定为必要之通知者不在此限。

（4）1.如在合同中对于瑕疵担保并未约定有消灭时效期间，就建筑物期间为4年，就以建造、保存或者变更之结果为工作物及消防设施与消防相关部分2年。就工业用消防设施与消防相关及压制瓦斯部分1年。

2. 就机器与电机或电子设施或组件，其维护与安全及功能效用相关者，而定作人决定在消灭时效期间内，维修不委托承揽人施作者，其瑕疵担保之消灭时效期间为2年，不适用第1项之规定。

3. 期间自全部工作验收时起算；只有工作之各自完成部分，自部分验收时起算（第12条第2款）

（5）1.承揽人有义务就所有在时效期间内发生之瑕疵，源自于违约工作者，而定作人在期间经过前以书面要求者，以自己之费用排除之。排除被指责瑕疵之请求权自书面请求收到日起满2年罹于时效，但在第4款规范期间或替代之协议期间经过前，不在此限。在收受瑕疵排除工作后，此一工作之期间重新起算2年，但在第4款规范期间或替代之协议期间经过前，不在此限。

2. 如承揽人于定作人指定期间内，对于瑕疵排除请求未有响应，定作人得以承揽人之费用排除瑕疵。

（6）如瑕疵排除对于定作人不可期待，或不可能排除，或可能导致不成比例的高额费用因此被承揽人拒绝，定作人经由对承揽人之表示，得减少报酬。

（7）1.承揽人就可归责引起瑕疵至生命、身体或健康之损害负其责任。

2. 故意或重大过失所生瑕疵，承揽人就所有损害负责。

3. 此外，定作人于有严重影响使用功能之重大瑕疵，且溯源于承揽人之过失者，应补偿建筑设施损害或用于工作之制作、维护或变更之费用。其它进一步损害，承揽人仅于下列情形负赔偿责任：

a）如瑕疵系由于违反建筑规范所导致者；

b）如瑕疵为合同中约定特性之欠缺；或

c）承揽人经由将其法定责任以保险含括其损害，或者经由符合费率、且非以不寻常之关系为基础之保险费及保险费附加，在内国被许可营运之保险人原可投保者。

4. 除第4款规定外，适用法定之时效期间，如承揽人依第3项规定受保险之保障，或原得以保护或者有以特别保险保障之协议者。

5. 于特殊情况下，得约定为责任之限制或扩张。

第14条　估验

（1）承揽人就其得可查验之工作估验。其应将帐目以清晰记载，并依其项目逐笔登录，并使用合同附件中包括之项目名称。用以证明工作种类与范围所必要之数量计算，图说及其它发票，也应附上。合同之变更与补充应在账单中特别标示，于有要求时应该分别申请估验。

（2）就估验必要之确认应与工作进度尽可能的共同为之。估验规定应遵守合同的技术规范及其它合同附件规定。就工作之继续进行中甚难确认之工作，承揽人应及时申请为共同之确认。

（3）决算账单在工期不逾3个月者，至少在提出竣工报告后12工作天内提出决算账单，除另有规定外，此一期限因工期每增3个月增加6个工作天。

（4）承揽人如未再期限内提出可查验之账单，虽然定作人给予合理期限，定作人得以承揽人之费用代为制作。

第15条　计时工资

（1）1.计时工资之工作依据合同协议结算。

2. 只要就报酬未为约定者，依据当地通常之标准工作。如无法得知当地行情，以承揽人就工地、工地之工资与薪水附加费用、工地之原料费用、设备之费用、工地之工具、机器及机器设备费用、运输、搬运与仓储、特殊保险费用及特别费用，就合理营运产生者，加上合理之管理费用与利润（包括一般契约风险）及营业税补偿。

（2）如定作人请求，计时工资之工作由工地主任或一其它监督之人监督者，或此一监督依据相关意外防护规定必要者，准用第1款之规定。

（3）计时工作之执行应在开始前通知定作人。就履行之工作时数，及应分开付款之工作必要原料消耗费用，设备、器材机器与机器设备等之维护、运输、搬运与仓储、特殊保险费用及可能之特别费用，除另有约定外，依据交易习惯按工作日或每周出工表（计时工资单）计费。定作人就由其签署之计时工资单立即，至迟应于收到后6个工作天内交还。此时可将费用纳入计时工资单或另行以书面提出。不依期限交还之计时工资单视为已经承认。

（4）计时工资之结算应在计时工作结束后立即为之，最迟不得逾4个星期。就付款适用第16条之规定。

（5）如计时工资之工作虽然以经协议，就计时工资之工作的范围却欠缺及时提送计时工资单而有疑问时，定作人得要求，就可资证明之执行工作，依据第1款第2项就工作时数、材料之消耗、就设备、器材、机器或机器设备、运输、搬运与仓储及可能之特别费用，在经济上合理费用之标准约定报酬。

第16条　工作报酬

（1）1.部分工作依据个别经证实符合合同之工作价值之申请，加上所生营业税尽可能以较短之期间为之。工作应经由可审查之报表证明，报表必须容许为速及确实之工作判断。此处之工作包括就必要工作特别制作并安装之建筑组件,及交付至工地之材料与建筑组件,若定作人依据其选择已经取得所有权或提供适当之担保。

2. 对待请求权得被扣除。其它扣除只有在合同或法律规定之情形下被容许。

3. 部分付款请求权于收到申请报表后21天内届至。

4. 部分付款对于承揽人之责任与瑕疵担保无任何影响;部分付款不视为对部分工作的验收。

(2)1.预付款也可于缔约后约定;此时于定作人要求时应提供足够之担保。除另有约定外,预付款应依据《德国民法典》第247条以基本利率加上3%收取利息。

2. 预付款应于最近一次届至之付款扣回,只要是预付款支付的工作可被扣抵。

(3)1.结算工作请求权于由承揽人提出之结算账单经审查并确认后届至,至迟应在收到后30天内为之。如果根据协议的特殊性质或特点而有客观理由任肯并有明确约定的,该期限最多可延长至60天。如果在各自的截止日期之前没有提出对可验证性的反对意见并说明原因,则定作人不能再提及缺乏可验证性。如果可能,应加快对结算的审核。如有迟延,对于无争议部分之部分付款应立即为之。

2. 如将结算以书面通知承揽人并指出此排除效果者,则无保留的受领结算排除了事后的请求权。

3. 如定作人指出除已为之付款外,终结的以书面拒绝其它付款者,视同结算。

4. 原先提出但未结清之债权,如未再次声明保留者,不得再为主张。

5. 对于结算的保留,应于收到通知后依据第2项及第3项规定,在28天内表示之。若未在外加的28天内就保留之债权提出可供审查之账单,或者若提出账单不可能,就保留提出详细之理由者,不得再行争议。

6. 此一除斥期间对于结算及付款帐目由于幅度、计算或登录错误者,不适用之。

(4)在部分完成的工作,经由部分交付验收,而不论其它工作之完成已否,应终结的被确认并付款。

(5)1.所有付款应尽可能加速为之。

2. 未经约定之现金折扣不被容许。

3. 定作人于届至时未付款者，承揽人得定适当之催告期间，定作人在此期间能未付款，如承揽人未能证明更高的迟延损害，其得自催告期间届满时起，请求依据《德国民法典》第288条第2款规定利率之利息。在收到账单或者预付款清单起最多30日内，如果承揽人已经履行其合同义务和法定义务且未及时获取到期报酬，则定作人无需补充期限经过即陷于迟延，付款迟延非由其负责者，不在此限。如果根据协议的特殊性质或特点而有客观理由任肯并有明确约定的，该期限最多可延长至60天。

4. 拖欠付款时，承揽人得停止工作直至付款完毕，但前提是先为定作人设定的合理期限徒过仍未获清偿。

（6）如果承揽人之债权人根据与承揽人订立之雇佣或承揽合同参与承揽人的合同履行，且由于承揽人之付款迟延导致其有权拒绝继续履行，或者处于保障该债权人继续履行之目的，定作人有权向承揽人之债权人履行其第1款至第5款之付款义务。应定作人要求，承揽人有义务在定作人设定的期限内说明是否以及在何种程度上确认债权人的债权，如未及时作出此声明，则视为认可直接付款的前提。

第17条　提供担保

（1）1.如约定提供担保，除此处另有规定外，适用《德国民法典》第232条至第240条之规定。

2. 担保用于工作依据合同执行并确保瑕疵请求权。

（2）除合同另有规定外，担保得以缴纳或提存现金、金融机构或金融保险机构之保证为之，但以该金融机构或金融保险机构在欧洲共同体、在欧洲经济领域条约缔约国、或在世界贸易组织会员国而有加入政府采购协议之国家内者为限。

（3）承揽人得在不同方式之担保间选择，其得以其它担保代替原担保。

（4）经由保证之担保以定作人认为保证人适合为前提。保证声明应以书面并舍弃先诉抗辩权下为之（《德国民法典》第771条）；其不得限于特定期间，并依据定作人之规范制作。定作人不得要求保证人在首次请求时有义务付款之保证作为担保。

（5）以缴交现金方式提供担保者，承揽人应将该金额一具协议之金融机构存入不得提领之户头，双方当事人对该金额仅能共同处分，所生利息属于承揽人。

（6）1.如定作人依据合同得于付款时保留部分金额作为担保，最高得保留应付金额之10%，直到已扣满约定之保证金额为止。如果根据《增值税税法》第13条b项规定开具了不含营业税的发票，则在计算保证金时不考虑营业税。每次保留之金额应通知承揽人，并于通知后18日内向该不得提领之户头支付。同时，也应促使该金融机构将此拨款通知承揽人。第5款之规定准用之。

2. 就较小或短期之案件，定作人得将其保留之担保款在决算时才存入该不得提领之户头。

3. 如定作人未及时存入保留金额，承揽人得定一催告期间。如定作人仍未工作，承揽人得请求立即支付此保留款，且无庸再提供任何担保。

4. 公共工程之定作人有权将保留款存放于自身之保管账户，该金额并无利息。

（7）除另有约定外，承揽人于缔约后18个工作天内提供担保。如其未履行此一义务，定作人有权自承揽人之得请求款项中扣除此一协议之担保金额。此外，第5款与第6款第1项第1句以外均准用之。

（8）1.定作人对于履约未抵扣之担保，于约定之时点，最晚在验收及对瑕疵请求权担保表示意见后返还，但定作人之请求权不在瑕疵请求权担保范围内者，不在此限。此时定作人对于此一部份之契约履行请求权得保留该部分之担保。

2. 除另有返还时点者外，定作人对于履约未抵扣之瑕疵请求权担保，最晚于2年后返还。然若此时定作人主张之请求权仍未被履行者，仍得保留该部分之担保。

第18条　争议

（1）有依据《德国民事诉讼法》第38条之法院管辖协议要件存在时，除另有约定外，就合同所生争议由定作人诉讼代理人之所在地法院管辖。此一法院于请求时应通知承揽人。

（2）1.就与机关之合同有争议时，承揽人应先向定作单位之上级提出请求。该上级应给予承揽人以机会为口头之陈述，并尽可能对其于提出请求后2个月内为书面之判断，并提示第3句之法律效果。如承揽人未于收到判断书后3个月内向定作人提起书面异议，而定作人曾告知承揽人此一除斥期间者，此一判断视为已被承认。

2. 因收到进行依第1项程序之书面声请，消灭时效停止进行。如定作人或承揽人不愿继续进行程序，应以书面通知他方当事人。时效停止进行最早于收到书面判断或依据第2句为通知后3个月结束。

(3) 也可以商定解决争议的程序。该合意应在合同订立时达成。

(4) 在有普遍效力之审查程序中，就材料及建筑组件之特性，或检验所使用机器或使用检验程序之容许性与可靠性，有不同意见时，任一方当事人均可事先通知他方当事人下，由国立或国家承认之材料检验单位执行材料技术检验，其检验报告有拘束力。费用由败方负担。

(5) 有争议时，承揽人无权停工。

附录四：

德国 2016 年《建筑工程发包与合同规则》（B 部分）原文

VOB/B

Vergabe- und Vertragsordnung für Bauleistungen–Teil B

Allgemeine Vertragsbedingungen für die Ausführung von Bauleistungen，

§ 1 Art und Umfang der Leistung

（1）Die auszuführende Leistung wird nach Art und Umfang durch den Vertrag bestimmt. Als Bestandteil des Vertrags gelten auch die Allgemeinen Technischen Vertragsbedingungen für Bauleistungen（VOB/C）.

（2）Bei Widersprüchen im Vertrag gelten nacheinander：

① die Leistungsbeschreibung，

② die Besonderen Vertragsbedingungen，

③ etwaige Zusätzliche Vertragsbedingungen，

④ etwaige Zusätzliche Technische Vertragsbedingungen，

⑤ die Allgemeinen Technischen Vertragsbedingungen für Bauleistungen，

⑥ die Allgemeinen Vertragsbedingungen für die Ausführung von Bauleistungen.

（3）Änderungen des Bauentwurfs anzuordnen，bleibt dem Auftraggeber vorbehalten.

(4) Nicht vereinbarte Leistungen, die zur Ausführung der vertraglichen Leistung erforderlich werden, hat der Auftragnehmer auf Verlangen des Auftraggebers mit auszuführen, außer wenn sein Betrieb auf derartige Leistungen nicht eingerichtet ist. Andere Leistungen können dem Auftragnehmer nur mit seiner Zustimmung übertragen werden.

§ 2 Vergütung

(1) Durch die vereinbarten Preise werden alle Leistungen abgegolten, die nach der Leistungsbeschreibung, den Besonderen Vertragsbedingungen, den Zusätzlichen Vertragsbedingungen, den Zusätzlichen Technischen Vertragsbedingungen, den Allgemeinen Technischen Vertragsbedingungen für Bauleistungen und der gewerblichen Verkehrssitte zur vertraglichen Leistung gehören.

(2) Die Vergütung wird nach den vertraglichen Einheitspreisen und den tatsächlich ausgeführten Leistungen berechnet, wenn keine andere Berechnungsart (z.B. durch Pauschalsumme, nach Stundenlohnsätzen, nach Selbstkosten) vereinbart ist.

(3) ①Weicht die ausgeführte Menge der unter einem Einheitspreis erfassten Leistung oder Teilleistung um nicht mehr als 10 v. H. von dem im Vertrag vorgesehenen Umfang ab, so gilt der vertragliche Einheitspreis.

② Für die über 10 v. H. hinausgehende Überschreitung des Mengenansatzes ist auf Verlangen ein neuer Preis unter Berücksichtigung der Mehr- oder Minderkosten zu vereinbaren.

③ Bei einer über 10 v. H. hinausgehenden Unterschreitung des Mengenansatzes ist auf Verlangen der Einheitspreis für die tatsächlich ausgeführte Menge der Leistung oder Teilleistung zu erhöhen, soweit der Auftragnehmer nicht durch Erhöhung der Mengen bei anderen Ordnungszahlen (Positionen) oder in anderer Weise einen Ausgleich erhält. Die Erhöhung des Einheitspreises soll im Wesentlichen dem Mehrbetrag entsprechen, der sich durch Verteilung der Baustelleneinrichtungs- und Baustellengemeinkosten und der Allgemeinen Geschäftskosten auf die verringerte Menge ergibt. Die Umsatzsteuer wird entsprechend dem neuen Preis vergütet.

④ Sind von der unter einem Einheitspreis erfassten Leistung oder Teilleistung andere Leistungen abhängig, für die eine Pauschalsumme vereinbart ist, so kann mit der Änderung des Einheitspreises auch eine angemessene Änderung der Pauschalsumme gefordert werden.

(4) Werden im Vertrag ausbedungene Leistungen des Auftragnehmers vom Auftraggeber selbst übernommen (z. B. Lieferung von Bau-, Bauhilfs- und Betriebsstoffen), so gilt, wenn nichts anderes vereinbart wird, § 8 Absatz 1 Nummer 2 entsprechend.

(5) Werden durch Änderung des Bauentwurfs oder andere Anordnungen des Auftraggebers die Grundlagen des Preises für eine im Vertrag vorgesehene Leistung geändert, so ist ein neuer Preis unter Berücksichtigung der Mehr- oder Minderkosten zu vereinbaren. Die Vereinbarung soll vor der Ausführung getroffen werden.

(6) ① Wird eine im Vertrag nicht vorgesehene Leistung gefordert, so hat der Auftragnehmer Anspruch auf besondere Vergütung. Er muss jedoch den Anspruch dem Auftraggeber ankündigen, bevor er mit der Ausführung der Leistung beginnt.

② Die Vergütung bestimmt sich nach den Grundlagen der Preisermittlung für die vertragliche Leistung und den besonderen Kosten der geforderten Leistung. Sie ist möglichst vor Beginn der Ausführung zu vereinbaren.

(7) ① Ist als Vergütung der Leistung eine Pauschalsumme vereinbart, so bleibt die Vergütung unverändert. Weicht jedoch die ausgeführte Leistung von der vertraglich vorgesehenen Leistung so erheblich ab, dass ein Festhalten an der Pauschalsumme nicht zumutbar ist (§ 313 BGB), so ist auf Verlangen ein Ausgleich unter Berücksichtigung der Mehr- oder Minderkosten zu gewähren. Für die Bemessung des Ausgleichs ist von den Grundlagen der Preisermittlung auszugehen.

② Die Regelungen der Absätze 4, 5 und 6 gelten auch bei Vereinbarung einer Pauschalsumme.

③ Wenn nichts anderes vereinbart ist, gelten die Nummern 1 und 2 auch für Pauschalsummen, die für Teile der Leistung vereinbart sind; Absatz 3 Nummer 4 bleibt unberührt.

(8) ① Leistungen, die der Auftragnehmer ohne Auftrag oder unter

eigenmächtiger Abweichung vom Auftrag ausführt, werden nicht vergütet. Der Auftragnehmer hat sie auf Verlangen innerhalb einer angemessenen Frist zu beseitigen; sonst kann es auf seine Kosten geschehen. Er haftet außerdem für andere Schäden, die dem Auftraggeber hieraus entstehen.

② Eine Vergütung steht dem Auftragnehmer jedoch zu, wenn der Auftraggeber solche Leistungen nachträglich anerkennt. Eine Vergütung steht ihm auch zu, wenn die Leistungen für die Erfüllung des Vertrags notwendig waren, dem mutmaßlichen Willen des Auftraggebers entsprachen und ihm unverzüglich angezeigt wurden. Soweit dem Auftragnehmer eine Vergütung zusteht, gelten die Berechnungsgrundlagen für geänderte oder zusätzliche Leistungen der Absätze 5 oder 6 entsprechend.

③ Die Vorschriften des BGB über die Geschäftsführung ohne Auftrag (§§677 ff. BGB) bleiben unberührt.

(9) ① Verlangt der Auftraggeber Zeichnungen, Berechnungen oder andere Unterlagen, die der Auftragnehmer nach dem Vertrag, besonders den Technischen Vertragsbedingungen oder der gewerblichen Verkehrssitte, nicht zu beschaffen hat, so hat er sie zu vergüten.

② Lässt er vom Auftragnehmer nicht aufgestellte technische Berechnungen durch den Auftragnehmer nachprüfen, so hat er die Kosten zu tragen.

(10) Stundenlohnarbeiten werden nur vergütet, wenn sie als solche vor ihrem Beginn ausdrücklich vereinbart worden sind (§ 15).

§3 Ausführungsunterlagen

(1) Die für die Ausführung nötigen Unterlagen sind dem Auftragnehmer unentgeltlich und rechtzeitig zu übergeben.

(2) Das Abstecken der Hauptachsen der baulichen Anlagen, ebenso der Grenzen des Geländes, das dem Auftragnehmer zur Verfügung gestellt wird, und das Schaffen der notwendigen Höhenfestpunkte in unmittelbarer Nähe der baulichen Anlagen sind Sache des Auftraggebers.

(3) Die vom Auftraggeber zur Verfügung gestellten Geländeaufnahmen und Absteckungen und die übrigen für die Ausführung übergebenen Unterlagen sind für den Auftragnehmer maßgebend. Jedoch hat er sie, soweit es zur ordnungsgemäßen Vertragserfüllung gehört, auf etwaige Unstimmigkeiten zu überprüfen und den Auftraggeber auf entdeckte oder vermutete Mängel hinzuweisen.

(4) Vor Beginn der Arbeiten ist, soweit notwendig, der Zustand der Straßen und Geländeoberfläche, der Vorfluter und Vorflutleitungen, ferner der baulichen Anlagen im Baubereich in einer Niederschrift festzuhalten, die vom Auftraggeber und Auftragnehmer anzuerkennen ist.

(5) Zeichnungen, Berechnungen, Nachprüfungen von Berechnungen oder andere Unterlagen, die der Auftragnehmer nach dem Vertrag, besonders den Technischen Vertragsbedingungen, oder der gewerblichen Verkehrssitte oder auf besonderes Verlangen des Auftraggebers (§ 2 Absatz 9) zu beschaffen hat, sind dem Auftraggeber nach Aufforderung rechtzeitig vorzulegen.

(6) ① Die in Absatz 5 genannten Unterlagen dürfen ohne Genehmigung ihres Urhebers nicht veröffentlicht, vervielfältigt, geändert oder für einen anderen als den vereinbarten Zweck benutzt werden.

② An DV-Programmen hat der Auftraggeber das Recht zur Nutzung mit den vereinbarten Leistungsmerkmalen in unveränderter Form auf den festgelegten Geräten. Der Auftraggeber darf zum Zwecke der Datensicherung zwei Kopien herstellen. Diese müssen alle Identifikationsmerkmale enthalten. Der Verbleib der Kopien ist auf Verlangen nachzuweisen.

③ Der Auftragnehmer bleibt unbeschadet des Nutzungsrechts des Auftraggebers zur Nutzung der Unterlagen und der DV-Programme berechtigt.

§4 Ausführung

(1) ① Der Auftraggeber hat für die Aufrechterhaltung der allgemeinen Ordnung auf der Baustelle zu sorgen und das Zusammenwirken der verschiedenen Unternehmer zu regeln. Er hat die erforderlichen öffentlichrechtlichen Genehmigungen und Erlaubnisse — z. B. nach dem Baurecht, dem Straßenverkehrsrecht, dem Wasserrecht, dem Gewerberecht — herbeizuführen.

② Der Auftraggeber hat das Recht, die vertragsgemäße Ausführung der Leistung zu überwachen. Hierzu hat er Zutritt zu den Arbeitsplätzen, Werkstätten und Lagerräumen, wo die vertragliche Leistung oder Teile von ihr hergestellt oder die hierfür bestimmten Stoffe und Bauteile gelagert werden. Auf Verlangen sind ihm die Werkzeichnungen oder andere Ausführungsunterlagen sowie die Ergebnisse von Güteprüfungen zur Einsicht vorzulegen und die erforderlichen Auskünfte zu erteilen, wenn hierdurch keine Geschäftsgeheimnisse preisgegeben werden. Als Geschäftsgeheimnis bezeichnete Auskünfte und Unterlagen hat er vertraulich zu behandeln.

③ Der Auftraggeber ist befugt, unter Wahrung der dem Auftragnehmer zustehenden Leitung (Absatz 2) Anordnungen zu treffen, die zur vertragsgemäßen Ausführung der Leistung notwendig sind. Die Anordnungen sind grundsätzlich nur dem Auftragnehmer oder seinem für die Leitung der Ausführung bestellten Vertreter zu erteilen, außer wenn Gefahr im Verzug ist. Dem Auftraggeber ist mitzuteilen, wer jeweils als Vertreter des Auftragnehmers für die Leitung der Ausführung bestellt ist.

④ Hält der Auftragnehmer die Anordnungen des Auftraggebers für unberechtigt oder unzweckmäßig, so hat er seine Bedenken geltend zu machen, die Anordnungen jedoch auf Verlangen auszuführen, wenn nicht gesetzliche oder behördliche Bestimmungen entgegenstehen. Wenn dadurch eine ungerechtfertigte Erschwerung verursacht wird, hat der Auftraggeber die Mehrkosten zu tragen.

(2) ① Der Auftragnehmer hat die Leistung unter eigener Verantwortung nach dem Vertrag auszuführen. Dabei hat er die anerkannten Regeln der Technik und die gesetzlichen und behördlichen Bestimmungen zu beachten. Es ist seine Sache, die Ausführung seiner vertraglichen Leistung zu leiten und für Ordnung auf seiner Arbeitsstelle zu sorgen.

② Er ist für die Erfüllung der gesetzlichen, behördlichen und berufsgenossen-schaftlichen Verpflichtungen gegenüber seinen Arbeitnehmern allein verantwortlich. Es ist ausschließlich seine Aufgabe, die Vereinbarungen und Maßnahmen zu treffen, die sein Verhältnis zu den Arbeitnehmern regeln.

(3) Hat der Auftragnehmer Bedenken gegen die vorgesehene Art der Ausführung (auch wegen der Sicherung gegen Unfallgefahren), gegen die Güte der vom Auftraggeber gelieferten Stoffe oder Bauteile oder gegen die Leistungen anderer Unternehmer, so hat er sie dem Auftraggeber unverzüglich — möglichst schon vor Beginn der Arbeiten — schriftlich mitzuteilen; der Auftraggeber bleibt jedoch

für seine Angaben, Anordnungen oder Lieferungen verantwortlich.

(4) Der Auftraggeber hat, wenn nichts anderes vereinbart ist, dem Auftragnehmer unentgeltlich zur Benutzung oder Mitbenutzung zu überlassen:

① die notwendigen Lager- und Arbeitsplätze auf der Baustelle,

② vorhandene Zufahrtswege und Anschlussgleise,

③ vorhandene 'Anschlüsse für Wasser und Energie. Die Kosten für den Verbrauch und den Messer oder Zähler trägt der Auftragnehmer, mehrere Auftragnehmer tragen sie anteilig.

(5) Der Auftragnehmer hat die von ihm ausgeführten Leistungen und die ihm für die Ausführung übergebenen Gegenstände bis zur Abnahme vor Beschädigung und Diebstahl zu schützen. Auf Verlangen des Auftraggebers hat er sie vor Winterschäden und Grundwasser zu schützen, ferner Schnee und Eis zu beseitigen. Obliegt ihm die Verpflichtung nach Satz 2 nicht schon nach dem Vertrag, so regelt sich die Vergütung nach § 2 Absatz 6.

(6) Stoffe oder Bauteile, die dem Vertrag oder den Proben nicht entsprechen, sind auf Anordnung des Auftraggebers innerhalb einer von ihm bestimmten Frist von der Baustelle zu entfernen. Geschieht es nicht, so können sie auf Kosten des Auftragnehmers entfernt oder für seine Rechnung veräußert werden.

(7) Leistungen, die schon während der Ausführung als mangelhaft oder vertragswidrig erkannt werden, hat der Auftragnehmer auf eigene Kosten durch mangelfreie zu ersetzen. Hat der Auftragnehmer den Mangel oder die Vertragswidrigkeit zu vertreten, so hat er auch den daraus entstehenden Schaden zu ersetzen. Kommt der Auftragnehmer der Pflicht zur Beseitigung des Mangels nicht nach, so kann ihm der Auftraggeber eine angemessene Frist zur Beseitigung des Mangels setzen und erklären, dass er nach fruchtlosem Ablauf der Frist den Vertrag kündigen werde (§ 8 Absatz 3).

(8) ① Der Auftragnehmer hat die Leistung im eigenen Betrieb auszuführen. Mit schriftlicher Zustimmung des Auftraggebers darf er sie an Nachunternehmer übertragen. Die Zustimmung ist nicht notwendig bei Leistungen, auf die der Betrieb des Auftragnehmers nicht eingerichtet ist. Erbringt der Auftragnehmer ohne schriftliche Zustimmung des Auftraggebers Leistungen nicht im eigenen Betrieb, obwohl sein Betrieb darauf eingerichtet ist, kann der Auftraggeber ihm

eine angemessene Frist zur Aufnahme der Leistung im eigenen Betrieb setzen und erklären, dass er nach fruchtlosem Ablauf der Frist den Vertrag kündigen werde (§ 8 Absatz 3).

② Der Auftragnehmer hat bei der Weitervergabe von Bauleistungen an Nachunternehmer die Vergabe- und Vertragsordnung für Bauleistungen Teile B und C zugrunde zu legen.

③ Der Auftragnehmer hat dem Auftraggeber die Nachunternehmer und deren Nachunternehmer ohne Aufforderung spätestens bis zum Leistungsbeginn des Nachunternehmers mit Namen, gesetzlichen Vertretern und Kontaktdaten bekannt zu geben. Auf Verlangen des Auftraggebers hat der Auftragnehmer für seine Nachunternehmer Erklärungen und Nachweise zur Eignung vorzulegen.

(9) Werden bei Ausführung der Leistung auf einem Grundstück Gegenstände von Altertums-, Kunst- oder wissenschaftlichem Wert entdeckt, so hat der Auftragnehmer vor jedem weiteren Aufdecken oder Ändern dem Auftraggeber den Fund anzuzeigen und ihm die Gegenstände nach näherer Weisung abzuliefern. Die Vergütung etwaiger Mehrkosten regelt sich nach § 2 Absatz 6. Die Rechte des Entdeckers (§ 984 BGB) hat der Auftraggeber.

(10) Der Zustand von Teilen der Leistung ist auf Verlangen gemeinsam von Auftraggeber und Auftragnehmer festzustellen, wenn diese Teile der Leistung durch die weitere Ausführung der Prüfung und Feststellung entzogen werden. Das Ergebnis ist schriftlich niederzulegen.

§ 5 Ausführungsfristen

(1) Die Ausführung ist nach den verbindlichen Fristen (Vertragsfristen) zu beginnen, angemessen zu fördern und zu vollenden. In einem Bauzeitenplan enthaltene Einzelfristen gelten nur dann als Vertragsfristen, wenn dies im Vertrag ausdrücklich vereinbart ist.

(2) Ist für den Beginn der Ausführung keine Frist vereinbart, so hat der Auftraggeber dem Auftragnehmer auf Verlangen Auskunft über den voraussichtlichen Beginn zu erteilen. Der Auftragnehmer hat innerhalb von 12 Werktagen nach Aufforderung zu beginnen. Der Beginn der Ausführung ist dem Auftraggeber anzuzeigen.

(3) Wenn Arbeitskräfte, Geräte, Gerüste, Stoffe oder Bauteile so unzureichend sind, dass die Ausführungsfristen offenbar nicht eingehalten werden können, muss der Auftragnehmer auf Verlangen unverzüglich Abhilfe schaffen.

(4) Verzögert der Auftragnehmer den Beginn der Ausführung, gerät er mit der Vollendung in Verzug, oder kommt er der in Absatz 3 erwähnten Verpflichtung nicht nach, so kann der Auftraggeber bei Aufrechterhaltung des Vertrages Schadensersatz nach § 6 Absatz 6 verlangen oder dem Auftragnehmer eine angemessene Frist zur Vertragserfüllung setzen und erklären, dass er nach fruchtlosem Ablauf der Frist den Vertrag kündigen werde (§ 8 Absatz 3).

§ 6 Behinderung und Unterbrechung der Ausführung

(1) Glaubt sich der Auftragnehmer in der ordnungsgemäßen Ausführung der Leistung behindert, so hat er es dem Auftraggeber unverzüglich schriftlich anzuzeigen. Unterlässt er die Anzeige, so hat er nur dann Anspruch auf Berücksichtigung der hindernden Umstände, wenn dem Auftraggeber offenkundig die Tatsache und deren hindernde Wirkung bekannt waren.

(2) ① Ausführungsfristen werden verlängert, soweit die Behinderung verursacht ist:

(a) durch einen Umstand aus dem Risikobereich des Auftraggebers,

(b) durch Streik oder eine von der Berufsvertretung der Arbeitgeber angeordnete Aussperrung im Betrieb des Auftragnehmers oder in einem unmittelbar für ihn arbeitenden Betrieb,

(c) durch höhere Gewalt oder andere für den Auftragnehmer unabwendbare Umstände.

② Witterungseinflüsse während der Ausführungszeit, mit denen bei Abgabe des Angebots normalerweise gerechnet werden musste, gelten nicht als Behinderung.

(3) Der Auftragnehmer hat alles zu tun, was ihm billigerweise zugemutet werden kann, um die Weiterführung der Arbeiten zu ermöglichen. Sobald die hindernden Umstände wegfallen, hat er ohne weiteres und unverzüglich die Arbeiten wieder aufzunehmen und den Auftraggeber davon zu benachrichtigen.

(4) Die Fristverlängerung wird berechnet nach der Dauer der Behinderung mit

einem Zuschlag für die Wiederaufnahme der Arbeiten und die etwaige Verschiebung in eine ungünstigere Jahreszeit.

(5) Wird die Ausführung für voraussichtlich längere Dauer unterbrochen, ohne dass die Leistung dauernd unmöglich wird, so sind die ausgeführten Leistungen nach den Vertragspreisen abzurechnen und außerdem die Kosten zu vergüten, die dem Auftragnehmer bereits entstanden und in den Vertragspreisen des nicht ausgeführten Teils der Leistung enthalten sind.

(6) Sind die hindernden Umstände von einem Vertragsteil zu vertreten, so hat der andere Teil Anspruch auf Ersatz des nachweislich entstandenen Schadens, des entgangenen Gewinns aber nur bei Vorsatz oder grober Fahrlässigkeit. Im Übrigen bleibt der Anspruch des Auftragnehmers auf angemessene Entschädigung nach § 642 BGB unberührt, sofern die Anzeige nach Absatz 1 Satz 1 erfolgt oder wenn Offenkundigkeit nach Absatz 1 Satz 2 gegeben ist.

(7) Dauert eine Unterbrechung länger als 3 Monate, so kann jeder Teil nach Ablauf dieser Zeit den Vertrag schriftlich kündigen. Die Abrechnung regelt sich nach den Absätzen 5 und 6; wenn der Auftragnehmer die Unterbrechung nicht zu vertreten hat, sind auch die Kosten der Baustellenräumung zu vergüten, soweit sie nicht in der Vergütung für die bereits ausgeführten Leistungen enthalten sind.

§ 7 Verteilung der Gefahr

(1) Wird die ganz oder teilweise ausgeführte Leistung vor der Abnahme durch höhere Gewalt, Krieg, Aufruhr oder andere objektiv unabwendbare vom Auftragnehmer nicht zu vertretende Umstände beschädigt oder zerstört, so hat dieser für die ausgeführten Teile der Leistung die Ansprüche nach § 6 Absatz 5; für andere Schäden besteht keine gegenseitige Ersatzpflicht.

(2) Zu der ganz oder teilweise ausgeführten Leistung gehören alle mit der baulichen Anlage unmittelbar verbundenen, in ihre Substanz eingegangenen Leistungen, unabhängig von deren Fertigstellungsgrad.

(3) Zu der ganz oder teilweise ausgeführten Leistung gehören nicht die noch nicht eingebauten Stoffe und Bauteile sowie die Baustelleneinrichtung und Absteckungen. Zu der ganz oder teilweise ausgeführten Leistung gehören ebenfalls nicht Hilfskonstruktionen und Gerüste, auch wenn diese als Besondere Leistung

oder selbstständig vergeben sind.

§ 8 Kündigung durch den Auftraggeber

(1) ① Der Auftraggeber kann bis zur Vollendung der Leistung jederzeit den Vertrag kündigen.

② Dem Auftragnehmer steht die vereinbarte Vergütung zu. Er muss sich jedoch anrechnen lassen, was er infolge der Aufhebung des Vertrags an Kosten erspart oder durch anderweitige Verwendung seiner Arbeitskraft und seines Betriebs erwirbt oder zu erwerben böswillig unterlässt (§ 649 BGB).

(2) ① Der Auftraggeber kann den Vertrag kündigen, wenn der Auftragnehmer seine Zahlungen einstellt, von ihm oder zulässigerweise vom Auftraggeber oder einem anderen Gläubiger das Insolvenzverfahren (§§14 und 15 InsO) beziehungsweise ein vergleichbares gesetzliches Verfahren beantragt ist, ein solches Verfahren eröffnet wird oder dessen Eröffnung mangels Masse abgelehnt wird.

② Die ausgeführten Leistungen sind nach § 6 Absatz 5 abzurechnen. Der Auftraggeber kann Schadensersatz wegen Nichterfüllung des Restes verlangen.

(3) ① Der Auftraggeber kann den Vertrag kündigen, wenn in den Fällen des § 4 Absatz 7 und 8 Nummer 1 und des § 5 Absatz 4 die gesetzte Frist fruchtlos abgelaufen ist. Die Kündigung kann auf einen in sich abgeschlossenen Teil der vertraglichen Leistung beschränkt werden.

② Nach der Kündigung ist der Auftraggeber berechtigt, den noch nicht vollendeten Teil der Leistung zu Lasten des Auftragnehmers durch einen Dritten ausführen zu lassen, doch bleiben seine Ansprüche auf Ersatz des etwa entstehenden weiteren Schadens bestehen. Er ist auch berechtigt, auf die weitere Ausführung zu verzichten und Schadensersatz wegen Nichterfüllung zu verlangen, wenn die Ausführung aus den Gründen, die zur Kündigung geführt haben, für ihn kein Interesse mehr hat.

③ Für die Weiterführung der Arbeiten kann der Auftraggeber Geräte, Gerüste, auf der Baustelle vorhandene andere Einrichtungen und angelieferte Stoffe und Bauteile gegen angemessene Vergütung in Anspruch nehmen.

④ Der Auftraggeber hat dem Auftragnehmer eine Aufstellung über die entstandenen Mehrkosten und über seine anderen Ansprüche spätestens binnen 12 Werktagen nach Abrechnung mit dem Dritten zuzusenden.

(4) Der Auftraggeber kann den Vertrag kündigen,

① wenn der Auftragnehmer aus Anlass der Vergabe eine Abrede getroffen hatte, die eine unzulässige Wettbewerbsbeschränkung darstellt. Absatz 3 Nummer 1 Satz 2 und Nummer 2 bis 4 gilt entsprechend.

② sofern dieser im Anwendungsbereich des 4. Teils des GWB geschlossen wurde,

(a) wenn der Auftragnehmer wegen eines zwingenden Ausschlussgrundes zum Zeitpunkt des Zuschlags nicht hätte beauftragt werden dürfen. Absatz 3 Nummer 1 Satz 2 und Nummer 2 bis 4 gilt entsprechend.

(b) bei wesentlicher Änderung des Vertrages oder bei Feststellung einer schweren Verletzung der Verträge über die Europäische Union und die Arbeitsweise der Europäischen Union durch den Europäischen Gerichtshof. Die ausgeführten Leistungen sind nach § 6 Absatz 5 abzurechnen. Etwaige Schadensersatzansprüche der Parteien bleiben unberührt.

Die Kündigung ist innerhalb von 12 Werktagen nach Bekanntwerden des Kündigungsgrundes auszusprechen.

(5) Sofern der Auftragnehmer die Leistung, ungeachtet des Anwendungsbereichs des 4. Teils des GWB, ganz oder teilweise an Nachunternehmer weitervergeben hat, steht auch ihm das Kündigungsrecht gemäß Absatz 4 Nummer 2 Buchstabe b zu, wenn der ihn als Auftragnehmer verpflichtende Vertrag (Hauptauftrag) gemäß Absatz 4 Nummer 2 Buchstabe b gekündigt wurde. Entsprechendes gilt für jeden Auftraggeber der Nachunternehmerkette, sofern sein jeweiliger Auftraggeber den Vertrag gemäß Satz 1 gekündigt hat.

(6) Die Kündigung ist schriftlich zu erklären.

(7) Der Auftragnehmer kann Aufmaß und Abnahme der von ihm ausgeführten Leistungen alsbald nach der Kündigung verlangen; er hat unverzüglich eine prüfbare Rechnung über die ausgeführten Leistungen vorzulegen.

(8) Eine wegen Verzugs verwirkte, nach Zeit bemessene Vertragsstrafe kann nur für die Zeit bis zum Tag der Kündigung des Vertrags gefordert werden.

§ 9 Kündigung durch den Auftragnehmer

（1）Der Auftragnehmer kann den Vertrag kündigen：

① wenn der Auftraggeber eine ihm obliegende Handlung unterlässt und dadurch den Auftragnehmer außerstande setzt，die Leistung auszuführen（Annahmeverzug nach§§ 293 ff. BGB），

② wenn der Auftraggeber eine fällige Zahlung nicht leistet oder sonst in Schuldnerverzug gerät.

（2）Die Kündigung ist schriftlich zu erklären. Sie ist erst zulässig，wenn der Auftragnehmer dem Auftraggeber ohne Erfolg eine angemessene Frist zur Vertragserfüllung gesetzt und erklärt hat，dass er nach fruchtlosem Ablauf der Frist den Vertrag kündigen werde.

（3）Die bisherigen Leistungen sind nach den Vertragspreisen abzurechnen. Außerdem hat der Auftragnehmer Anspruch auf angemessene Entschädigung nach § 642 BGB；etwaige weitergehende Ansprüche des Auftragnehmers bleiben unberührt.

§ 10 Haftung der Vertragsparteien

（1）Die Vertragsparteien haften einander für eigenes Verschulden sowie für das Verschulden ihrer gesetzlichen Vertreter und der Personen，deren sie sich zur Erfüllung ihrer Verbindlichkeiten bedienen（§ § 276，278 BGB）.

（2）① Entsteht einem Dritten im Zusammenhang mit der Leistung ein Schaden，für den auf Grund gesetzlicher Haftpflichtbestimmungen beide Vertragsparteien haften，so gelten für den Ausgleich zwischen den Vertragsparteien die allgemeinen gesetzlichen Bestimmungen，soweit im Einzelfall nichts anderes vereinbart ist. Soweit der Schaden des Dritten nur die Folge einer Maßnahme ist，die der Auftraggeber in dieser Form angeordnet hat，trägt er den Schaden allein，wenn ihn der Auftragnehmer auf die mit der angeordneten Ausführung verbundene Gefahr nach § 4 Absatz 3 hingewiesen hat.

② Der Auftragnehmer trägt den Schaden allein，soweit er ihn durch Versicherung seiner gesetzlichen Haftpflicht gedeckt hat oder durch eine solche zu tarifmäßigen，nicht auf außergewöhnliche Verhältnisse abgestellten Prämien und Prämienzuschlägen bei einem im Inland zum Geschäftsbetrieb zugelassenen

Versicherer hätte decken können.

(3) Ist der Auftragnehmer einem Dritten nach den §§ 823 ff. BGB zu Schadensersatz verpflichtet wegen unbefugten Betretens oder Beschädigung angrenzender Grundstücke, wegen Entnahme oder Auflagerung von Boden oder anderen Gegenständen außerhalb der vom Auftraggeber dazu angewiesenen Flächen oder wegen der Folgen eigenmächtiger Versperrung von Wegen oder Wasserläufen, so trägt er im Verhältnis zum Auftraggeber den Schaden allein.

(4) Für die Verletzung gewerblicher Schutzrechte haftet im Verhältnis der Vertragsparteien zueinander der Auftragnehmer allein, wenn er selbst das geschützte Verfahren oder die Verwendung geschützter Gegenstände angeboten oder wenn der Auftraggeber die Verwendung vorgeschrieben und auf das Schutzrecht hingewiesen hat.

(5) Ist eine Vertragspartei gegenüber der anderen nach den Absätzen 2, 3 oder 4 von der Ausgleichspflicht befreit, so gilt diese Befreiung auch zugunsten ihrer gesetzlichen Vertreter und Erfüllungsgehilfen, wenn sie nicht vorsätzlich oder grob fahrlässig gehandelt haben.

(6) Soweit eine Vertragspartei von dem Dritten für einen Schaden in Anspruch genommen wird, den nach den Absätzen 2, 3 oder 4 die andere Vertragspartei zu tragen hat, kann sie verlangen, dass ihre Vertragspartei sie von der Verbindlichkeit gegenüber dem Dritten befreit. Sie darf den Anspruch des Dritten nicht anerkennen oder befriedigen, ohne der anderen Vertragspartei vorher Gelegenheit zur Äußerung gegeben zu haben.

§ 11 Vertragsstrafe

(1) Wenn Vertragsstrafen vereinbart sind, gelten die §§ 339 bis 345 BGB.

(2) Ist die Vertragsstrafe für den Fall vereinbart, dass der Auftragnehmer nicht in der vorgesehenen Frist erfüllt, so wird sie fällig, wenn der Auftragnehmer in Verzug gerät.

(3) Ist die Vertragsstrafe nach Tagen bemessen, so zählen nur Werktage; ist sie nach Wochen bemessen, so wird jeder Werktag angefangener Wochen als 1/6 Woche gerechnet.

(4) Hat der Auftraggeber die Leistung abgenommen, so kann er die Strafe nur

verlangen, wenn er dies bei der Abnahme vorbehalten hat.

§ 12 Abnahme

(1) Verlangt der Auftragnehmer nach der Fertigstellung—gegebenenfalls auch vor Ablauf der vereinbarten Ausführungsfrist—die Abnahme der Leistung, so hat sie der Auftraggeber binnen 12 Werktagen durchzuführen; eine andere Frist kann vereinbart werden.

(2) Auf Verlangen sind in sich abgeschlossene Teile der Leistung besonders abzunehmen.

(3) Wegen wesentlicher Mängel kann die Abnahme bis zur Beseitigung verweigert werden.

(4) ① Eine förmliche Abnahme hat stattzufinden, wenn eine Vertragspartei es verlangt. Jede Partei kann auf ihre Kosten einen Sachverständigen zuziehen. Der Befund ist in gemeinsamer Verhandlung schriftlich niederzulegen. In die Niederschrift sind etwaige Vorbehalte wegen bekannter Mängel und wegen Vertragsstrafen aufzunehmen, ebenso etwaige Einwendungen des Auftragnehmers. Jede Partei erhält eine Ausfertigung.

② Die förmliche Abnahme kann in Abwesenheit des Auftragnehmers stattfinden, wenn der Termin vereinbart war oder der Auftraggeber mit genügender Frist dazu eingeladen hatte. Das Ergebnis der Abnahme ist dem Auftragnehmer alsbald mitzuteilen.

(5) ① Wird keine Abnahme verlangt, so gilt die Leistung als abgenommen mit Ablauf von 12 Werktagen nach schriftlicher Mitteilung über die Fertigstellung der Leistung.

② Wird keine Abnahme verlangt und hat der Auftraggeber die Leistung oder einen Teil der Leistung in Benutzung genommen, so gilt die Abnahme nach Ablauf von 6 Werktagen nach Beginn der Benutzung als erfolgt, wenn nichts anderes vereinbart ist. Die Benutzung von Teilen einer baulichen Anlage zur Weiterführung der Arbeiten gilt nicht als Abnahme.

③ Vorbehalte wegen bekannter Mängel oder wegen Vertragsstrafen hat der Auftraggeber spätestens zu den in den Nummern 1 und 2 bezeichneten Zeitpunkten geltend zu machen.

(6) Mit der Abnahme geht die Gefahr auf den Auftraggeber über, soweit er sie nicht schon nach § 7 trägt.

§ 13 Mängelansprüche

(1) Der Auftragnehmer hat dem Auftraggeber seine Leistung zum Zeitpunkt der Abnahme frei von Sachmängeln zu verschaffen. Die Leistung ist zur Zeit der Abnahme frei von Sachmängeln, wenn sie die vereinbarte Beschaffenheit hat und den anerkannten Regeln der Technik entspricht. Ist die Beschaffenheit nicht vereinbart, so ist die Leistung zur Zeit der Abnahme frei von Sachmängeln,

① wenn sie sich für die nach dem Vertrag vorausgesetzte, sonst

② für die gewöhnliche Verwendung eignet und eine Beschaffenheit aufweist, die bei Werken der gleichen Art üblich ist und die der Auftraggeber nach der Art der Leistung erwarten kann.

(2) Bei Leistungen nach Probe gelten die Eigenschaften der Probe als vereinbarte Beschaffenheit, soweit nicht Abweichungen nach der Verkehrssitte als bedeutungslos anzusehen sind. Dies gilt auch für Proben, die erst nach Vertragsabschluss als solche anerkannt sind.

(3) Ist ein Mangel zurückzuführen auf die Leistungsbeschreibung oder auf Anordnungen des Auftraggebers, auf die von diesem gelieferten oder vorgeschriebenen Stoffe oder Bauteile oder die Beschaffenheit der Vorleistung eines anderen Unternehmers, haftet der Auftragnehmer, es sei denn, er hat die ihm nach § 4 Absatz 3 obliegende Mitteilung gemacht.

(4) ① Ist für Mängelansprüche keine Verjährungsfrist im Vertrag vereinbart, so beträgt sie für Bauwerke 4 Jahre, für andere Werke, deren Erfolg in der Herstellung, Wartung oder Veränderung einer Sache besteht, und für die vom Feuer berührten Teile von Feuerungsanlagen 2 Jahre. Abweichend von Satz 1 beträgt die Verjährungsfrist für feuerberührte und abgasdämmende Teile von industriellen Feuerungsanlagen 1 Jahr.

② Ist für Teile von maschinellen und elektrotechnischen/elektronischen Anlagen, bei denen die Wartung Einfluss auf Sicherheit und Funktionsfähigkeit hat, nichts anderes vereinbart, beträgt für diese Anlagenteile die Verjährungsfrist für Mängelansprüche abweichend von Nummer 1 zwei Jahre, wenn der

Auftraggeber sich dafür entschieden hat, dem Auftragnehmer die Wartung für die Dauer der Verjährungsfrist nicht zu übertragen; dies gilt auch, wenn für weitere Leistungen eine andere Verjährungsfrist vereinbart ist.

3. Die Frist beginnt mit der Abnahme der gesamten Leistung; nur für in sich abgeschlossene Teile der Leistung beginnt sie mit der Teilabnahme (§ 12 Absatz 2).

(5) ① Der Auftragnehmer ist verpflichtet, alle während der Verjährungsfrist hervortretenden Mängel, die auf vertragswidrige Leistung zurückzuführen sind, auf seine Kosten zu beseitigen, wenn es der Auftraggeber vor Ablauf der Frist schriftlich verlangt. Der Anspruch auf Beseitigung der gerügten Mängel verjährt in 2 Jahren, gerechnet vom Zugang des schriftlichen Verlangens an, jedoch nicht vor Ablauf der Regelfristen nach Absatz 4 oder der an ihrer Stelle vereinbarten Frist. Nach Abnahme der Mängelbeseitigungsleistung beginnt für diese Leistung eine Verjährungsfrist von 2 Jahren neu, die jedoch nicht vor Ablauf der Regelfristen nach Absatz 4 oder der an ihrer Stelle vereinbarten Frist endet.

② Kommt der Auftragnehmer der Aufforderung zur Mängelbeseitigung in einer vom Auftraggeber gesetzten angemessenen Frist nicht nach, so kann der Auftraggeber die Mängel auf Kosten des Auftragnehmers beseitigen lassen.

(6) Ist die Beseitigung des Mangels für den Auftraggeber unzumutbar oder ist sie unmöglich oder würde sie einen unverhältnismäßig hohen Aufwand erfordern und wird sie deshalb vom Auftragnehmer verweigert, so kann der Auftraggeber durch Erklärung gegenüber dem Auftragnehmer die Vergütung mindern (§ 638 BGB).

(7) ① Der Auftragnehmer haftet bei schuldhaft verursachten Mängeln für Schäden aus der Verletzung des Lebens, des Körpers oder der Gesundheit.

② Bei vorsätzlich oder grob fahrlässig verursachten Mängeln haftet er für alle Schäden.

③ Im Übrigen ist dem Auftraggeber der Schaden an der baulichen Anlage zu ersetzen, zu deren Herstellung, Instandhaltung oder Änderung die Leistung dient, wenn ein wesentlicher Mangel vorliegt, der die Gebrauchsfähigkeit erheblich beeinträchtigt und auf ein Verschulden des Auftragnehmers zurückzuführen ist. Einen darüber hinausgehenden Schaden hat der Auftragnehmer nur dann zu ersetzen,

(a) wenn der Mangel auf einem Verstoß gegen die anerkannten Regeln der Technik beruht,

(b) wenn der Mangel in dem Fehlen einer vertraglich vereinbarten Beschaffenheit besteht oder

(c) soweit der Auftragnehmer den Schaden durch Versicherung seiner gesetzlichen Haftpflicht gedeckt hat oder durch eine solche zu tarifmäßigen, nicht auf außergewöhnliche Verhältnisse abgestellten Prämien und Prämienzuschlägen bei einem im Inland zum Geschäftsbetrieb zugelassenen Versicherer hätte decken können.

④ Abweichend von Absatz 4 gelten die gesetzlichen Verjährungsfristen, soweit sich der Auftragnehmer nach Nummer 3 durch Versicherung geschützt hat oder hätte schützen können oder soweit ein besonderer Versicherungsschutz vereinbart ist.

⑤ Eine Einschränkung oder Erweiterung der Haftung kann in begründeten Sonderfällen vereinbart werden.

§ 14 Abrechnung

(1) Der Auftragnehmer hat seine Leistungen prüfbar abzurechnen. Er hat die Rechnungen übersichtlich aufzustellen und dabei die Reihenfolge der Posten einzuhalten und die in den Vertragsbestandteilen enthaltenen Bezeichnungen zu verwenden. Die zum Nachweis von Art und Umfang der Leistung erforderlichen Mengenberechnungen, Zeichnungen und andere Belege sind beizufügen. Änderungen und Ergänzungen des Vertrags sind in der Rechnung besonders kenntlich zu machen; sie sind auf Verlangen getrennt abzurechnen.

(2) Die für die Abrechnung notwendigen Feststellungen sind dem Fortgang der Leistung entsprechend möglichst gemeinsam vorzunehmen. Die Abrechnungsbestimmungen in den Technischen Vertragsbedingungen und den anderen Vertragsunterlagen sind zu beachten. Für Leistungen, die bei Weiterführung der Arbeiten nur schwer feststellbar sind, hat der Auftragnehmer rechtzeitig gemeinsame Feststellungen zu beantragen.

(3) Die Schlussrechnung muss bei Leistungen mit einer vertraglichen Ausführungsfrist von höchstens 3 Monaten spätestens 12 Werktage nach

Fertigstellung eingereicht werden, wenn nichts anderes vereinbart ist; diese Frist wird um je 6 Werktage für je weitere 3 Monate Ausführungsfrist verlängert.

(4) Reicht der Auftragnehmer eine prüfbare Rechnung nicht ein, obwohl ihm der Auftraggeber dafür eine angemessene Frist gesetzt hat, so kann sie der Auftraggeber selbst auf Kosten des Auftragnehmers aufstellen.

§ 15 Stundenlohnarbeiten

(1) ① Stundenlohnarbeiten werden nach den vertraglichen Vereinbarungen abgerechnet.

② Soweit für die Vergütung keine Vereinbarungen getroffen worden sind, gilt die ortsübliche Vergütung. Ist diese nicht zu ermitteln, so werden die Aufwendungen des Auftragnehmers für Lohn- und Gehaltskosten der Baustelle, Lohn- und Gehaltsnebenkosten der Baustelle, Stoffkosten der Baustelle, Kosten der Einrichtungen, Geräte, Maschinen und maschinellen Anlagen der Baustelle, Fracht-, Fuhr- und Ladekosten, Sozialkassenbeiträge und Sonderkosten, die bei wirtschaftlicher Betriebsführung entstehen, mit angemessenen Zuschlägen für Gemeinkosten und Gewinn (einschließlich allgemeinem Unternehmerwagnis) zuzüglich Umsatzsteuer vergütet.

(2) Verlangt der Auftraggeber, dass die Stundenlohnarbeiten durch einen Polier oder eine andere Aufsichtsperson beaufsichtigt werden, oder ist die Aufsicht nach den einschlägigen Unfallverhütungsvorschriften notwendig, so gilt Absatz 1 entsprechend.

(3) Dem Auftraggeber ist die Ausführung von Stundenlohnarbeiten vor Beginn anzuzeigen. Über die geleisteten Arbeitsstunden und den dabei erforderlichen, besonders zu vergütenden Aufwand für den Verbrauch von Stoffen, für Vorhaltung von Einrichtungen, Geräten, Maschinen und maschinellen Anlagen, für Frachten, Fuhr- und Ladeleistungen sowie etwaige Sonderkosten sind, wenn nichts anderes vereinbart ist, je nach der Verkehrssitte werktäglich oder wöchentlich Listen (Stundenlohnzettel) einzureichen. Der Auftraggeber hat die von ihm bescheinigten Stundenlohnzettel unverzüglich, spätestens jedoch innerhalb von 6 Werktagen nach Zugang, zurückzugeben. Dabei kann er Einwendungen auf den Stundenlohnzetteln oder gesondert schriftlich erheben. Nicht fristgemäß

zurückgegebene Stundenlohnzettel gelten als anerkannt.
(4) Stundenlohnrechnungen sind alsbald nach Abschluss der Stundenlohnarbeiten, längstens jedoch in Abständen von 4 Wochen, einzureichen. Für die Zahlung gilt § 16.
(5) Wenn Stundenlohnarbeiten zwar vereinbart waren, über den Umfang der Stundenlohnleistungen aber mangels rechtzeitiger Vorlage der Stundenlohnzettel Zweifel bestehen, so kann der Auftraggeber verlangen, dass für die nachweisbar ausgeführten Leistungen eine Vergütung vereinbart wird, die nach Maßgabe von Absatz 1 Nummer 2 für einen wirtschaftlich vertretbaren Aufwand an Arbeitszeit und Verbrauch von Stoffen, für Vorhaltung von Einrichtungen, Geräten, Maschinen und maschinellen Anlagen, für Frachten, Fuhr- und Ladeleistungen sowie etwaige Sonderkosten ermittelt wird.

§ 16 Zahlung

(1) ① Abschlagszahlungen sind auf Antrag in möglichst kurzen Zeitabständen oder zu den vereinbarten Zeitpunkten zu gewähren, und zwar in Höhe des Wertes der jeweils nachgewiesenen vertragsgemäßen Leistungen einschließlich des ausgewiesenen, darauf entfallenden Umsatzsteuerbetrages. Die Leistungen sind durch eine prüfbare Aufstellung nachzuweisen, die eine rasche und sichere Beurteilung der Leistungen ermöglichen muss. Als Leistungen gelten hierbei auch die für die geforderte Leistung eigens angefertigten und bereitgestellten Bauteile sowie die auf der Baustelle angelieferten Stoffe und Bauteile, wenn dem Auftraggeber nach seiner Wahl das Eigentum an ihnen übertragen ist oder entsprechende Sicherheit gegeben wird.

② Gegenforderungen können einbehalten werden. Andere Einbehalte sind nur in den im Vertrag und in den gesetzlichen Bestimmungen vorgesehenen Fällen zulässig.

③ Ansprüche auf Abschlagszahlungen werden binnen 21 Tagen nach Zugang der Aufstellung fällig.

④ Die Abschlagszahlungen sind ohne Einfluss auf die Haftung des Auftragnehmers; sie gelten nicht als Abnahme von Teilen der Leistung.
(2) ① Vorauszahlungen können auch nach Vertragsabschluss vereinbart

werden; hierfür ist auf Verlangen des Auftraggebers ausreichende Sicherheit zu leisten. Diese Vorauszahlungen sind, sofern nichts anderes vereinbart wird, mit 3 v. H. über dem Basiszinssatz des § 247 BGB zu verzinsen.

② Vorauszahlungen sind auf die nächstfälligen Zahlungen anzurechnen, soweit damit Leistungen abzugelten sind, für welche die Vorauszahlungen gewährt worden sind.

(3) ① Der Anspruch auf Schlusszahlung wird alsbald nach Prüfung und Feststellung fällig, spätestens innerhalb von 30 Tagen nach Zugang der Schlussrechnung. Die Frist verlängert sich auf höchstens 60 Tage, wenn sie aufgrund der besonderen Natur oder Merkmale der Vereinbarung sachlich gerechtfertigt ist und ausdrücklich vereinbart wurde. Werden Einwendungen gegen die Prüfbarkeit unter Angabe der Gründe nicht bis zum Ablauf der jeweiligen Frist erhoben, kann der Auftraggeber sich nicht mehr auf die fehlende Prüfbarkeit berufen. Die Prüfung der Schlussrechnung ist nach Möglichkeit zu beschleunigen. Verzögert sie sich, so ist das unbestrittene Guthaben als Abschlagszahlung sofort zu zahlen.

② Die vorbehaltlose Annahme der Schlusszahlung schließt Nachforderungen aus, wenn der Auftragnehmer über die Schlusszahlung schriftlich unterrichtet und auf die Ausschlusswirkung hingewiesen wurde.

③ Einer Schlusszahlung steht es gleich, wenn der Auftraggeber unter Hinweis auf geleistete Zahlungen weitere Zahlungen endgültig und schriftlich ablehnt.

④ Auch früher gestellte, aber unerledigte Forderungen werden ausgeschlossen, wenn sie nicht nochmals vorbehalten werden.

⑤ Ein Vorbehalt ist innerhalb von 28 Tagen nach Zugang der Mitteilung nach den Nummern 2 und 3 über die Schlusszahlung zu erklären. Er wird hinfällig, wenn nicht innerhalb von weiteren 28 Tagen — beginnend am Tag nach Ablauf der in Satz 1 genannten 28 Tage — eine prüfbare Rechnung über die vorbehaltenen Forderungen eingereicht oder, wenn das nicht möglich ist, der Vorbehalt eingehend begründet wird.

⑥ Die Ausschlussfristen gelten nicht für ein Verlangen nach Richtigstellung der Schlussrechnung und -zahlung wegen Aufmaß-, Rechen- und Übertragungsfehlern.

(4) In sich abgeschlossene Teile der Leistung können nach Teilabnahme ohne Rücksicht auf die Vollendung der übrigen Leistungen endgültig festgestellt und bezahlt werden.

(5) ① Alle Zahlungen sind aufs Äußerste zu beschleunigen.

② Nicht vereinbarte Skontoabzüge sind unzulässig.

③ Zahlt der Auftraggeber bei Fälligkeit nicht, so kann ihm der Auftragnehmer eine angemessene Nachfrist setzen. Zahlt er auch innerhalb der Nachfrist nicht, so hat der Auftragnehmer vom Ende der Nachfrist an Anspruch auf Zinsen in Höhe der in § 288 Absatz 2 BGB angegebenen Zinssätze, wenn er nicht einen höheren Verzugsschaden nachweist. Der Auftraggeber kommt jedoch, ohne dass es einer Nachfristsetzung bedarf, spätestens 30 Tage nach Zugang der Rechnung oder der Aufstellung bei Abschlagszahlungen in Zahlungsverzug, wenn der Auftragnehmer seine vertraglichen und gesetzlichen Verpflichtungen erfüllt und den fälligen Entgeltbetrag nicht rechtzeitig erhalten hat, es sei denn, der Auftraggeber ist für den Zahlungsverzug nicht verantwortlich. Die Frist verlängert sich auf höchstens 60 Tage, wenn sie aufgrund der besonderen Natur oder Merkmale der Vereinbarung sachlich gerechtfertigt ist und ausdrücklich vereinbart wurde.

④ Der Auftragnehmer darf die Arbeiten bei Zahlungsverzug bis zur Zahlung einstellen, sofern eine dem Auftraggeber zuvor gesetzte angemessene Frist erfolglos verstrichen ist.

(6) Der Auftraggeber ist berechtigt, zur Erfüllung seiner Verpflichtungen aus den Absätzen 1 bis 5 Zahlungen an Gläubiger des Auftragnehmers zu leisten, soweit sie an der Ausführung der vertraglichen Leistung des Auftragnehmers aufgrund eines mit diesem abgeschlossenen Dienst- oder Werkvertrags beteiligt sind, wegen Zahlungsverzugs des Auftragnehmers die Fortsetzung ihrer Leistung zu Recht verweigern und die Direktzahlung die Fortsetzung der Leistung sicherstellen soll. Der Auftragnehmer ist verpflichtet, sich auf Verlangen des Auftraggebers innerhalb einer von diesem gesetzten Frist darüber zu erklären, ob und inwieweit er die Forderungen seiner Gläubiger anerkennt; wird diese Erklärung nicht rechtzeitig abgegeben, so gelten die Voraussetzungen für die Direktzahlung als anerkannt.

§ 17 Sicherheitsleistung

(1) ① Wenn Sicherheitsleistung vereinbart ist, gelten die § § 232 bis 240 BGB, soweit sich aus den nachstehenden Bestimmungen nichts anderes ergibt.

② Die Sicherheit dient dazu, die vertragsgemäße Ausführung der Leistung und die Mängelansprüche sicherzustellen.

(2) Wenn im Vertrag nichts anderes vereinbart ist, kann Sicherheit durch Einbehalt oder Hinterlegung von Geld oder durch Bürgschaft eines Kreditinstituts oder Kreditversicherers geleistet werden, sofern das Kreditinstitut oder der Kreditversicherer

① in der Europäischen Gemeinschaft oder

② in einem Staat der Vertragsparteien des Abkommens über den Europäischen Wirtschaftsraum oder

③ in einem Staat der Vertragsparteien des WTO-Übereinkommens über das öffentliche Beschaffungswesen zugelassen ist.

(3) Der Auftragnehmer hat die Wahl unter den verschiedenen Arten der Sicherheit; er kann eine Sicherheit durch eine andere ersetzen.

(4) Bei Sicherheitsleistung durch Bürgschaft ist Voraussetzung, dass der Auftraggeber den Bürgen als tauglich anerkannt hat. Die Bürgschaftserklärung ist schriftlich unter Verzicht auf die Einrede der Vorausklage abzugeben (§ 771 BGB); sie darf nicht auf bestimmte Zeit begrenzt und muss nach Vorschrift des Auftraggebers ausgestellt sein. Der Auftraggeber kann als Sicherheit keine Bürgschaft fordern, die den Bürgen zur Zahlung auf erstes Anfordern verpflichtet.

(5) Wird Sicherheit durch Hinterlegung von Geld geleistet, so hat der Auftragnehmer den Betrag bei einem zu vereinbarenden Geldinstitut auf ein Sperrkonto einzuzahlen, über das beide nur gemeinsam verfügen können (“Und-Konto”). Etwaige Zinsen stehen dem Auftragnehmer zu.

(6) ① Soll der Auftraggeber vereinbarungsgemäß die Sicherheit in Teilbeträgen von seinen Zahlungen einbehalten, so darf er jeweils die Zahlung um höchstens 10 v. H. kürzen, bis die vereinbarte Sicherheitssumme erreicht ist. Sofern Rechnungen ohne Umsatzsteuer gemäß § 13 b UStG gestellt werden, bleibt die Umsatzsteuer bei der Berechnung des Sicherheitseinbehalts unberücksichtigt.

Den jeweils einbehaltenen Betrag hat er dem Auftragnehmer mitzuteilen und binnen 18 Werktagen nach dieser Mitteilung auf ein Sperrkonto beidem vereinbarten Geldinstitut einzuzahlen. Gleichzeitig muss er veranlassen, dass dieses Geldinstitut den Auftragnehmer von der Einzahlung des Sicherheitsbetrags benachrichtigt. Absatz 5 gilt entsprechend.

② Bei kleineren oder kurzfristigen Aufträgen ist es zulässig, dass der Auftraggeber den einbehaltenen Sicherheitsbetrag erst bei der Schlusszahlung auf ein Sperrkonto einzahlt.

③ Zahlt der Auftraggeber den einbehaltenen Betrag nicht rechtzeitig ein, so kann ihm der Auftragnehmer hierfür eine angemessene Nachfrist setzen. Lässt der Auftraggeber auch diese verstreichen, so kann der Auftragnehmer die sofortige Auszahlung des einbehaltenen Betrags verlangen und braucht dann keine Sicherheit mehr zu leisten.

④ Öffentliche Auftraggeber sind berechtigt, den als Sicherheit einbehaltenen Betrag auf eigenes Verwahrgeldkonto zu nehmen; der Betrag wird nicht verzinst.

(7) Der Auftragnehmer hat die Sicherheit binnen 18 Werktagen nach Vertragsabschluss zu leisten, wenn nichts anderes vereinbart ist. Soweit er diese Verpflichtung nicht erfüllt hat, ist der Auftraggeber berechtigt, vom Guthaben des Auftragnehmers einen Betrag in Höhe der vereinbarten Sicherheit einzubehalten. Im Übrigen gelten die Absätze 5 und 6 außer Nummer 1 Satz 1 entsprechend.

(8) ① Der Auftraggeber hat eine nicht verwertete Sicherheit für die Vertragserfüllung zum vereinbarten Zeitpunkt, spätestens nach Abnahme und Stellung der Sicherheit für Mängelansprüche zurückzugeben, es sei denn, dass Ansprüche des Auftraggebers, die nicht von der gestellten Sicherheit für Mängelansprüche umfasst sind, noch nicht erfüllt sind. Dann darf er für diese Vertragserfüllungsansprüche einen entsprechenden Teil der Sicherheit zurückhalten.

② Der Auftraggeber hat eine nicht verwertete Sicherheit für Mängelansprüche nach Ablauf von 2 Jahren zurückzugeben, sofern kein anderer Rückgabezeitpunkt vereinbart worden ist. Soweit jedoch zu diesem Zeitpunkt seine geltend gemachten Ansprüche noch nicht erfüllt sind, darf er einen entsprechenden Teil der Sicherheit zurückhalten.

§ 18 Streitigkeiten

（1）Liegen die Voraussetzungen für eine Gerichtsstandvereinbarung nach § 38 der Zivilprozessordnung vor, richtet sich der Gerichtsstand für Streitigkeiten aus dem Vertrag nach dem Sitz der für die Prozessvertretung des Auftraggebers zuständigen Stelle, wenn nichts anderes vereinbart ist. Sie ist dem Auftragnehmer auf Verlangen mitzuteilen.

（2）① Entstehen bei Verträgen mit Behörden Meinungsverschiedenheiten, so soll der Auftragnehmer zunächst die der auftraggebenden Stelle unmittelbar vorgesetzte Stelle anrufen. Diese soll dem Auftragnehmer Gelegenheit zur mündlichen Aussprache geben und ihn möglichst innerhalb von 2 Monaten nach der Anrufung schriftlich bescheiden und dabei auf die Rechtsfolgen des Satzes 3 hinweisen. Die Entscheidung gilt als anerkannt, wenn der Auftragnehmer nicht innerhalb von 3 Monaten nach Eingang des Bescheides schriftlich Einspruch beim Auftraggeber erhebt und dieser ihn auf die Ausschlussfrist hingewiesen hat.

② Mit dem Eingang des schriftlichen Antrages auf Durchführung eines Verfahrens nach Nummer 1 wird die Verjährung des in diesem Antrag geltend gemachten Anspruchs gehemmt. Wollen Auftraggeber oder Auftragnehmer das Verfahren nicht weiter betreiben, teilen sie dies dem jeweils anderen Teil schriftlich mit. Die Hemmung endet 3 Monate nach Zugang des schriftlichen Bescheides oder der Mitteilung nach Satz 2.

（3）Daneben kann ein Verfahren zur Streitbeilegung vereinbart werden. Die Vereinbarung sollte mit Vertragsabschluss erfolgen.

（4）Bei Meinungsverschiedenheiten über die Eigenschaft von Stoffen und Bauteilen, für die allgemein gültige Prüfungsverfahren bestehen, und über die Zulässigkeit oder Zuverlässigkeit der bei der Prüfung verwendeten Maschinen oder angewendeten Prüfungsverfahren kann jede Vertragspartei nach vorheriger Benachrichtigung der anderen Vertragspartei die materialtechnische Untersuchung durch eine staatliche oder staatlich anerkannte Materialprüfungsstelle vornehmen lassen; deren Feststellungen sind verbindlich. Die Kosten trägt der unterliegende Teil.

（5）Streitfälle berechtigen den Auftragnehmer nicht, die Arbeiten einzustellen.